세상을 바꾼 열 가지 과학혁명

곽영직 지음

이상의 도서관 23

한길사

이상의 도서관 23

세상을 바꾼 열 가지 과학혁명

지은이 곽영직
펴낸이 김언호
펴낸곳 (주)도서출판 한길사

등록 1976년 12월 24일 제74호
주소 10881 경기도 파주시 광인사길 37
www.hangilsa.co.kr
E-mail: hangilsa@hangilsa.co.kr
전화 031-955-2000~3 **팩스** 031-955-2005

부사장 박관순 | **총괄이사** 김서영 | **관리이사** 곽명호
영업이사 이경호 | **경영이사** 김관영 | **편집주간** 백은숙
편집 박희진 노유연 이한민 박홍민 김영길
관리 이주환 문주상 이희문 원선아 이진아 | **마케팅** 정아린
인쇄 예림 | **제책** 예림바인딩

제1판 제1쇄 2009년 5월 20일
제1판 제8쇄 2023년 6월 12일

값 20,000원
ISBN 978-89-356-5894-7 03400

• 잘못 만들어진 책은 구입하신 서점에서 바꿔드립니다.

이 도서의 국립중앙도서관 출판시도서목록(CIP)은
e-CIP 홈페이지(http://www.nl.go.kr/ecip)에서 이용하실 수 있습니다.
(CIP제어번호: CIP2009001403)

과학의 틀을 바꾼 결정적 순간들

⚜머리말

자연과학은 자연을 연구하는 학문이다. 인류는 오래전부터 자연 속에 살아오면서 자연에 대한 이해를 넓혀왔다. 그러나 자연을 체계적으로 이해하기 위한 노력이 시작된 것은 그리 오래된 일이 아니다. 과학은, 대부분 내용이 잘못된 것으로 판명된 고대과학까지 합해보아도, 고작 2,500년 정도의 역사를 가지고 있다. 이는 46억 년이나 되는 지구의 역사는 물론 짧게 잡아도 200만 년이 넘는 인류(호모 속)의 역사와 비교해보아도 아주 짧은 기간이다.

현재 우리가 배우고 있는 근대과학의 역사는 이보다 훨씬 짧다. 뉴턴이 새로운 운동법칙을 제안한 해를 기준으로 삼는다면 근대과학의 역사는 이제 겨우 300년이 조금 넘었을 뿐이다. 그럼에도 인류는 이 짧은 시간 동안 그야말로 눈부신 발전을 이룩했다. 전에는 상상할 수도 없었던 새로운 사실들을 수없이 밝혀냈고, 이러한 과학적 사실을 바탕으로 기술 역시 크게 발전하여 인류의 생활방식을 완전히 바꾸어놓았다.

사람들은 오랫동안 자연과학이 자연에 대한 경험과 지식이 쌓임에 따라 점진적으로 발전하는 것으로 생각했다. 다시 말해 현재 우리가 알고 있는 자연과학 체계는 자연에 대한 지식이 시간의 흐름에 따라 점진적으로 축적되어 이루어진 것이라고 생각했던 것이다. 그러나 1900년대 미국의 과학사학자였던 토마스 쿤은 과학의 발전이 '혁명'적인 과정을 통해 이루어진다고 주장했다. 한 시대에는 모든 사람들이 공통적으로 받아들이는 공리체계, 과학방법, 가치관, 전통과 같은 것들이 있어서 모든 사람들이 이 테두리 안에서 자연을 이해하기 위해 노력한다는 것이다. 토마스 쿤은 이런 시기를 정상과학 시기라고 하고, 모든 사람들이 받아들이는 공리체계, 과학방법, 가치관, 전통 등을 통틀어 패러다임이라고 불렀다.

정상과학 시기에는 패러다임의 테두리 안에서 부분적인 과학의 내용이 더해지고 정교해진다. 설령 패러다임과 맞지 않는 사실이 밝혀진다 해도 그런 사실은 제대로 평가를 받지 못하거나 무시된다. 그러나 패러다임과 일치하지 않는 많은 새로운 사실들이 계속 쌓이다보면, 예전의 패러다임이 새로운 패러다임으로 바뀌는 급격한 변화가 일어나게 된다. 이것이 바로 과학혁명이다.

과학사에는 여러 번의 과학혁명이 있었다. 어떤 것은 과학의 근간을 바꾸는 커다란 혁명이었고 어떤 것은 과학의 일부에만 영향을 주는 작은 혁명이었다. 이러한 과학혁명들은 정상과학 시기 동안 있었던 지식의 축적보다 훨씬 큰 영향을 과학 발전에 주었다. 따라서 과학의 발전과정을 이해하려면 과학사에서 있었던 크고 작은 과학혁명에 초점을 맞추어야 한다. 과학혁명이 언제 어떻게 어떤 사람들에 의해서 일어났으며 그것을 통해 달라진 과학의 내용은 무엇인가를 이해하는 것은 과학의 발전과정을 이해하는 데 매우 중요하다.

이 책에서는 과학 발전에 가장 중요한 전환점을 만들어낸 인물과 저서 또는 연구 업적을 통해 과학혁명의 내용을 이해해보려고 노력했다. 그러기 위해서는 우선 과학 발전을 주도한 인물이나 저서를 선정해야 했고, 그 시대를 이해하기 위해 노력해야 했으며, 그 인물이나 저서가 미친 영향을 알아보아야 했다.

분야에 따라서는 혁명이라고 부를 만한 뚜렷한 사건이 있었던 경우도 있고, 그렇지 못한 경우도 있다. 물리나 화학 분야에서는 과학의 흐름을 바꾼 뚜렷한 사건들이 있었지만, 생물학 분야에서는 그런 사건들이 덜 두드러진다. 그러나 모든 분야에서 과학을 한 단계 발전시킨 전환점들이 있었다. 그 중심에 특정한 인물들과 그들의 저서 또는 연구 업적이 있었음은 물론이다.

과학 발전에 전환점을 만든 인물과 저서를 선정하는 일은 그리 어렵지 않았지만 그 내용을 정리해나가는 일이 간단하지만은 않았다. 여기저기 넘쳐나는 자료 가운데 꼭 필요하고 믿을 만한 자료를 찾기란 쉬운 일이 아니었다. 참으로 다행히도 주변 분들의 많은 도움으로 원했던 자료를 어느 정도 수집하고 책을 무사히 마무리할 수 있었다.

필자는 가능한 한 원전을 구해 내용을 검토하고 그것을 바탕으로 책을 쓰려고 노력했다. 몇몇 원전은 쉽게 구했지만 그렇지 못한 경우도 있었다. 그런데 뜻이 있는 곳에 길이 있다고 했던가. 코페르니쿠스의 『천체 회전에 관하여』 원전을 구하려고 여러 군데 알아보고 있던 중, 한국학술진흥재단에서 그 책의 영어 원전과 번역 원고를 심사해달라며 보내온 것이다. 적절한 시기에, 그것도 아무런 노력을 들이지도 않았는데, 원전과 번역 원고를 받아들고 기뻐했던 일이 이 책을 쓰는 동안 있었던 즐거운 기억이다. 그런 뜻하지 않은 경로를 통해 『천체 회전에 관하여』를 번역하신 춘천교육대학 이면우 교수님을 만나 여러 도움을 받았다. 이 기회를 빌려 감사드린다.

  또한 오채환 선생님은 일부러 시간을 내서 다윈의 『종의 기원』 원전을 구해주셨고, 다른 자료를 구하는 일에도 많은 도움을 주셨다. 평소에 다른 일로도 빚을 지는 일이 많았는데, 이번에 또 빚을 지게 되었다. 그 외에도 필자의 전공과 다른 분야에 대해 여러 조언을 해주신 생명과학과 교수님들과 늘 많은 도움을 주고 격려해주시는 물리학과 교수님들께도 감사드린다. 항상 즐거운 마음으로 원고를 쓸 수 있도록 도와주신 국어국문학과 천소영 교수님, 국악과 임진옥 교수님, 그리고 오랜 친구인 이정주 선생께도 감사를 드린다.

  열 권의 책과 연구 논문을 중심으로 과학의 큰 흐름을 짚어보겠다는 필자의 의도가 어느 정도로 성공했는지는 독자들이 판단할 일이다. 하지만 독자들의 평가와는 관계없이 이 책을 마무리하면서 과학의 한 자락을 가지런히 정리했다는 작은 성취감과 함께 보람을 느낀다. 독자들과 그런 느낌을 함께할 수 있다면 그것은 물론 필자가 받을 수 있는 가장 큰 보너스일 것이다.

2009년 3월
곽영직

세상을 바꾼 열가지 과학혁명

과학의 틀을 바꾼 결정적 순간들 | 머리말   5

1 인간이 우주에 대해 질문하다

인류의 역사와 과학의 역사   15
고대의 천문체계   17
코페르니쿠스의 조용한 혁명   23
인간과 자연의 관계를 바꾸다   26
천문학 혁명의 완성   32
모든 것이 지구를 도는 것은 아니다   37

2 자연현상은 신의 의지가 아니다

고대역학의 문제점   49
뉴턴의 생애   54
뉴턴이 바꾸어놓은 세상   67

3 물질에 대한 새로운 이해가 시작되다

세계는 무엇으로 이루어져 있는가   77
아무것도 창조되거나 파괴되지 않는다   85
원자론을 등장시킨 『화학의 신체계』   93
원자의 수를 세는 데 성공하다   100

4 엔트로피는 절대 감소하지 않는다

연료가 필요 없는 증기기관	105
열도 에너지다	114
클라우지우스와 열역학 법칙	120
엔트로피란 무엇인가	125
자연의 변화는 엔트로피 때문이다	130

5 우리는 신의 창조물이 아니다

밝혀지는 동물의 몸속 세계	135
세포의 발견	139
진화론의 등장	144
다윈의 생애	146
『종의 기원』	152
다윈 이후의 진화론	158

6 현대문명의 근본인 전기가 나타나다

지구는 거대한 자석	163
오렌지로 전구를 밝히다	167
전기와 자기의 만남	173
인류 최초의 발전기	175
빛은 어떻게 전달되는가	178
전자기파와 전자의 발견	183

7 현대과학의 문을 열어젖히다

빛은 얼마나 빠를까	189
아인슈타인의 등장	194
빛의 속도는 언제나 같다	199
중력은 어떻게 생길까	202

| 뉴턴의 이론이 무너지다 | 206 |
| 아인슈타인의 우주 | 210 |

8 원자보다 작은 세계를 이해하다

양자화된 에너지	221
빛은 입자인가 파동인가	225
보어의 원자 모델	226
드브로이의 물질파 이론	229
슈뢰딩거와 파동양자역학	231
코펜하겐 해석	235
슈뢰딩거의 고양이	239

9 우주의 기원을 밝히다

우주의 나이	245
팽창하는 우주	247
우주 팽창의 증거	251
가모브의 빅뱅 우주	255
호일의 정상우주	264
빅뱅의 증거들	266
우주에서 들려오는 잡음	270

10 유전정보의 비밀을 풀다

유전 물질의 발견	277
DNA의 구조를 발견하다	281
유전자란 무엇인가	291
인간이 생명현상에 개입하다	296

찾아보기   301

1 인간이 우주에 대해 질문하다

코페르니쿠스의 『천체 회전에 관하여』

"이제 모든 것이 지구를 중심으로 도는 것은 아니라는 확실한 증거가 발견되었다."

인류의 역사와 과학의 역사

인류가 언제부터 지구상에 살기 시작했는지는 명확하지 않다. 100만 년이 넘는 오래전부터 인류가 나타났다는 많은 증거들이 발견됐지만, 당시의 영장류가 현생인류의 직계 조상이었던 것 같지는 않다. 따라서 우리의 직접적인 조상들이 지구상에서 살아온 기간은 100만 년보다는 짧은 기간이라고 할 수 있다. 넉넉히 잡아 현생인류가 지구에서 살아온 시간을 100만 년이라고 봐도 이 세월은 태양계나 지구의 나이인 46억 년에 비하면 4,600분의 1에 지나지 않는다. 다시 말해 지구의 나이를 4,600시간(약 200일)이라고 한다면 인류가 지구에서 산 기간은 고작 1시간 정도라고 할 수 있다.

그러나 100만 년은 짧은 세월이 아니다. 인류가 역사를 기록하기 시작한 5,000년에 비하면 100만 년은 장구한 세월이라고 할 수 있다. 인류는 신석기시대가 시작된 약 1만 년 전부터 문명의 싹을 틔우기 시작했다. 5,000년 전부터 고도로 조직화된 사회가 나타나기 시작했고, 2,500년 전부터는 우리가 알고 있는 철학·윤리학·과학의 원형이 나타나기 시작했다. 그래서 대부분의 학문 분야가 그 기원을 약 2,500년 전에서 찾는다. 과학의 역사에서도 이 시기는 매우 중요한 의미를 띤다. 대부분의 학자들은 자연과학이 기원전 600년경에 탈레스를 중심으로 이오니아 지방에서 활동했던 자연철학자들로부터 시작되었다고 주장한다.

자연과 더불어 살던 인류가 어떻게 1만 년 전 또는 5천 년 전부터 갑자기 자연을 조직적으로 탐구하기 시작했고 그것을 바탕으로 문명이라는 금자탑을 쌓기 시작하게 되었는지는 아무도 모른다. 그러나 인류는 그로 인해 지구의 역사, 아니 어쩌면 우주의 역사 속에서도 처음 있는 일일지 모르는 큰일을 해냈다. 불과 2,500년이란 짧은 기간 동안 자연에 대하여 엄청나게 많은 사실들을 알아낸 것이다. 그것은 자연의 신비를 벗기는 일이었고, 자연을 창조한 조물주의 마음을 읽어내는 일이었다.

이 일을 해내는 데 걸린 시간은 사실 2,500년이 아니라 300여 년에 불과했다. 물론 탈레스나 아리스토텔레스, 그리고 아르키메데스와 아리스타르코스 같은 고대 과학자들의 업적을 폄하하거나 그들의 생각과 발견들이 현대 과학의 기초가 되었다는 사실을 부인하려는 것은 아니다. 그들의 시행착오가 없었다면 현대 과학은 탄생할 수도 없었을 것이다. 따라서 현대 과학의 역사를 300여 년이라고 주장하는 것은 지나친 자만일 수도 있다. 하지만 현재 우리가 알고 있는 자연에 대한 지식 대부분을 알아내는 데 걸린 시간이 300년 남짓이라는 데 이의를 제기할 사람은 많지 않을 것이다.

자연과학의 발전에 대한 고대 과학자들의 공헌을 충분히 인정한다 해도 현대 과학과 고대 과학 사이에는 확연한 경계가 있다. 적어도 과학적인 면에서 볼 때 지난 300여 년 동안 인류가 겪은 경험과 지식의 질은 과거 시대의 것과는 전혀 다르다. 현재 우리는 고대인들이 경험은 물론 상상도 할 수 없었던 지식의 홍수 속에서 매일매일 새로운 것을 경험하며 살아가고 있다.

46억 년이나 되는 지구의 역사는 차치하고, 100만 년이나 되는 인류의 역사와 비교해도 300년이란 참으로 짧은 시간이다. 이 짧은 기간 동안에 인류는 전혀 새로운 인류가 되었고, 전혀 새로운 지구를 만들었다. 그것이 어떻게 가능했을까. 우리 시대의 어떤 사건 또는 어떤 특성이 그것을 가능하도록 했을까. 우리가 살아가는 시대를 어떻게 이해해야 할까. 그리고 그것은 인류의 역사를 떠나 우주적인 어떤 의미를 부여할 수 있는 것은 아닐까. 현대 과학을 가능하게 하는 데 가장 중요한 역할을 했다고 여겨지는 열 가지 사건(책 또는 논문)을 중심으로 과학의 발전과정을 더듬어보려는 것은, 이런 작업을 통해 우리가 품고 있는 의문의 해답을 얻어낼 수 있는 실마리라도 잡아보려는 마음 때문이다.

2,500년 전의 자연철학자들은 자연현상의 원인을 신에게서 찾으려 했던 생각에서 벗어나 자연 자체에서 찾으려고 시도했다. 그들이 품었던 가장 큰 의문은 두 가지였다. 그 하나는 만물을 이루고 있는 근본 물질이 무엇인가 하는 점이었다. 만물의 근원을 물이라고 본 철학자가 있었는가 하면 공기 또는 흙이나 불이라고 주장하는 학자들도 있었다. 이런 생각들이 종합되어 만물의 근원을 물·불·흙·공기라고 주장하는 4원소설로 정리되었다.

고대 과학자들이 자연에 대해 품은 또 하나의 의문은 우주가 어떻게 구성되어 있고 어떻게 운행되고 있느냐 하는 것이었다. 고대 그리스의 과학자들은 놀라운 방법으로 지구와 태양 그리고 달에 대한 과학적 자료들을 수집하였고 이를 바탕으로 천문학 체계를 확립해나갔다.

고대의 천문체계

고대 과학자들은 월식을 측정하여 지구와 달의 지름의 비를 측정하였고, 지구·달·태양의 위치 관계를 이용하여 지구에서 태양 그리고 달까지 거리의 비를 측정해냈다. 또한 같은 시각에 다른 지방에서 측정한 그림자의 길이와 간단한 기하학적 지식을 이용하여 지구의 크기를 알아냈으며, 지구에서 달까지의 거리와 태양의 크기도 계산해냈다.

물론 고대 과학자들이 측정하고 계산해낸 결과는 널리 사실로 인정받지 못한 것도 있고, 당시 사람들로부터 비난을 받기도 했다. 그러나 우리 주위에서 일어나고 있는 자연현상에 대한 이러한 체계적인 탐구와 이해는 자연을 이해하는 새로운 방법과 지적 기반을 제공해줄 수 있었다.

고대 과학자들은 자신들이 알아낸 사실들을 바탕으로, 우주가 어떻게 구성되었고 어떻게 운행되고 있는지를 설명하는 천문체계를 만들었다. 이는 지구가 우주의 중심에 정지해 있고 다른 천체들이 그 주위를 돌고 있다고 주장하는 지구중심 천문체계 또는 천동설이라는 체계였다. 그러나 천동설이 체계적인 모습을 갖추기 이전에 태양중심 천문체계가 제시되기도 했다.

지구를 비롯한 행성들이 고정되어 있는 태양 주위를 돌고 있다는 주장을 처음으로 제기한 사람은 크로톤의 필로라오스였다. 기원전 5세기경에 살았던 필로라오스는 피타고라스 학파의 학생이었다. 필로라오스의 생각은 헤라클레이토스를 통해 기원전 310년에 태어난 아리스타르코스에게까지 전해졌다. 아리스타르코스는 정지해 있는 태양 주위를 지구가 돌고 있으며, 지구는 하나의 축을 중심으로 24시간을 주기로 자전하고 있다고 주장했다. 아리스타르코스의 이런 주장은 당시에 널리 알려졌다. 알렉산드리아 시대 최고의 학자라고 불리는 아르키메데스는 "아리스타르코스는 별이나 태양은 운동하지 않고 정지해 있으며 지구가 원궤도를 따라 태양 주위를 돌고 있다고 가정했다"는 기록을 남겼다.

그러나 고대 과학자들과 철학자들은 아리스타르코스의 태양중심 천문체계를 받아들이지 않았다. 매우 사려깊었던 사람들로 알려진 고대 그리스의 철학자들이 어째서 아리스타르코스의 천문체계를 받아들이지 않았을까?

고대 그리스인들이 태양중심 천문체계를 받아들이지 않았던 것은 그

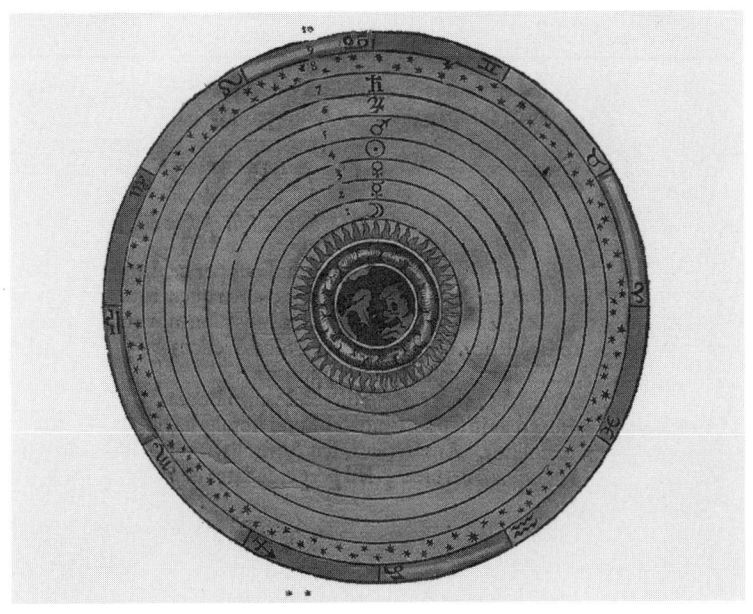

지구를 중심으로 운행하는 우주. 고대인들은 지구가 우주의 중심에 있으며, 다른 천체들이 그 주위를 돈다는 천동설 체계를 믿었다.

들이 알고 있던 역학으로는 태양을 중심으로 맹렬한 속도로 돌고 있는 지구의 운동을 설명할 수 없었기 때문이다. 그들에게는 지구가 태양을 돌고 있는 것이 아니라 태양이 지구를 돌고 있는 것이 아주 확실한 사실로 보였다. 그들은 만약 지구가 그렇게 빠른 속도로 달리고 있다면 지구 위에 살고 있는 사람들이 그것을 모를 리가 없다고 생각했다. 달리는 지구 위에서는 항상 빠르게 불어오는 바람과 발이 미끄러지는 것을 느껴야 한다고 생각했던 것이다.

또 다른 문제는 운동에 대한 그들의 생각과 태양중심체계가 맞지 않는다는 것이었다. 그들은 모든 물체가 지구의 중심을 향해 낙하하는 것은 물체들이 우주의 중심을 향해 다가가려는 성질을 가지고 있기 때문

프톨레마이오스. 천동설을 정교하게 발전시킨 그는 자신의 학설을 『천문학 집대성』에 수록했다.

이라고 생각했다. 따라서 지구가 우주의 중심에 정지해 있다고 생각해야 낙하하는 물체의 운동을 설명할 수 있었다.

그들은 만약 우주의 중심이 태양이라면 모든 물체들이 태양을 향해 날아가야 할 것이라고 생각했다. 그 외에 별들의 연주시차가 관측되지 않는 것도 지구가 움직이지 않는다는 증거가 되었다. 지구가 태양을 돌고 있고 별들이 고정되어 있다면 지구의 위치가 달라짐에 따라 별들의 위치가 달라져 보이는 연주시차가 나타나야 한다고 생각했던 것이다. 이는 당시 사람들이, 지구에서 별들까지의 거리가 지구의 공전궤도와는 비교할 수 없을 정도로 커서 연주시차가 아주 작게 나타나기 때문에 그것을 관측할 수 없었던 것을 몰랐기 때문이었다.

이 정도의 증거로도 태양중심체계를 폐기시키기에는 충분했다. 한마디로 말해 태양중심체계는 당시의 상식과 전혀 맞지 않는 천문체계였던 것이다. 따라서 고대인들은 태양중심체계를 버리고 정지해 있는 지구를

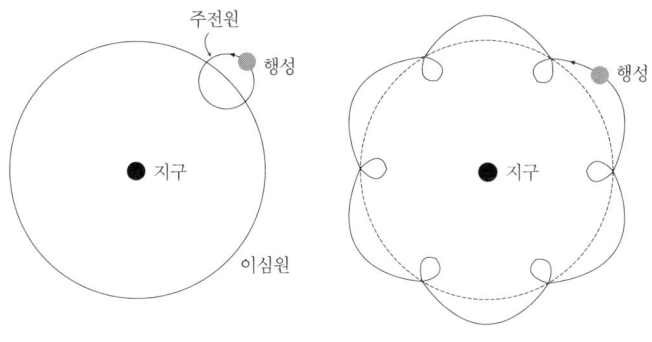

주전원과 이심원 운동

중심으로 모든 천체들이 돈다는 지구중심 천문체계, 즉 천동설을 발전시켰다.

천동설을 수학적으로 정교한 천문체계로 완성한 사람은 2세기에 활동했던 프톨레마이오스였다. 프톨레마이오스는 모든 천체는 원운동을 해야 한다는 아리스토텔레스의 역학 원리를 바탕으로 에우독소스, 히파르코스 등이 제안했던 이심원과 주전원 운동에 고대에서부터 축적되어온 행성운동에 대한 관측자료를 대입한 정교한 지구중심 천문체계를 완성했다.

천동설은 단순히 정지해 있는 지구를 중심으로 태양을 비롯한 천체들이 원운동을 하고 있다는 것이 아니었다. 프톨레마이오스는 관측된 행성운동을 설명하기 위하여 지구에서 조금 떨어진 점에 있는 이심을 생각해냈다. 이 점을 중심으로 한 점이 큰 원운동을 하는 이심원 운동을 하고 있으며, 행성은 이 점 위에 있는 것이 아니라 이 점을 중심으로 작은 원운동을 하는 주전원 운동을 한다고 했다. 다시 말해 행성은 지구를 중심으로 하는 큰 원운동을 하고 있으며 그 점을 중심으로 다시 주전원 운동을 한다고 했다.

행성에 이렇게 복잡한 운동을 부여해야 했던 것은 때로는 앞으로 가기도 하고 때로는 뒤로 가는 것처럼 보이기도 하는 행성의 복잡한 운동을 설명하기 위해서였다. 물론 관측된 행성의 운동을 설명하기 위해서는 이심원이나 주전원의 반지름, 그리고 이심원 운동과 주전원 운동의 운동속도도 정교하게 결정해야 했다.

프톨레마이오스의 지구중심 천문체계는 따라서 매우 복잡했지만 행성의 운동을 설명하고 예측하는 데는 상당히 성공적이었다. 더구나 이 천문체계는 당시 사람들이 가지고 있던 상식과도 잘 일치했다. 따라서 많은 사람들이 지구중심 천문체계를 받아들인 것은 매우 자연스러운 일이었다고 할 수 있다.

프톨레마이오스의 지구중심 천문체계는 150년에 출판된 『천문학 집대성』에 정리되었다. 『천문학 집대성』은 아랍어로 번역되어 827년에 『알마게스트』라는 이름으로 출판되었다. '알마게스트'는 '가장 위대한 책'이라는 뜻을 담고 있다. 덕분에 프톨레마이오스의 천문체계는 유럽이 중세 암흑기에 처해 있는 동안에도 중동의 이슬람 학자들에 의해 보존되고 연구될 수 있었다.

그러다가 11세기 이후 유럽세계가 아랍세계와 접촉하면서 고대 그리스의 서적들을 수입·번역하게 되었다. 이때 『알마게스트』도 유럽에 소개되었다. 이 당시 가장 정확한 번역으로 이름을 날렸던 크레모나 출신의 제라드는 76권의 중요한 책들을 번역했는데 그 가운데 『알마게스트』가 가장 중요한 책이었다. 『알마게스트』는 1175년에 번역되어 출판된 후 지구중심 천문체계는 400년간 유럽의 정통 천문체계가 되었다.

코페르니쿠스의 조용한 혁명

고대 그리스 시대에 완성되어, 유럽이 암흑시기를 통과하는 동안 아랍에 피신해 있다가 다시 유럽으로 돌아와 정통 천문체계로 자리 잡은 지구중심 천문체계에 정식으로 도전장을 낸 사람은 폴란드의 코페르니쿠스였다. 코페르니쿠스는 과학자나 천문학자가 아니라 성당의 참사회 의원으로 일생 동안 일한 사람이다.

폴란드의 토룬에서 1473년에 태어난 코페르니쿠스는 에름란트의 주교였던 삼촌의 도움으로 프라우엔부르크 성당의 참사회 의원으로 선출될 수 있었다. 코페르니쿠스가 일생 동안 천문학을 공부할 수 있었던 것은 참사회 의원이라는 안정적이면서도 시간을 마음대로 낼 수 있는 직장을 가졌기 때문이었다.

코페르니쿠스는 1491년에 크라쿠프 대학에 입학하여 수학과 천문학 강의를 들었고 1496년에는 삼촌의 도움으로 이탈리아에 유학하여 볼로냐 대학에서 그리스어, 철학, 천문학을 공부했다. 그가 황소자리의 알파 별인 알데바란이 달에 의해 가려지는 성식을 관측한 것은 이탈리아에 유학 중이던 1497년 3월 9일이었다. 프라우엔부르크 성당의 참사회 의원으로 선출된 것도 이해였다. 그 후 일시 귀국한 코페르니쿠스는 다시 이탈리아로 건너가 파도바 대학에서 의학과 교회법을 공부하고 1506년에 귀국했다. 귀국한 후에는 삼촌의 비서 겸 주치의로 활동하면서 천문학 연구에 매진할 수 있었다.

1512년에 삼촌이 세상을 떠난 후 코페르니쿠스는 더욱 많은 시간을 천문학 연구를 위해 투자할 수 있었다. 그는 프라우엔부르크 성당 옥상에 천문대를 설치하고 스스로 만든 측각기를 이용하여 천체 관측을 시

코페르니쿠스는
『천체 회전에 관하여』를 통해
지동설을 주장하여 사람들이 믿고 있던
천동설을 뿌리째 흔들었다.

작했다. 그의 관측은 그다지 정밀하지는 않았지만 태양을 중심으로 하는 새로운 천문체계를 구축해가기에는 충분했다.

그런데 코페르니쿠스가 지구중심 천문체계를 언제부터 구상했는지는 명확하지 않다. 다만 출판된 논문과 책을 통해 1514년 이전이라는 것을 알 수 있을 뿐이다.

코페르니쿠스는 일생 동안 천문학에 관련된 논문을 단 두 편만 썼다. 하나는 1514년경에 발표한 「천체의 운동과 그 배열에 관한 논평」이라는 제목의 20페이지짜리 소논문으로, 자비 출판하여 주위 사람들에게 읽도록 한 것이었다. 그 가운데 한 부는 교황 클레멘스 7세에게도 전달되었는데, 1536년에는 교황의 측근이었던 쇤베르크 추기경이 이 논문을 정식으로 출판해보라는 권유를 하기도 했다.

다른 하나는 그가 죽던 해인 1543년에 출판된 『천체 회전에 관하여』라는 책이다. 사실 1514년에 출판된 소논문에 이미 지구중심 천문체계의 거의 모든 내용이 실려 있었다. 그러나 그 논문은 많은 사람들의 관심을 끌지 못했다. 그의 새로운 제안이 선뜻 받아들이기 어려운 것이었기 때문이기도 했지만, 논문에 그의 주장을 증명할 자료나 증거들이 충분히 제시되어 있지 않았기 때문이다.

그 후 30년 동안 코페르니쿠스는 이 논문에 빠져 있던 세세한 수학적인 부분을 보충하여 자신의 주장을 구체화하는 작업을 했다. 그는 자신의 20페이지짜리 논문을 이제 200쪽이 넘는 정식 논문으로 확장했다. 이 연구를 하는 동안, 그는 기존의 천문체계와는 맞지 않는 자신의 체계에 대해 다른 천문학자들이 어떻게 생각할지를 계속 염려했다. 자신의 새로운 천문체계가 다른 사람들에게 놀림감이 될지도 모른다는 생각에 논문 출판을 포기하려고도 했다.

후세 학자들 가운데 코페르니쿠스가 자신의 책을 출판하지 않으려 했던 것은 종교적 박해를 염려했기 때문이었을 것이라고 추정하는 사람들도 많지만, 종교적 갈등보다는 일반인들의 놀림감이 되는 것을 더 염려했기 때문이라고 주장하는 사람들도 많다. 코페르니쿠스의 초기 논문을 본 쉰베르크 추기경이 출판을 권유했던 점에서도 그런 정황을 짐작할 수 있다.

완성되지 못한 채 끝날 수 있었던 코페르니쿠스의 연구는 비텐베르크에서 온 한 젊은 독일 학자에 의해 새로운 전기를 맞이했다. 루터파 개신교 학자로 비텐베르크 대학의 수학과 천문학 교수였던 레티쿠스가 새로운 천문체계에 대해 자세하게 알아보기 위해 1539년에 프라우엔부르크를 방문한 것이다. 레티쿠스는 천체에 관한 진리는 『성서』가 아니라 과학 속에 있다는 코페르니쿠스의 믿음을 받아들인 사람이었다. 당시 66세였던 코페르니쿠스는 25세의 레티쿠스가 자신의 이론에 관심을 가지는 것을 기쁘게 생각했다.

레티쿠스는 프라우엔부르크에서 코페르니쿠스의 원고를 읽고 그와 토론하면서 3년을 보냈고, 1541년에는 책으로 출판하기 위해 원고를 뉘른베르크에 있는 요하네스 페테리우스 인쇄소로 가져갈 수 있도록 허락을 받아내는 데 성공했다.

하지만 레티쿠스는 책을 인쇄하는 도중에 개인 사정으로 그 일을 안드레아스 오지안더라는 루터파 신부에게 맡길 수밖에 없었다. 레티쿠스가 오지안더에게 출판을 맡긴 것은 그가 뉘른베르크에서 가장 뛰어난 신학자였으며, 코페르니쿠스와도 친분이 있는 사람이었기 때문이다.

우여곡절 끝에 『천체 회전에 관하여』가 출판된 것은 1543년 봄이었다. 코페르니쿠스에게는 그중 수백 권이 보내졌다. 1542년 말부터 뇌출혈로 고통을 받으면서도 코페르니쿠스는 자신의 일생의 작업이 담긴 책이 출판되기를 기다리고 있었다. 책이 도착했을 때는 여러 날 동안 혼수 상태에 빠져 있었다. 그러나 임종하기 전 잠시 정신을 차렸을 때 그는 자신의 책을 볼 수 있었다.

인간과 자연의 관계를 바꾸다

이렇게 하여 인류 역사를 바꿔놓는 계기를 제공하게 되는 『천체 회전에 관하여』가 마침내 세상에 모습을 드러냈다.

이 책은 총 6권으로 되어 있다. 제1권은 지구의 모양과 지구의 세차운동에 대한 설명과 함께 이 이론을 설명하는 데 필요한 평면삼각형과 구면삼각형에 대한 정리들을 수록했다. 제2권은 경사진 황도를 따라 운동하고 있는 지구의 운동을 설명하고 있고, 마지막 부분에는 별과 별자리

목록을 실었다. 제3권에서는 태양의 겉보기운동과 지구의 세차운동을 자세히 다루었으며 각종 계산에 필요한 표를 수록해놓았다. 제4권에서는 달의 운동에 관하여 다루었다. 마지막 두 권인 제5권과 제6권에서는 다섯 행성의 운동을 다루었다. 코페르니쿠스는 토성을 시작으로 목성·화성·금성·수성의 운동을 다루면서 부분적으로 이심원과 주전원 운동을 도입하기도 했다. 특히 수성의 운동을 설명하기 위해서는 주전원 위의 주전원을 설정하는 등 원 궤도의 틀에서 벗어나지 않으면서 행성의 운동을 설명하려고 노력했다.

이 책에 수록된 내용이 모두 정확한 것은 아니다. 천체는 원운동을 해야 한다는 고대 그리스 시대의 전제에서 벗어나지 못했을 뿐만 아니라 자료나 계산이 정확하지 않은 부분도 있다. 그러나 이 책에는 인류가 2,000년 이상 지켜온 우주관을 바꾸는 혁명적인 내용이 들어 있었다. 그것은 당시 사람들이 가지고 있던 인식의 틀을 근본부터 바꾸는 것이었으며, 인간과 자연의 관계를 다시 생각하게 하는 내용들이었다.

이러한 놀라운 내용에도 불구하고 『천체 회전에 관하여』는 출판된 후 수십 년 동안 일반인들이나 교회에 심각하게 받아들여지지 않았다. 초판도 다 팔리지 않았으며, 초판이 인쇄된 후 100년 동안에 두 번 더 찍어냈을 뿐이었다. 이와는 대조적으로 프톨레마이오스의 천문체계를 소개하는 책은 같은 기간 독일에서만도 수백 번 새로 인쇄되었다.

코페르니쿠스의 혁명이 이렇게 조용하게 끝날 수밖에 없었던 데는 몇 가지 이유가 있다. 우선 『천체 회전에 관하여』에 실려 있는 태양중심 천문체계를 적극적으로 알릴 인물이 없었다. 당시에 태양중심 천문체계를 널리 홍보할 수 있을 정도로 내용을 잘 이해하고 있던 사람은 코페르니쿠스와 레티쿠스밖에 없었다. 마지막 단계에 출판에 관여했던 오지안더

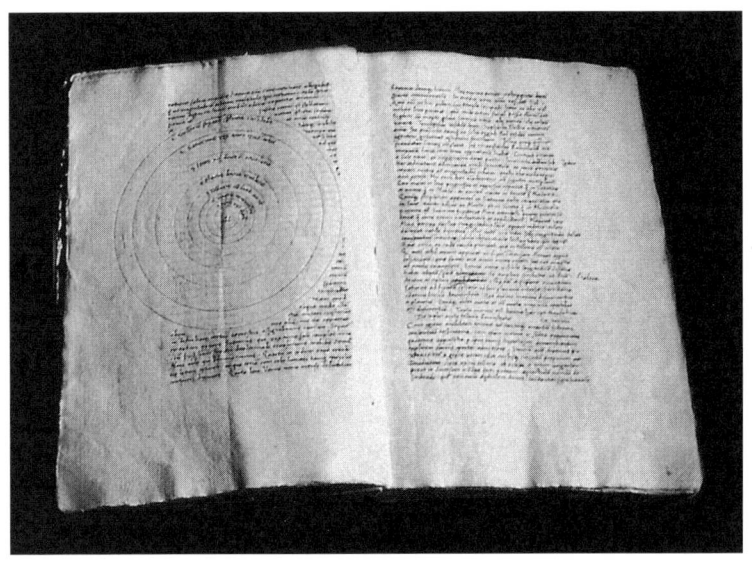

코페르니쿠스가 『천체 회전에 관하여』를 통해 제시한 태양중심 천문체계는
당시의 우주관을 뛰어넘는 획기적인 것이었지만, 당대에는 큰 반향을 일으키지 못했다.

는 오히려 태양중심 천문체계의 진실성을 의심했던 것으로 알려져 있다. 코페르니쿠스는 책이 출판된 시점에 세상을 떠났으므로 자신의 이론을 알릴 기회를 얻을 수 없었다. 그리고 이 책의 내용을 널리 알릴 수 있는 위치에 있던 레티쿠스는 책이 출판된 후 큰 관심을 보이지 않았고 이 책과 관련된 아무런 활동도 하지 않았다. 레티쿠스가 왜 그랬는지에 대해서는 정확히 알려진 바가 없다. 다만 레티쿠스가 그 책의 서문에 자신의 이름이 언급되지 않은 것을 서운하게 생각했던 것이 아닐까 하고 추측하는 사람들이 있을 뿐이다.

『천체 회전에 관하여』에는 독자들을 위해 쓴 서문과 교황 바울 3세에게 바치는 헌정사가 실려 있다. 교황에게 바치는 헌정사에는 교황의 이름은 물론 카푸아의 추기경이었던 쇤베르크, 쿨룸의 주교였던 티데만 기세 등의 이름이 언급되어 있다. 그러나 정작 이 책의 출판을 위해 결정적인 역할을 한 레티쿠스의 이름은 어디에도 언급되어 있지 않았다. 아마도 코페르니쿠스는 신교도인 레티쿠스의 이름을 언급하는 것을 부담스럽게 생각했던 것 같다. 레티쿠스가 이를 매우 서운하게 여겼음은 쉽게 짐작할 수 있다. 그래서 이 책은 탄생과 동시에 누구도 돌봐줄 사람이 없는 고아가 될 수밖에 없었다.

이 책이 사람들의 관심을 끌지 못한 또 다른 이유는 코페르니쿠스의 문장이 까다로웠던 데도 있었다. 여러 가지 자료와 계산이 들어 있는 이 책은 코페르니쿠스의 딱딱한 문장 때문에 더욱 복잡하고 지루한 책이 되었다. 더구나 이 책은 코페르니쿠스가 공식적으로 출판한 첫 번째 천문학 책이었는데, 코페르니쿠스라는 이름은 유럽의 학자들 사이에 알려져 있지 않았다. 폴란드의 시골에서 홀로 연구했던 이름 없는 학자의 주장에 귀를 기울여줄 사람은 그리 많지 않았던 것이다.

코페르니쿠스가 이 책을 통하여 제안한 태양중심 천문체계가 행성의 위치를 예측하는 데 프톨레마이오스의 지구중심 천문체계보다 정확하지 못했던 것도 이 책이 무관심 속에 묻혀버린 중요한 원인 가운데 하나였다. 코페르니쿠스의 태양중심 천문체계는 경쟁 관계에 있던 프톨레마이오스의 지구중심체계를 이길 수 있는 결정적인 장점을 보여주지 못했던 것이다. 이런 일이 일어난 것은 코페르니쿠스의 체계가 원운동을 고수하면서 이심원과 주전원 운동을 도입하고 있었기 때문이다. 태양중심 천문체계가 지구중심 천문체계보다 나았던 점은 단순하다는 것 하나뿐이었다. 그것만으로는 2천 년의 역사와 많은 추종자를 거느린 경쟁상대를 이겨내기에 역부족이었다.

『천체 회전에 관하여』가 사람들로부터 신뢰를 받지 못한 이유는 그것뿐만이 아니었다. 이 책은 책 자체에 내용의 신뢰성을 크게 낮추는 내용을 포함하고 있었다. 이 책의 앞부분에 실려 있는, 독자들을 위해 쓴 서문이 그것이었다. 누가 썼는지 명시해놓지 않아 코페르니쿠스가 독자들을 위해 쓴 것처럼 보이는 2쪽의 짤막한 서문에는 다음과 같은 내용이 들어 있다.

이 가설이 반드시 진리여야 할 필요가 없고, 심지어 그럴듯하지 않아도 되며, 단지 관측 사실과 일치하는 계산만 제공하면 충분하기 때문이다. (…) 이 분야에는 이밖에도 다른 불합리한 점들이 많지만, 그것들을 당장 여기서 살펴볼 필요는 없다. 왜냐하면 이 분야는 불규칙한 겉보기 운동의 원인을 철저히 무시했다는 것이 명백하기 때문이다. 그리고 이 가설이 어떤 원인을 고안하거나 생각했다 하더라도, 사실 많은 원인을 생각했지만, 그것이 진리라는 것을 누구에게 설득하기 위한 것이 아니라, 계산하는 데 필요한 정확한 토대를 제공하기 위한 것이다. (…) 그리고 가설을 다루는 한, 천문학은 결코 우리에게 확실한 것을 제공하지 않기 때문에 천문학에서 어떤 것도 확실한 것을 기대해서는 안 된다. 다른 목적을 위해 만든 것을 진리로 간주하여 처음 이 책을 접할 때보다 더 큰 바보가 되는 사람이 없기를 바란다.

코페르니쿠스의 동의를 받지 않고 첨부된 것이 확실한 이 서문은 그의 주장을 상당 부분 후퇴시켰다. 이 서문은 코페르니쿠스의 자세하고 조심스런 수학적 분석이 단지 하나의 가설에 지나지 않는다고 선언하여 태양중심 천문체계를 사실이 아닌 것으로 만들어버린 것이다. 심지어 이 서문은 이 책의 내용을 사실로 믿는 바보가 되지 말라고 당부하고 있다.

아직도 남아 있는, 코페르니쿠스가 직접 쓴 서문의 내용은 이것과 많이 다르다. 따라서 이 서문은 레티쿠스가 원고를 가지고 프라우엔부르크를 떠난 이후에 누군가 끼워 넣은 것으로 추정할 수 있다.

이 서문을 끼워 넣었다고 의심받는 사람은 레티쿠스가 뉘른베르크에서 라이프치히로 돌아간 후 출판 책임을 맡은 오지안더다. 오지안더가 이 서문을 썼을 가능성은 "이 가설은 그것이 물리적 사실이기 때문에 제안하는 것이 아니라 겉으로 나타나는 복잡한 운동을 계산해내는 데 가장 편리하기 때문에 제안하는 것이라고 이야기한다면 아리스토텔레스주의자들이나 신학자들을 쉽게 회유할 수 있을 것입니다"라면서 레티쿠스에게 보낸 편지를 통해서도 짐작할 수 있다.

이렇게 하마터면 코페르니쿠스의 혁명도 오래전에 아리스타르코스의 지동설이 밟았던 전철을 밟을 위기에 처할 뻔했다. 그러나 코페르니쿠스에게는 아리스타르코스에게는 없었던 강력한 후원자가 세 명이나 있었다. 한 사람은 코페르니쿠스가 죽은 지 3년 후인 1546년에 태어난 덴마크의 티코 브라헤였고, 다른 한 사람은 21년 후인 1564년에 이탈리아에서 태어난 갈릴레오 갈릴레이였으며, 마지막 한 사람은 갈릴레오보다 7년 늦게 독일에서 태어난 요하네스 케플러였다.

티코 브라헤는 코페르니쿠스의 태양중심 천문체계를 받아들이지 않았지만 결국 코페르니쿠스의 혁명이 완성되는 데 결정적인 역할을 했다. 반면에 갈릴레오와 케플러는 코페르니쿠스의 태양중심체계의 사실성을 굳게 믿은 사람들이다. 그들은 몇몇 학자들의 책꽂이에 꽂혀 있던 『천체회전에 관하여』를 끄집어내 세상에 소개했고 그 내용이 물리적 사실이라는 것을 증명하기 위해 적극적으로 애썼다.

티코 브라헤는 코페르니쿠스의 태양중심체계를 받아들이는 대신 자신만의 우주 모델을 만들었다. 그는 모든 행성이 태양을 중심으로 돌고, 태양은 지구를 중심으로 도는 새로운 체계를 제시했다.

천문학 혁명의 완성

1546년에 덴마크의 귀족 가문에서 태어난 티코 브라헤는 관측 천문학을 정확성 면에서 한 단계 발전시킨 사람이다. 티코 브라헤가 천문 관측 분야에서 큰 명성을 얻자 덴마크의 왕 프레데리크 2세는 해안에서 10킬로미터 정도 떨어져 있는 벤섬을 그에게 하사하고 우라니보르그라는 천문 관측소를 지을 수 있도록 재정 지원을 했다. 우라니보르그는 해마다 규모가 커져서 덴마크 총생산의 5퍼센트를 사용하는 대규모 관측소가 되었다. 우라니보르그에는 도서관, 제지공장, 인쇄소, 연금술 실험실, 용광로가 있었으며 심지어는 법을 어긴 노예를 감금하는 감옥도 있었다. 관측 탑에는 육분의, 사분의, 고리 모양의 천구 등 커다란 관측기구들이 갖추어져 있었다. 모든 기구들은 네 벌씩 만들었는데 이는 동시에 독립된 측정을 하여 별과 행성의 위치 측정의 오차를 최소화하기 위해서였다. 티코 브라헤의 관측은 그보다 앞선 시대의 정확한 관측보다 5배나 정확했다.

브라헤는 프톨레마이오스의 천문학 전통 속에서 자랐지만 정밀한 관측을 통해 고대 우주관에 대한 자신의 생각을 바꾸지 않을 수 없었다. 그가 『천체 회전에 관하여』를 소장하고 있었던 것으로 보아 코페르니쿠스의 태양중심 모델에 호의적이었다는 것을 알 수 있다. 그러나 그는 코페르니쿠스의 태양중심체계를 그대로 받아들이는 대신 자신만의 우주 모델을 만들었다. 코페르니쿠스가 죽은 지 50년이 되어가던 1588년에 티코 브라헤는 『천상 세계의 새로운 현상에 관하여』라는 책을 출판했다. 이 책에서 그는 모든 행성은 태양을 중심으로 돌고, 태양은 지구를 중심으로 돌고 있다는 새로운 천문체계를 제시했다.

후원자였던 프레데리크 2세가 죽은 후 그 뒤를 이은 크리스티안 4세는 더 이상 티코 브라헤의 천문관측을 후원해주려 하지 않았다. 결국 그는 가족과 조수들, 천문관측 기구들을 나르는 일꾼들을 데리고 덴마크를 떠나 프라하로 거처를 옮겼다. 신성로마제국 황제 루돌프 2세는 그를 궁정 수학자로 임명하고, 베나트키성에 새로운 관측소를 설치할 수 있도록 허락했다. 티코 브라헤가 프라하로 온 것은 결과적으로 큰 행운이 되었다. 몇 달 뒤 프라하에 도착한 새로운 조수 요하네스 케플러를 만날 수 있었기 때문이다.

케플러가 도착하고 몇 달 안 되어 브라헤는 로젠베르크의 남작에게 저녁초대를 받아 평소처럼 술을 많이 마셨다. 그날 밤부터 그는 혼수상태와 정신착란 사이를 왔다 갔다 하다가 열흘 후 죽고 말았다. 임종하기 직전에 티코 브라헤는 "내 삶이 헛되지 않았기를"이란 말을 여러 번 했다고 한다.

티코 브라헤의 갑작스런 죽음은 그의 생애를 헛되지 않게 하는 데 도움이 되었다. 살아 있는 동안 그는 자신의 관측 자료들을 조심스럽게 보관하고 케플러와 공유하려 하지 않았다. 덴마크의 귀족 출신인 그는 농민 출신인 케플러를 동등한 동반자로 인정하지 않았던 것이다.

케플러는 하급 군인이었던 아버지와 마녀로 고발된 후 추방된 어머니 사이에서 살아남기 위해 고통을 겪어야만 했던 신분이 낮은 가문 출신이었다. 케플러가 천문학에 대해 열정을 품은 것은 천문학만이 자신에 대한 혐오감으로부터 벗어나 안정을 얻을 수 있는 유일한 방법이라고 보았기 때문이다. 25세 때 그는 코페르니쿠스의 『천체 회전에 관하여』를 옹호하는 첫 번째 책인 『우주의 신비』를 썼다. 그는 이후 태양중심체계가 진실이라는 확신을 가지고 이 체계의 사실성을 증명하는 데 자신을 바치기로 했다.

케플러는 티코 브라헤의 관찰 결과에 접근할 수 있다면 8일 안에 화성 궤도의 문제를 해결하여 태양중심체계가 가지고 있던 부정확성을 없앨 수 있다고 자신했다. 그는 브라헤가 죽은 후 자료를 마음대로 사용할 수 있게 되었으나 실제로 그 일을 하는 데는 8년이 걸렸다. 케플러는 8년이라는 긴 세월 동안 900쪽이 넘는 고통스럽고 힘든 계산 과정을 통해 행성 운동의 법칙을 찾아냈다.

케플러가, 코페르니쿠스가 끝까지 고집했던 '행성은 원이나 원의 조합으로 만들어진 궤도를 따라 돈다'는 고대의 생각이 틀렸다는 것을 알아낸 것은 몇 년 동안의 시행착오가 있은 후였다. 케플러는 행성들은 정확한 원 궤도를 따라 도는 것이 아니며, 속도도 일정하지 않고, 태양이 행성들의 궤도 중심에 있는 것도 아니라는 것을 알아냈다. 케플러는 또한 행성들은 타원 궤도를 따라 태양을 돌고 있으며, 태양에 가까워지고 멀

요하네스 케플러는 행성들이 정확한 원 궤도를 따라 도는 것이 아니며, 속도도 일정하지 않고, 태양이 행성들의 궤도 중심에 있는 것도 아니라는 것을 알아냈다.

어짐에 따라 행성의 공전속도도 달라지며, 태양은 타원 궤도의 중심이 아닌 초점에 위치한다는 것을 밝혀냈다.

케플러의 타원 궤도는 행성들의 운동을 완벽하고 정확하게 설명할 수 있는 것으로 판명되었다. 그의 결론은 과학과 과학적 방법, 즉 관측과 가설, 수학을 결합시켜 얻어낸 승리였다. 케플러는 자신의 획기적인 발견을 「신천문학」이라는 제목의 긴 논문으로 1609년에 출판했다. 그 논문에는 실패로 끝난 수많은 과정을 포함해 8년 동안의 까다로운 계산이 상세하게 설명되어 있다.

비록 아직은 많은 사람들이 케플러의 태양계를 받아들이지 않았지만, 그의 타원형 태양계는 단순하면서도 행성의 운동을 정확하게 예측했다. 철학자, 천문학자 그리고 교회의 지도자들 중 많은 사람들이 케플러의 행성 운동 모델이 계산을 하기에 좋다는 것은 인정했다. 하지만 그것을 사실이라고 받아들이는 사람은 거의 없었다.

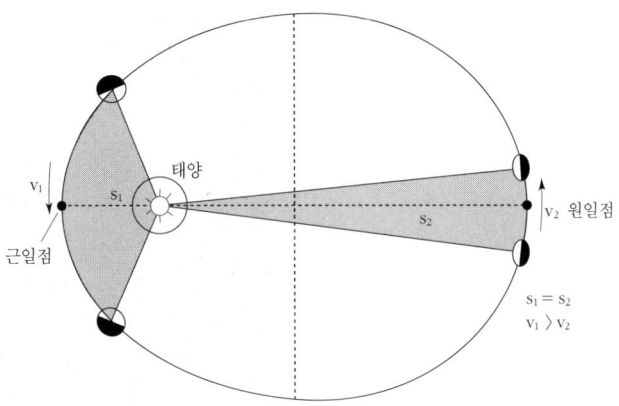

케플러의 행성 운동법칙. 행성은 태양 주위를 타원형 궤도로 공전하며 공전속도는 태양에서 멀 때보다 가까울 때 더 빠르다.

『신천문학』에 대한 사람들의 반응에 크게 실망하여 방황하는 시기를 겪기도 했지만 케플러는 행성 운동에 대한 연구를 계속했다. 그리하여 1618년에는 그간의 연구를 종합한 필생의 대작인 『코페르니쿠스 천문학 개요』의 1권부터 3권까지 세 권을 출판했고, 1620년에는 제4권을, 그리고 1621년에는 제5권을 출판했다. 이 책을 통해 케플러는 행성 운동의 3법칙인 조화의 법칙을 발표하고 "에우독소스와 그의 후계자인 프톨레마이오스는 원을 넘어서지 못하고, 왜 행성이 원운동을 해야 하는지에 대해 의문을 가지지 않은 채 원운동으로 현상을 서술하는 데만 익숙했다"라고 비판했다.

조화의 법칙은 행성 주기의 제곱은 행성 평균 궤도 반지름의 세제곱에 비례한다는 것으로 모든 천체들의 운동에 조화로운 통일성을 주는 법칙이다. 케플러는 이 조화의 법칙을 가장 좋아하여 이후 쓴 책이나 글에서 항상 언급했다.

케플러의 행성 운동법칙은 코페르니쿠스의 태양중심 천문체계의 오류를 제거하여 천문학 혁명을 완성시킨 것이었다. 하지만 세상은 아직 이 새로운 체계를 받아들일 준비가 되어 있지 않았다. 새로운 체계의 우수성을 인정하면서도 그것을 하나의 가설로 취급하려 했을 뿐이었다. 케플러와 비슷한 시기에 활동했던 갈릴레오의 방법은 좀더 감각적인 것이었고 그만큼 설득력이 있었다.

모든 것이 지구를 도는 것은 아니다

1564년 2월 15일, 이탈리아의 피사에서 태어난 갈릴레오 갈릴레이는 가장 뛰어난 이론가였고, 훌륭한 실험가였으며, 매우 숙련된 발명가였다. 탁월한 천문관측가인 그에게 망원경에 대한 소식이 전해진 것은 천문학 혁명의 과정에서 새로운 전환점이 되었다.

1608년 10월에 망원경에 대한 특허권을 취득한 사람은 플랑드르 지방에서 안경을 만들던 한스 리퍼세이였다. 리퍼세이의 성공이 있은 지 몇 달 뒤 갈릴레오에게도 이 소식이 전해졌고 그는 즉시 스스로 망원경을 만드는 일에 착수했다. 1609년 8월에 갈릴레오는 베네치아의 총독에게 그 당시로서는 세계에서 가장 뛰어난 성능을 가진 망원경을 선물했다. 그들은 함께 성 마가 성당의 종탑에 올라가 망원경을 설치하고 해안가를 내려다보았다.

갈릴레오는 망원경을 상품화하여 경제적인 이익을 얻기도 했지만, 망원경이 과학적인 가치도 가지고 있다는 것을 깨달았다. 망원경으로 밤하늘을 관측하기 시작한 갈릴레오는 그전의 누구보다도 우주를 더 멀리 더 명확하게 볼 수 있었다.

갈릴레오가 가장 먼저 관측한 것은 달이었다. 그는 달의 넓은 고원과

갈릴레오가 관측에 사용한 천체망원경(왼쪽)과 그가 관측한 목성 주변의 위성(오른쪽).

깊은 골짜기, 언덕과 산들을 관측했다. 관측 결과는 천체들이 결점이 없는 구라고 여겼던 고대의 생각과는 달랐다. 하늘 세계도 완전하지 않으며 변화가 있다는 사실이, 갈릴레오가 망원경으로 태양을 관찰하여 태양 표면에서 흑점을 발견하고 흑점의 수가 변해간다는 것을 발견함으로써 다시 확인되었다.

그 후 갈릴레오는 처음에는 목성 근처에서 움직이는 네 개의 별이라고 생각했던 것들을 자세히 관측하여 이들은 별이 아니라 목성 주위를 돌고 있는 위성들이라는 것을 밝혀냈다. 그전에는 아무도 지구의 달 외에는 행성을 돌고 있는 위성을 관측한 적이 없었다. 고대인들은 지구가 우주의 중심에 정지해 있으며 모든 천체는 지구를 중심으로 돌고 있다고 주장했지만, 이제 모든 것이 지구를 도는 것은 아니라는 확실한 증거가 발견된 것이다.

갈릴레오는 이러한 증거에 만족하지 않고 태양중심체계를 증명해줄 확실한 증거를 찾기 위해 노력했다. 그는 성능 좋은 도구로 수성과 금성의 위상 변화를 관측하면 자신의 체계의 진실성을 입증할 수 있을 것이라고 생각했다. 갈릴레오는 수성과 금성이 달의 위상 변화와 비슷한 위상의 변화(보름달, 반달, 초승달 같은 모양의 금성)를 보여야 하며, 위상 변화의 정확한 모양은 지구가 태양을 도는지 아니면 태양이 지구를 도는지에 따라 달라질 것이라고 지적했다. 1610년 가을, 갈릴레오는 최초로 금성의 위상 변화를 관찰하고 그것을 도표로 만들었다. 그가 예상했던 대로 관측결과는 태양중심 모델에서 예측했던 것과 완전히 일치했으며 이는 코페르니쿠스의 혁명을 뒷받침하는 확실한 증거가 되었다.

이 정도의 증거를 확보하면 모든 천문학자들이 태양중심 모델을 지지하는 쪽으로 바뀌었을 법도 했는데, 그러한 움직임은 일어나지 않았다. 아직도 대부분의 천문학자들은 우주가 정지해 있는 지구 주위를 돈다고 설명하면서 일생을 보냈다. 그들은 지적으로도 감정적으로도 태양중심 우주 체계를 받아들일 수 없었다.

가톨릭 교회 또한 이와 비슷하게 제수이트 교단의 수학자들이 새로운 태양중심 모델의 정확성을 증명한 후에도 지구가 우주의 중심에 고정되어 있다는 학설을 버리려 하지 않았다. 그 후 신학자들은 태양중심 모델이 행성 궤도를 정확하게 예측할 수 있다는 것을 인정했지만, 여전히 그것이 사실을 제대로 설명한다는 것은 인정하기를 거부했다.

코페르니쿠스의 지지자들은 태양중심 모델이 실제 사실을 잘 예측할 수 있는 것은 바로 태양이 실제로 우주의 중심에 있기 때문이라고 계속 주장했다. 이러한 주장에 대해 교회는 단호하게 대응했다. 1616년 2월 종교재판소의 위원회는 정식으로 태양중심 우주관을 '이단'이라고 선포했다. 이 판결로 코페르니쿠스의 『천체 회전에 관하여』는 출판된 지

63년 만인 1616년 3월에 금서목록에 올랐다.

갈릴레오는 교회가 자신의 견해를 유죄라고 결정한 판결을 받아들일 수 없었다. 그는 독실한 가톨릭 신자였지만 열렬한 합리주의자이기도 했으며, 이 두 가지 신념을 조화시킬 줄도 알았다. 그는 과학자가 물질적 세계를 가장 잘 다루는 사람들인 반면에 신학자들은 정신적 세계와 물질세계에서 어떻게 살아가야 하는지에 대해 가장 잘 알고 있는 사람들이라고 결론지었다. 갈릴레오는 이렇게 주장했다. "성서는 하늘이 어떻게 회전하고 있는지를 가르쳐주는 것이 아니라 사람이 어떻게 천국에 갈 수 있는지만 가르쳐주고 있다."

갈릴레오는 교회의 견해를 무시하고 우주에 대한 새로운 견해를 일관되게 주장했다. 1623년에 한때 그의 친구였던 마페오 바르베리니 추기경이 교황 우르바누스 8세로 선출되자 갈릴레오는 이를 천문학 체계를 바꿀 수 있는 좋은 기회라고 생각했다.

새 교황 우르바누스 8세를 알현한 갈릴레오는 우주에 대한 두 경쟁 체계를 비교하는 책을 쓸 수 있는 허가를 받아내는 데 성공했다. 그 책 『두 체계의 대화』에서 갈릴레오는 세 인물을 등장시켜 태양중심 우주 모델과 지구중심 우주 모델의 장점들을 이야기하도록 했다.

등장인물인 살비아티는 태양중심체계를 옹호하는 인물로서 지적이며 설득력도 있다. 어릿광대인 심플리치오는 지구중심체계를 고수하려고 노력한다. 그리고 세그레도는 두 인물 간의 대화를 이끄는 중개자 역할을 하지만 때로 심플리치오를 꾸짖고 조롱하면서 자신의 견해를 드러내기도 한다.

이 책은 학문적인 내용을 담고 있지만 논의와 반론을 설명하느라 여러 인물을 등장시켜 토론하도록 한 구성 덕분에 폭넓은 독자들에게 읽

갈릴레이는 탁월하고 훌륭한 과학자였으며, 숙련된 발명가였다.

힐 수 있었다. 또한 이 책은 라틴어가 아닌 이탈리아어로 씌어졌는데 이는 갈릴레오가 태양중심체계를 일반인들에게도 널리 알려 그들의 지지를 얻기 위해서였다.

『두 체계의 대화』는 갈릴레오가 교황의 승인을 받은 지 거의 10년 뒤인 1632년에 출판되었다. 책을 쓰기 시작한 시점과 출판된 시점 사이의 오랜 간격은 여러 가지 심각한 결과를 불러왔다. 계속되던 30년 전쟁이 정치적·종교적 환경을 바꿔놓았기 때문이다. 『두 체계의 대화』가 출판되었을 때 전쟁은 14년째 계속되고 있었으며 가톨릭 교회들은 성장하는 신교도들에 대해 점점 위협을 느끼고 있었다. 그런 상황에서 교황은 가톨릭 신념에 관하여 강한 수호자의 모습을 보여야 했다. 교황은 새롭고 강한 전략의 일환으로 자신의 입장을 바꾸어, 전통적인 지구중심 우주관에 의문을 제기하는 과학자들이 쓴 신성모독적인 저작들을 금서로 지정했다.

『두 체계의 대화』가 출판된 지 얼마 지나지 않아 종교재판소는 '강력한 이단 혐의'라는 죄목으로 갈릴레오에게 출두할 것을 명령했다. 갈릴레오는 자신이 너무 병들어서 먼 곳까지 여행할 수 없다고 항의했지만, 종교재판소는 그를 체포해서 사슬로 묶어 로마까지 끌고 오겠다고 위협했다. 결국 그는 로마 여행 준비를 하지 않을 수 없었다. 갈릴레오의 도착을 기다리는 동안 교회는 『두 체계의 대화』를 회수하려 했지만 이미 책이 모두 팔려나간 후였다.

재판은 1633년 4월에 시작되었다. 갈릴레오의 이단죄는 지구가 태양 주위를 돌고 있다는 그의 주장이 "하나님은 지구를 굳은 반석 위에 세우시고 영원히 움직이지 않도록 하셨다"라고 한 『성경』 말씀에 어긋난다는 것이었다.

대부분의 종교재판소 판관들은 "지구가 태양 주위를 공전한다고 주장하는 것은 예수가 처녀에게서 나지 않았다고 주장하는 것만큼이나 잘못된 것이다"라고 주장한 벨라르미노 추기경의 견해에 동의했다. 그러나 재판을 관장하는 열 명의 추기경들 가운데는 갈릴레오에게 공감을 표하는 합리주의자들도 있었는데 이들을 이끈 사람은 교황 우르바누스 8세의 조카인 프란체스코 바르베리니였다. 2주 동안 갈릴레오에 반대되는 증거들이 수집됐으며 고문의 위협도 있었다. 바르베리니는 계속해서 갈릴레오에게 관대와 관용을 베풀어달라고 재판정에 요청했다. 그들의 요청이 어느 정도 수용되어, 갈릴레오는 유죄 판결이 내려진 후에도 사형을 당하거나 지하 감옥에 갇히는 대신 무기한 가택연금형을 선고받았다. 『두 체계의 대화』는 금서목록에 올랐다. 바르베리니는 그 선고에 서명하지 않은 세 명의 판관 가운데 한 사람이었다.

갈릴레오에 대한 재판과 그 후의 처벌은 이성에 대한 비이성의 승리

갈릴레이의 『두 체계의 대화』 헌정 페이지.
왼쪽부터 아리스토텔레스·프톨레마이오스·코페르니쿠스.

였다. 이는 과학사에서 가장 암울한 사건 가운데 하나다. 재판 마지막에 갈릴레오는 자신의 주장을 철회하고 부인할 것을 강요받았다. 그러나 그는 과학의 이름 아래 가까스로 최소한의 자존심을 지켜냈다. 선고 후 그는 일어나면서 "그래도 지구는 돈다"라고 반복해서 중얼거렸다고 알려져 있다. 갈릴레오가 실제로 이런 말을 했는지에 대해서는 의심하는 사람들이 많지만 이 말은 갈릴레오의 생각을 가장 잘 나타낸 말로 널리 알려지게 되었다. 갈릴레오의 그 말은, 다시 말해서, 진실은 종교재판소가 아닌 사실에 의해 판단된다는 뜻이다. 교회가 어떻게 주장하든 우주는 여전히 불변의 과학적 진리에 따라 움직이고 있으며 지구는 실제로 태양을 돌고 있다는 것이 갈릴레오의 신념이었다.

 교회의 탄압에도 불구하고, 시간이 흐르면서 점점 더 많은 천문학자들이 태양중심 천문체계를 받아들였다. 성능이 향상된 망원경을 사용함으로써 더 많은 관측 자료들이 수집되었기 때문이기도 했고, 프톨레마이오스의 지구중심 천문체계에 익숙해 있던 전 세대의 천문학자들이 세상을 떠났기 때문이기도 했다.

 천문학자들이 태양중심체계를 받아들이자 교회의 태도에도 변화가 생기기 시작했다. 신학자들은 지식인들이 사실로 간주하는 것을 계속해서 부정할 경우 자신들이 오히려 어리석어 보일 것이라는 점을 깨달았다. 교회는 천문학을 비롯한 과학의 여러 분야에 대한 자세를 바꾸어 세상의 지식과 신학의 경계를 그으려 했다. 18세기에 과학자들이 자유롭게 자연과학을 연구할 수 있었던 것은 교회의 이러한 태도 변화에 힘입은 바가 크다.

 코페르니쿠스에 의해 조용하게 시작된 천문학 혁명은 케플러와 갈릴레오를 거치면서 완성되었고 이는 새로운 시대를 여는 계기가 되었다.

그 후 진정 새로운 과학 시대를 연 것은 뉴턴의 새로운 역학이었다. 뉴턴역학이 탄생하기 위해서 필수적으로 먼저 일어나야 했던 것이 천문학 혁명이었다. 천문학 혁명은 정지해 있는 지구를 중심으로 성립했던 고대역학의 근거를 없애버렸다. 이는 태양 주위를 빠른 속도로 돌고 있는 지구의 운동과 그 지구 위에서 인간이 편안히 살 수 있는 까닭을 설명할 수 있는 새로운 역학의 탄생을 필요로 하게 되었다.

2 자연현상은 신의 의지가 아니다

뉴턴의 『프린키피아』

"뉴턴역학의 등장은 근대과학의 시작을 뜻했다.
이제 자연은 신으로부터 확실히 분리되었다."

고대역학의 문제점

힘과 운동의 관계가 체계적으로 설명되기 시작한 것은 지금부터 약 2,500년 전, 고대역학이 완성된 고대 그리스 시대부터라고 할 수 있다. 고대역학을 완성시키는 데 핵심적인 역할을 한 사람은 철학자 아리스토텔레스다. 고대역학은 물체의 운동을 힘을 가해주어야 계속되는 운동과 아무런 힘이 가해지지 않아도 계속되는 운동으로 나누었다.

대부분의 물체는 아무런 힘이 가해지지 않아도 땅으로 떨어진다. 그런가 하면 공기나 불은 주위에서 아무런 힘이 가해지지 않아도 하늘로 올라간다. 아리스토텔레스는 이런 운동이 일어나는 것은 물체가 우주의 중심으로 다가가거나 멀어지려는 성질을 가지고 있기 때문이라고 설명했다.

고대인들은 모든 물체는 물·불·흙·공기의 4원소로 구성되어 있다는 4원소설을 받아들였다. 물과 흙 성분을 많이 포함한 물질은 우주의 중심에 가까이 가려는 성질이 있고, 불과 공기의 원소를 많이 가지고 있는 물질은 우주의 중심에서 멀어지려는 성질이 있다고 생각했다. 그런가 하면 지상의 물질을 구성하는 4원소와는 다른 제5의 원소인 에테르로 구성되어 있는 천체는 원운동을 하는 성질을 가지고 있다고 여겼다. 천체가 있는 하늘은 신들이 살고 있는 완전한 세계이기 때문에 시작과 끝이 없는 완전한 운동인 원운동만이 일어날 수 있다고 생각한 것이다.

또한 고대인들은 물체가 우주의 중심으로 다가가려는 성질은 물체의 무게에 따라 다르다고 생각했다. 다시 말해 무거운 물체는 지구의 중심으로 떨어지려는 성질이 더욱 강하고, 가벼운 물체는 땅으로 떨어지는 성질이 약하다는 것이다. 그래서 무거운 물체와 가벼운 물체를 함께 떨어뜨리면 무거운 물체가 더 빨리 떨어진다고 생각했다.

고대역학의 이러한 주장이 틀렸다는 것을 증명하기 위해 갈릴레오가 피사의 사탑에서 가벼운 나무로 만든 공과 금속으로 만든 무거운 공을 떨어뜨려 그 둘이 동시에 땅에 떨어진다는 것을 증명했다는 이야기는 잘 알려져 있다. 하지만 갈릴레오가 언제 어떻게 그런 실험을 했는지 정확하게 알려져 있지 않고, 그가 실제로 그 실험을 했는지도 확실하지 않다. 다만 이 이야기는 고대역학의 힘과 운동에 대한 설명이 옳지 않다는 것을 잘 알고 있었음을 보여준다.

고대역학은 물질이 가지고 있는 성질 때문에 일어나는 운동을 '자연스러운 운동'이라고 했다. 물체가 자연스러운 운동을 하는 데는 외부에서 힘을 가해줄 필요가 없다. 그러나 자연스러운 운동이 아닌 운동을 하기 위해서는 외부에서 힘을 가해주어야 했다. 다시 말해 힘을 가하면 물체가 움직이고 힘을 가하지 않으면 정지해버린다고 생각한 것이다.

우리의 일상 경험에 따르면 이런 생각이 맞는 것 같다. 공을 차거나 밀면 공은 앞으로 나아가지만, 힘을 계속 가하지 않으면 공의 속력이 차츰 떨어져서 마침내 정지해버린다. 자동차도 마찬가지다. 가속 페달을 밟아 계속 힘을 가하면 자동차가 잘 달리지만 가속 페달을 밟지 않으면 결국 멈춰버린다.

고대역학은 일상의 경험을 바탕으로 한 역학이었다. 따라서 물체가 움직이기 위해서는 힘이 계속 가해져야 한다고 생각한 것은 매우 자연스러운 일이었다. 고대역학에서도 마찰력의 존재를 몰랐던 것은 아니다. 그러나 고대과학은 물체의 속도는 물체에 가한 힘에 비례하고 마찰력에 반비례한다고 주장했다. 따라서 큰 힘을 가하면 빠른 속도로 움직이고 작은 힘을 가하면 천천히 움직이지만, 힘이 0이 되면 속도도 0이 된다고 생각한 것이다. 그리고 물체를 움직이게 하기 위해 필요한 힘은 접촉을 통해서만 전달된다고 했다.

　이런 역학 체계는 지구가 우주의 중심에 정지해 있는 동안에는 아무런 문제가 없는 것처럼 보였다. 그러나 갈릴레오와 케플러의 활동으로 지구가 태양 주위를 빠른 속도로 돌고 있다는 지동설이 받아들여지자 이러한 역학으로는 설명할 수 없는 일들이 나타났다. 지동설은 천문학 분야뿐만 아니라 역학에도 큰 변화를 가져왔다. 처음에 사람들은 지구가 빠른 속도로 태양 주위를 돌고 있다는 코페르니쿠스의 주장을 듣고는 깜짝 놀랐다. 지구가 그렇게 빠른 속도로 달리는 것은 역학적으로 가능하지 않다고 생각했기 때문이다.

　당시 사람들은 공을 공중으로 던져보면 지구가 움직이지 않는다는 것을 쉽게 알 수 있다고 생각했다. 공을 똑바로 위로 던지면 제자리에 떨어진다. 당시 사람들은 만약 지구가 빠른 속도로 태양 주위를 돌고 있다면 공이 제자리에 떨어지지 않고 옆쪽에 떨어져야 한다고 생각했다. 공이 하늘로 올라갔다가 내려오는 동안에 지구가 앞으로 움직일 테니 말이다.

　그들은 공이 제자리에 떨어지기 위해서는 공이 위로 올라갔다가 내려오는 동안에 지구를 따라서 달려야 하는데 그것이 어떻게 가능하겠느냐고 생각했다. 공이 지구를 따라 오려면 빠르게 움직여야 하고, 빠르게 움직이려면 큰 힘이 공에 가해져야 하는 게 아니냐는 것이었다. 그래서 사람들은 공에 그런 힘이 작용하지 않는데도 제자리에 떨어지는 것은 지구가 움직이지 않는 증거라고 생각했다. 결국 운동을 하기 위해서는 계속 힘이 가해져야 한다는 것을 전제로 한 고대역학으로는 빠른 속도로 달리고 있는 지구에서 일어나는 운동을 설명할 수 없었다.

　지구가 빠르게 달리고 있다는 사실을 받아들이려 하지 않았던 사람들 가운데는 물체가 그렇게 빠른 속도로 달리면 부서져버릴 것이라면서 지구의 운동을 인정하지 않는 경우도 있었다. 이에 대해 코페르니쿠스는 『천체 회전에 관하여』에서, 힘을 가해야 움직이는 강제 운동과 힘이 가해지지 않아도 운동하는 자연운동의 차이를 이해하지 못한 것이라고 비판하기도 했다. 자연운동은 아무리 빠르게 운동해도 아무런 문제가 생기지 않는다는 주장이었다.

코페르니쿠스의 지동설을 하나의 가설로 여기고 지구가 실제로 운동하는 것은 아니라고 생각하고 있던 사람들에게 역학의 문제는 그다지 심각한 문제가 아니었다. 그러나 지구가 실제로 움직인다고 주장한 갈릴레오에게는 역학의 문제가 심각하게 다가왔다. 행성들이 태양 주위를 실제로 돌고 있다는 것을 굳게 믿었던 갈릴레오가 힘과 운동의 관계를 밝혀내려는 역학 연구에 관심을 가진 것은 당연한 일이었다.

갈릴레오는 두 번째 재판을 받은 후 1642년에 죽을 때까지 약 9년 동안 피렌체 교외에 있는 자택에서 연금 생활을 해야 했다. 이 기간에 갈릴레오는 힘과 운동의 관계를 연구하여 『두 개의 신과학에 관한 수학적 논증과 증명』이라는 책을 냈다. 갈릴레오는 이 책에서 주로 땅으로 떨어지는 물체의 낙하운동에 대하여 설명하고 있다. 그는 이 책에서 물체가 운동하기 위해 항상 힘이 필요한 것은 아니며, 운동 중에는 힘이 필요 없는 운동도 있어야 한다고 주장했다.

갈릴레오는 지표면과 평행한 운동, 다시 말해 지구와 나란히 움직이는 운동에는 힘이 필요 없다고 생각했다. 만일 그렇다면 지구 표면에 있는 물체는 별다른 힘이 없어도 지구를 따라서 태양을 돌 수 있을 것으로 생각한 것이다. 갈릴레오는 태양 주위를 빠른 속도로 돌고 있는 지구 위에서 우리가 아무 일도 없는 것처럼 평화롭게 살아가고 있는 것을 설명하기 위해서 그런 생각을 해낸 것이었다.

갈릴레오의 이런 생각은 옳은 것은 아니었지만 물체가 운동을 계속하는 데 반드시 힘이 필요한 것은 아니라는 생각은 매우 중요하고 새로운 의견이었다. 이렇게 힘이 가해지지 않아도 계속 움직이는 운동이 관성운동이다. 갈릴레오는 어떤 운동이 관성운동인지를 정확히 알아내지는 못했지만 관성운동이 있을 수 있다는 것을 생각해냈다. 갈릴레오는 지구 표면에 평행한 운동을 관성운동이라고 했는데, 지구 표면에 평행한 운동은 결국 원운동이 되므로 진정한 의미에서 관성운동은 아니다. 갈릴레오는 『두 체계의 대화』에서, 움직이는 좌표계에서도 모든 일이 똑같이 일어난다는 것을 설명하기 위해 다음과 같이 설명했다.

커다란 배의 갑판 아래 있는 큰 선실에 친구와 함께 있다고 생각해보자. 그 방에는 파리, 나비와 같이 날아다니는 동물들이 있고, 어항 속에는 물고기도 들어 있다. 방의 중앙에는 큰 병이 거꾸로 매달려 있어 물이 한 방울씩 아래에 있는 그릇으로 떨어진다고 하자. 배가 조용히 정지해 있을 때는 작은 동물들이 선실의 모든 방향으로 같은 속도로 날아다니는 것을 관찰할 수 있다. 또 물고기들이 모든 방향으로 헤엄치는 것을 살펴볼 수 있다. 친구에게 물건을 던져보자. 거리가 같다면 어떤 특정한 방향으로 던질 때 다른 쪽으로 던질 때보다 특히 세게 던질 필요는 없다. 두 발을 모으고 여러 방향으로 뛰어보자. 어느 방향으로든지 같은 거리만큼 뛸 수 있을 것이다.

모든 사항들을 조심스럽게 관찰한 다음, 배를 당신이 원하는 속도로 움직여보자. 단 운동이 일정하고 변화가 없도록 하면서 말이다. 그러면 선실 안에서 일어나는 일에서 어떤 차이도 발견할 수 없을 것이다. 또한 선실 안의 일들로부터 이 배가 정지해 있는지 아니면 움직이고 있는지 알아낼 수 없을 것이다.

이는 등속도로 달리는 관성 좌표계에서는 물리법칙이 동일하게 성립되어야 한다는 것을 나타낸다. 이것이 갈릴레오의 상대론이다. 만약 이것이 사실이라면, 지구가 아무리 빨리 달리고 있어도 지구의 속도가 일정하기만 하면 우리는 지구가 달리고 있는지 아니면 서 있는지 알 방법이 없는 것이다. 정지해 있는 지구 위에서 일어나는 일들을 설명하기 위해 제안되었던 고대과학은 움직이는 지구 위에서 일어나는 현상들을 설명하는 데 실패하고 있었다.

이제 갈릴레오가 움직이는 지구 위에서 성립하는 새로운 이론을 제시한 것이다. 그러나 갈릴레오는 자신의 상대론을 정당화할 역학체계를 제시하지는 못했다. 힘과 운동의 관계를 아직 정확하게 파악하지 못했던 것이다. 갈릴레오의 상대론을 정당화할 수 있는 새로운 역학체계를 만들어내는 일은 그가 죽은 해에 태어난 뉴턴의 몫이었다.

뉴턴의 생애

아이작 뉴턴은 1642년 크리스마스에 영국 링컨셔 지방의 그란섬에서 남쪽으로 12킬로미터쯤 떨어진 울스토르프에서 태어났다. 그와 이름이 같았던 아버지 아이작 뉴턴은 뉴턴이 태어나기 2달쯤 전에 죽었다. 뉴턴은 외가의 영향 아래 자랐다. 뉴턴이 교육의 혜택을 받을 수 있었던 것은 전적으로 외가의 영향 덕분이었던 것으로 보인다. 그중에서도 케임브리지의 트리니티 칼리지에서 석사학위를 받은 후 목사로 있던 외삼촌 윌리엄 에이스코는 뉴턴이 교육을 받도록 하는 데 큰 영향을 미쳤다.

뉴턴은 번뜩이는 천재성과 강한 집념으로 기존 과학의 틀을 바꿈으로써 인류의 생활 방식과 정신 세계에 큰 영향을 미쳤다.

하지만 뉴턴이 세 살 된 해에 어머니 한나 에이스코가 나이 많은 목사 바나바 스미스와 재혼한 뒤부터 그는 행복하지 못한 어린 시절을 보내야 했다. 스미스가 죽어 그의 어머니가 다시 집으로 돌아올 때까지 9년 동안 뉴턴은 외할머니의 보살핌 속에서 자랐다. 어머니가 돌아온 후에도 뉴턴은 어머니와 좋은 관계를 유지했던 것 같지 않다. 어머니가 재혼해서 낳은 세 동생을 돌보는 일에 온통 정신을 쏟았기 때문이었다.

뉴턴은 열두 살 때 그란섬에 있는 학교에 입학했다. 그가 그란섬의 학교에서 무엇을 공부했는지에 대해서는 기록이 남아 있지 않지만 당시의 다른 학생들과 마찬가지로 라틴어와 기초 그리스어를 배웠을 것으로 짐작된다. 당시 영국 공립 중학교의 교과 과정에는 수학이나 자연철학(자연과학)과 관계된 과목은 거의 들어 있지 않았다. 그러나 그란섬 중학교에서의 공부는 훗날 뉴턴에게 큰 도움이 되었을 것이다. 그가 후에 읽어야 했던 책들이 모두 라틴어로 씌어 있었기 때문이다.

뉴턴은 처음에 그란섬의 학교에서 가장 학력이 낮은 반에 배치되었지만, 곧 자신이 우수한 학생이라는 것을 증명했다. 뉴턴은 하숙집 다락에 많은 연장들을 사놓고 여러 가지 장난감과 모형들을 제작하여 사람들을 놀라게 하기도 했다. 당시 그가 만들었던 것 중에는 풍차 모형, 사륜마차, 초롱불 등이 포함되어 있었다. 이런 것들을 만드느라고 성적이 떨어질 때도 있었지만 곧 따라잡곤 했다. 하지만 다른 학생들과 잘 어울리지는 못했던 것으로 알려져 있다.

뉴턴이 열일곱 살이 되던 1659년에 어머니는 그를 울스토르프로 불러들였다. 농장 일을 가르치기 위해서였다. 그러나 그는 농장 일에 적응하지 못했다. 엉뚱한 일에 몰두하느라 농장을 엉망으로 만들어버리는 일이 잦았다. 결국 뉴턴은 농장에서 9개월을 보낸 후 대학 진학을 위해 그란섬의 학교로 돌아왔다. 외삼촌 윌리엄 에이스코 목사가 뉴턴의 어머니에게 그 아이를 학교로 돌려보내야 한다고 강하게 권했기 때문이었다.

1661년 6월 5일에 뉴턴은 케임브리지 대학의 트리니티 칼리지에 입학했다. 뉴턴은 '서브사이저'로 대학에 들어갔는데 이는 연구원들과 특대 자비생들 그리고 자비생들을 위해 하인이 하는 일을 맡아 하면서 생활비를 보조받는 가난한 학생을 가리키는 말이었다. 아버지에게서 상당한 재산을 물려받은 뉴턴이 서브사이저로 입학한 것은 이해하기 힘든 일이다. 아마도 뉴턴이 대학에 진학하는 것을 탐탁스러워 하지 않았던 어머니가 비용을 아끼려고 했기 때문이었던 것으로 보인다. 어쨌든 울스토르프에서 하인을 부리는 것에 익숙했던 뉴턴이 하인들이 하는 일을 좋아했을 리 없었다. 그는 대학에서도 몇 사람을 제외하고는 가깝게 지내는 이가 없었다.

뉴턴은 트리니티 칼리지에서 플라톤과 아리스토텔레스의 철학을 공부했고 데카르트의 저작들을 읽었다. 피에르 가생디의 작품이나 갈릴레오의 『두 체계의 대화』를 읽은 것도 이 시기였다. 당시 트리니티 칼리지의 교육 과정은 매우 느슨해서 학생들은 자신이 원하는 것을 마음대로 공부할 수 있었다. 이러한 환경은 뉴턴에게 큰 도움이 되었다. 뉴턴은 짧은 시간 동안에 철학과 자연철학에 관한 많은 글을 읽고 공부할 수 있었다. 수학을 공부한 것도 이때였다.

뉴턴이 관심을 쏟고 있던 분야인 자연철학과 수학은 당시 전통적인 학문으로 취급되지 않았기 때문에 대학에서는 별다른 강의를 개설하지 않았다. 그래서 뉴턴은 이 분야를 거의 독학으로 공부해야 했다. 지도교수였던 벤저민 플레인은 자신의 일을 방해하지 않는 한 뉴턴이 무엇을 공부하더라도 만족스러워했다.

새로운 학문에 전념한 뉴턴이 이 분야에서 결실을 보기 위해서는 케임브리지에서 안정된 자리를 얻어야 했지만 수학과 자연과학에 뛰어난 이들에게는 좀처럼 기회가 주어지지 않았다. 뉴턴은 두드러진 학생이 아니었다. 트리니티 칼리지는 학생 21명에게 장학금을 주었는데 1662년과 1663년에 뉴턴은 특별장학금을 받지 못했다. 1664년에 있었던 장학생 선발은 그에게 무척이나 중요한 기회였다. 이번에 선발되지 못한다면 케임브리지에 계속 머물 수 없었다. 대학에서 공인한 과목보다는 새로운 학문에 열중해 있던 뉴턴이 공인된 과목을 공부한 것은 1664년 4월로 예정된 장학생 선발과 이에 따른 시험을 위해 공부할 때뿐이었다.

벤저민 플레인 교수는 뉴턴이 장학생 후보가 되자 그를 도와주기 위해, 비진통직인 분야에서 그를 판단할 수 있는 유일한 인물이었던 아이작 배로 교수에게 보내 시험을 보게 했다. 배로 교수는 뉴턴이 잘 모르는 유클리드 기하학에 대해 물었을 뿐 그가 잘 알고 있던 데카르트 기하학에 대해서는 묻지 않았다. 그러나 그는 뉴턴을 장학생으로 선발해주었다. 뉴턴의 재능을 알아본 배로 교수의 특별한 배려였을 것이라고 추측된다.

1663년 헨리 루카스의 유산을 기증받아 설립된 교수직인 루카스 석좌직의 첫 번째 교수였던 배로는 1669년에 그 자리에서 물러나며 뉴턴이 자신의 뒤를 잇도록 추천했다. 1675년에 뉴턴이 국왕으로부터 면책특권을 얻는 데 결정적인 역할을 배로가 했던 것도 미루어보아 짐작할 수 있다. 어떤 이들은 동향의 선배로 수석연구원이면서 칼리지의 회계 담당자였던 험프리 배빙턴도 뉴턴을 뒤에서 도와주었을 것이라고 추측하기도 한다.

장학생으로 선발된 뉴턴은 서브사이저 생활을 끝내고 대학의 공동 식탁에 앉을 수 있게 되었고, 아무런 제약 없이 연구를 계속할 수 있게 되었다. 그 후 연구원 자격을 얻는다면 그의 이러한 권한은 일생 동안 연장될 수도 있었다. 이때부터 그는 한 가지 일에 몰두하는 습관을 유감없이 발휘했다. 일단 한 가지 문제를 붙잡으면 밥 먹는 것은 물론 자는 것도 잊어버렸다. 뉴턴은 많은 분야를 섭렵하며 공부에 몰두했다.

그러나 1665년 여름 영국의 많은 지방에 재난이 닥쳤다. 흑사병이 돌기 시작한 것이다. 시 정부는 박람회를 취소하고 대중 집회를 금지했으며 공립학교의 수업을 중단했다. 이에 따라 대학도 문을 닫았다. 대학이 다시 정상화된 것은 1667년 봄의 일이었다.

이 기간 동안 뉴턴은 울스토르프로 돌아가 머물다가 1667년 4월에야 케임브리지로 돌아왔다. 뉴턴이 이루어낸 업적 중 많은 것들이 흑사병이 돌던 이 시기에 이루어졌다. 뉴턴은 이때 일어났던 일들을 다음과 같이 기록했다.

젊은 뉴턴에게 많은 영향을 미친 아이작 배로. 그는 뉴턴이 자신보다 재능이 뛰어나다고 생각했기 때문에 자신의 루카스 석좌교수직을 그에게 물려주었다.

1665년 초에 나는 급수의 근사 방법과 이항식을 어떤 자릿수까지도 급수로 환산할 수 있는 규칙을 발견했다. 같은 해 5월에 나는 그레고리 슬루시우스의 접선을 구하는 방법을 발견했고, 11월에는 유율법의 직접적인 방법을 발견했다. 또 이듬해 1월에는 색에 관한 이론을 발견했고, 그해 5월에는 유율법의 역방법으로 들어갔다.

같은 해에 나는 달의 궤도에까지 확장된 중력에 관해 생각하기 시작했다. 행성의 주기가 궤도 중심거리의 2분의 3제곱에 비례한다는 케플러의 규칙에서 나는 행성을 궤도에서 벗어나지 않게 하는 힘이 각각 중심 거리의 제곱에 반비례한다는 것을 연역했다. 또한 그것을 통하여 달을 그 궤도에서 벗어나지 않게 하는 힘과 지구 표면에서의 힘을 비교하고, 그 답을 상당히 가깝게 찾아냈다. 이 모든 것이 1664년과 1665년 두 해 동안에 일어났다. 이 시기는 나의 발견의 시대 중 최고점이었으며, 수학과 철학에 그 어느 때보다도 열중한 시기였다.

이를 두고 대학으로부터 해방된 방학 기간이 뉴턴에게 사색의 시간을 제공했다고 볼 수도 있다. 그러나 여러 정황으로 보아 그가 한 일의 대부분이 울스토르프에서 이루어졌다고 단정할 수는 없다. 그가 울스토르프로 돌아가기 전인 1665년 봄에 미적분을 향한 중요한 단계에 들어서 있었던 것이 확실하기 때문이다.

1667년 4월 울스토르프에서 케임브리지로 돌아온 뉴턴은 그해 10월에 연구원 자격자 선발 시험을 치른 후 연구원이 되었다. 이로써 뉴턴은 대학 공동체에서 영구적인 구성원 자격을 부여받았다. 그는 그로부터 9개월 후에 석사학위를 받았다.

얼마 후에는 아이작 배로의 뒤를 이어 루카스 석좌교수가 되었다. 루카스 석좌교수는 당시 케임브리지에서는 수학이나 자연과학과 관련이 있는 유일한 자리였다. 규정에 따르면 루카스 석좌교수는 기하학, 천문학, 지리학, 광학, 정역학, 수학을 3학기 동안 매주 강의하고 강의 노트 사본을 대학 도서관에 제출하도록 되어 있었다. 하지만 당시에는 규정들이 제대로 지켜지지 않았고 학생들도 강의에 출석하기보다는 지도교수의 개인 교습을 통해 지도를 받는 것이 일반화되어 있었다. 기록에 따르면 뉴턴은 1670년 봄 학기에 한 강좌를 개설했고 1687년까지는 학기마다 강의를 한 것으로 되어 있지만, 그 후에는 강의를 하지 않은 채 14년간 자리를 지켰다.

1669년경부터 뉴턴은 전부터 관심을 품고 있던 광학에 대한 공부를 다시 시작했다. 그는 연금술에도 관심이 있었던 것으로 보인다. 루카스 석좌교수가 된 후 강의한 내용은 주로 광학에 관한 것이었다. 1669년에는 뉴턴 자신이 결정적인 실험이라고 부른 광학 실험을 했다. 고대과학에서는 여러 가지 색깔의 빛은 흰색의 빛에 어둠이 다른 정도로 섞인 것이라고 주장했다. 뉴턴은 한 개의 프리즘을 통해 분산된 빛 중에서 한 가지 색깔의 빛만을 두 번째 프리즘에 입사시키면 더 이상의 분산이 일어나지 않는다는 것을 보여주었다. 흰색의 빛이 여러 색깔의 빛이 혼합된 빛임을 증명한 것이다. 뉴턴식 반사 망원경을 만든 것도 이때쯤이었다. 이 시기에도 수학과 관련된 연구는 계속했지만, 뉴턴은 자신의 연구 결과를 발표하는 것을 매우 꺼렸다.

1672년에는 배로의 권유로 왕립학회에 가입했지만, 가입한 해부터 로버트 훅과 갈등을 빚기 시작했다. 뉴턴이 만들어 왕립학회에 기증한 반사 망원경을 본 훅이 그 망원경은 자신이 이미 구상했던 것이라고 주장했으며, 뉴턴의 「빛과 색채 이론」을 혹평했기 때문이다. 뉴턴과 훅의 갈등은 훅이 죽을 때까지 계속되었다. 훅이 왕립학회 간사로 있던 1677년부터 1680년까지 뉴턴이 학회에 나타나지 않았던 것과 뉴턴이 자신의 빛에 대한 연구 결과를 모은 『광학』을 훅이 죽고 자신이 왕립학회 회장이 된 후에야 출판한 것은 그와의 갈등이 얼마나 심각했는지를 보여준다.

1670년대에 뉴턴은 라이프니츠와도 미적분학 발명의 우선권을 놓고 논쟁을 벌이기 시작했다. 1673년부터 1675년 사이에 라이프니츠는 파리에서 거의 고립된 상태로 연구한 끝에, 1660년대에 뉴턴이 알아낸 것과 비슷한 무한급수와 미적분의 개념을 발전시켰다. 뉴턴과 가까이 지내던 올드버그와 콜린스가 그 사실을 알고는 뉴턴에게 연구결과를 발표하도록 권고했지만, 그때 뉴턴은 훅과 빛 문제로 격론을 벌이고 있었기 때문에 출판을 거부했다. 뉴턴은 올드버그의 권유에 따라 1676년 6월과 10월에 자신이 오래전에 미적분법을 발견했다는 것을 알리는 내용의 편지를 논문과 함께 라이프니츠에게 보냈다.

그러나 라이프니츠는 1684년 10월 라이프치히 대학의 학술지『학술

현미경으로 코르크의 세포를
관찰한 것으로 유명한 로버트 훅.
그는 뉴턴과 평생 동안 갈등을 빚었다.

기요(紀要)』에 미적분 논문을 발표했다. 뉴턴은 이 일로 충격을 받았고 격분했지만, 라이프니츠는 발명의 공로를 한 사람이 가져야 할 이유는 없다고 반박했다. 뉴턴은 여러 사람이 하나의 이론 발명을 위해 다 같이 공헌할 수 있다는 것을 인정하지 않으려 했다. 두 사람 사이에서 시작된 논쟁은 그들이 죽은 후에도 계속되었지만 결국은 무승부로 끝났다. 두 사람 모두 독립적으로 미적분법을 창안한 것으로 인정되었기 때문이다.

뉴턴은 광학이나 수학 외에 화학(연금술)과 신학에도 깊은 관심이 있었다. 뉴턴의 정신세계를 살펴보기 위해서는 이때 그가 몰두했던 화학과 신학의 문제들을 눈여겨봐야 한다. 뉴턴이 자신의 발견을 논문으로 발표하는 데 소극적이었던 이유는 그의 화학적 연구나 신학적 관심과 깊은 관계가 있다. 뉴턴이 다른 사람들과 갈등과 논란에 휩싸이게 된 원인은 자신의 발견을 혼자서 간직하려 한 그의 성격 때문이기도 했다.

1684년 8월에 에드먼드 핼리가 케임브리지로 뉴턴을 방문한 사건은

미적분학 발명의 공로를 놓고
뉴턴과 다툰 라이프니츠.

그가 다시 역학 연구에 전념하도록 하는 계기를 제공했다. 핼리는 당시 케플러의 3법칙에서 거리제곱에 반비례하는 인력을 유도해내는 문제 때문에 고민하고 있었다. 핼리의 동료였던 훅은 자신이 이미 그것을 해냈다고 주장했지만 실제로 유도 과정을 보여주지는 못했다.

뉴턴을 방문한 핼리는 이 문제에 대해 그와 의논했고, 뉴턴은 이미 오래전에 자신이 그 문제를 해결했다고 대답했다. 뉴턴은 그해 11월에 핼리에게 「물체의 궤도 운동에 관하여」라는 논문을 보냈다. 여기에는 역제곱의 법칙은 물론 케플러의 1법칙과 2법칙의 증명도 들어 있었다.

핼리는 이 논문의 중요성을 깨달았고, 다시 케임브리지를 방문한 후 그의 활동 내용을 왕립학회에 보고했다. 핼리가 최초로 케임브리지를 방문한 1684년 8월부터 1686년 봄까지 뉴턴은 오로지 『프린키피아』의 원고 작업에만 매달렸다. 뉴턴은 자신의 이론을 증명하기 위해 당대의 천문학자 플램스티드에게 계속 천문 관측 자료를 요구했다. 그는 플램스티드의 자료를 이용하고도 그 사실을 인정하지 않아서 나중에 오랫동안 갈등을 겪기도 했다. 1684년부터 1687년까지는 뉴턴이 자신이 이루어놓은 모든 발견들을 모아 인류의 역사를 바꿀 거대한 혁명을 완성하는 시기였다.

뉴턴은 「물체의 궤도 운동에 관하여」라는 논문을 핼리에게 보낸 후 6개월 동안 동역학 문제에 전념했다. 그 결과 관성운동의 기본 개념과 가속도의 법칙을 이끌어낼 수 있었다. 뉴턴은 새롭게 발견한 이론들을 포함해서 「물체의 궤도 운동에 관하여」의 개정판과 3판을 냈다. 뉴턴이 역학 연구에 몰두해 있던 1684년 가을부터 1685년 겨울에 이르는 몇 개월은 과학사에서 가장 중요한 시기가 되었다.

왕립학회는 뉴턴에게 『프린키피아』를 출판할 것을 권유했다. 그러나 역제곱의 법칙에 관한 훅과의 우선권 논쟁으로 출판은 여러 번의 고비를 넘겨야 했다. 훅은 자신의 우선권을 강력하게 주장했지만 뉴턴은 이를 전혀 인정하지 않았다. 그때마다 핼리가 이들 사이에서 중재자 역할을 했다.

1686년 4월 뉴턴의 원고가 왕립학회에 도착했고 핼리는 학회를 움직여 5월 19일부터 『프린키피아』 인쇄 작업을 시작했다. 왕립학회가 재정난으로 출판 비용을 부담할 수 없게 되자 핼리는 자신이 발행인이 되어 돈을 냈다. 1686년 가을에는 『프린키피아』 제2권의 원고가 완성되었으나 뉴턴은 훅과의 분규가 아직 끝나지 않았다는 이유로 출판을 미루도록 요청했다. 10월까지 13매만 인쇄되었고 4개월 동안 인쇄가 중단되었다. 뉴턴은 이 기간 동안 세 번째 책을 수정했다. 원래 뉴턴은 마지막 책을 일반인들도 이해할 수 있는 대중적인 책으로 만들 계획이었다. 그러나 논쟁에 말려드는 것을 싫어했던 그는 앞의 책들의 원리를 이해한 사람들만 읽을 수 있도록 내용을 난해하게 고쳤다. 다음 해에 책 인쇄가 다시 시작되었다. 인쇄와 관련된 모든 일은 핼리가 주관했다.

1687년 봄, 인류 역사상 보기 드문 대작이 곧 출판될 것이라는 소문이 영국 전역에 돌았다. 아직 출판되지도 않았는데 『철학회보』에 『프린키피아』에 대한 긴 서평이 실리기도 했다. 물론 핼리가 쓴 것이었다.

『프린키피아』 인쇄가 끝난 것은 1687년 7월 5일이었다. 뉴턴에게는 증정본으로 20부가 보내졌다. 뉴턴은 이 책을 대학의 학장들과 친지들에게 나눠주었다. 『프린키피아』가 출판되기 전에도 뉴턴은 케임브리지에서 어느 정도 유명인사였다. 이제 이 책의 출판으로 세상은 그의 천재성을 확실하게 인정하기 시작했다. 20년 동안이나 방치했던 연구자료를 정리하여 출판한 『프린키피아』를 통해 뉴턴은 자연과학의 한 전환점을 마련했다.

책이 출판된 후에는 수학계를 중심으로 그 내용이 퍼져나갔다. 뉴턴의 책은 영국에 태풍을 일으켰으며, 그는 단번에 자연철학자들 사이에 군림하는 전설이 되었다.

『프린키피아』의 출판으로 자유로워진 뉴턴은 역학이 아니라 다른 일에 관심을 보이기 시작했다. 뉴턴은 케임브리지의 운영에 간여하려는 제임스 2세의 시도를 분쇄하기 위해 노력했고, 그 결과 케임브리지를 대표하는 의회 의원으로 선출되었다. 1695년에는 조폐국 감사로 임명되었고, 4년 뒤에는 국장으로 승진하여 죽을 때까지 그 자리를 지켰다. 1703년에는 왕립학회 회장으로 선출되었으며, 2년 후에는 영국 왕실로부터 기사 작위를 받았다.

1713년에는 『프린키피아』의 개정판이 인쇄되었고, 1721년에는 세 번째 개정판이 출판되었다. 뉴턴은 1723년부터 『프린키피아』의 신판을 계획하기 시작했는데, 이 책은 1726년에 출판되었다. 뉴턴의 서문은 1726년

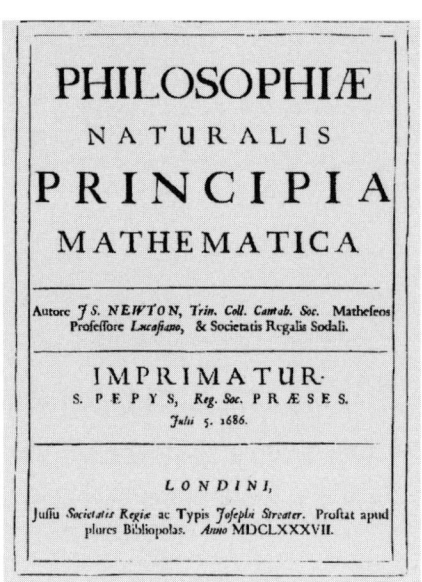

『프린키피아』의 표지.

1월 12일에 쓴 것으로 되어 있다.

  1725년부터 뉴턴의 건강은 눈에 띄게 나빠졌다. 조폐국에도 자주 나가지 못했으며 왕립학회 회의에도 자주 참석할 수 없었다.

  그는 1727년 3월 20일 아침에 조카 캐서린과 그녀의 남편 존 콘듀이트가 지켜보는 가운데 고통 없이 삶을 마쳤다. 결혼을 하지 않아 자식이 없었던 뉴턴의 유산은 여덟 명의 조카들에게 분배되었다. 뉴턴은 3월 28일에 웨스트민스터 사원의 예루살렘실에 묻혔다. 1731년에는 상속인들이 기념비를 마련해 세웠다. 그 비문은 다음과 같은 구절로 끝을 맺었다.

    인류에게 위대한 광채를 보태준 사람이 존재했다는 것을 생명이 있는 자들은 기뻐하라.

뉴턴이 바꾸어놓은 세상

인류에게 새로운 과학시대를 열게 해준 『프린키피아』의 라틴어 원제목은 "Philosophiae Naturalis Principia Mathematica"였고, 영어로는 "Mathematical Principles of Natural Philosophy"로 번역되었다. 제목을 그대로 우리말로 옮기면 '자연철학의 수학적 원리'라고 할 수 있다. 『프린키피아』 초판은 라틴어로 씌어진 510쪽 분량의 방대한 책이었다. 이 책에서 뉴턴은 에우클레이데스의 「기하학 원론」의 형식을 따라 물체의 운동에 관한 논의를 정의, 공리, 법칙, 정리, 보조정리, 명제 등으로 분류해서 체계적이고 이론적으로 전개하고 있다. 제1권은 물체의 운동과 힘의 문제를 다룬다. 서문에 이어 나오는 정의에서는 질량, 운동(운동량), 힘, 구심력 등 8개의 용어를 정의해놓았다. 질량과 운동의 양, 힘에 대한 뉴턴의 정의는 다음과 같다.

정의 1 물질의 양은 그 물질의 밀도와 부피를 서로 곱한 것으로 측정되는 양이다.
정의 2 운동의 양은 속도와 물질의 양을 서로 곱한 것으로 측정되는 양이다.
정의 3 물체에 가해진 힘은 물체가 정지하고 있다거나 직선상을 균일하게 움직이고 있는 상태를 변하기 위해 가해진 작용이다.

정의 뒤에는 그러한 정의의 내용을 자세하게 설명하는 주석이 붙어 있다. 정의와 주석 다음에 이어지는 공리 및 운동법칙 편에는 운동의 3법칙을 차례로 소개하고 있다. 뉴턴은 자신의 운동법칙을 다음과 같이 설명해놓았다.

　법칙 1 모든 물체는 그것에 가해진 힘에 의하여 그 상태가 변화되지 않는 한 정지 또는 일직선상의 운동을 계속한다.
　법칙 2 운동의 변화는 가해진 동력에 비례하며, 그 힘이 작용한 직선 방향을 따라 일어난다.
　법칙 3 두 물체 사이에서 한 물체가 다른 물체에 힘을 가하면 다른 물체도 반대 방향으로 그 물체에 힘을 미친다. 다시 말해 서로 작용하는 두 물체의 상호 작용은 항상 똑같고, 또한 반대 방향으로 향한다.

　정의와 법칙은 제1권은 물론 제2권과 제3권의 전제라고 할 수 있다. 따라서 제1권의 실질적인 내용은 저항이 작용하지 않는 물체의 운동을 다룬 부분이라고 할 수 있다. 물체의 운동은 총 14장으로 이루어졌으며 구심력, 원운동, 타원 운동, 포물선 운동, 쌍곡선 운동 등을 다루고 있다. 뉴턴은 타원 운동으로부터 이런 운동이 가능하기 위해서는 천체 사이에 어떤 힘이 작용해야 하는지를 유도해냈으며, 거리 제곱에 반비례하는 힘이 작용할 때 어떤 운동을 하게 되는지를 수학적으로 분석하기도 했다.
　9장으로 이루어진 제2권에서는 저항이 있는 매질 속에서의 물체의 운동을 다룬다. 1장에서는 속도에 비례하는 저항력이 작용할 때의 물체의 운동을 다루었고, 2장에서는 속도의 제곱에 비례하는 저항력이 작용할 때의 물체의 운동을 다루었으며, 3장에서는 일부는 속도에 비례하고 일부는 속도의 제곱에 비례하는 저항력이 작용할 때의 운동을 다루었다. 4장에서는 저항력이 작용하는 매질 속에서의 원운동을, 그리고 5장에서는 유체역학을 다루었으며 6장에서는 저항력이 작용하는 진자의 운동에 대해 설명했다. 그밖에도 유체 내에서의 투사체 운동, 유체 내의 전파 운동, 유체 자체의 원운동 등을 다루었다.

제3권은 천체의 운동을 다룬다. 제3권의 시작 부분에는 다음과 같은 철학적 원인 분석의 규칙이 실려 있는데 이는 천체 운동을 대하는 뉴턴의 자세를 잘 나타낸다고 할 수 있다.

규칙 1 현상을 진정하고 충분히 설명할 수 있는 원인 외에 다른 것을 인정해서는 안 된다.

규칙 2 따라서 같은 자연의 결과에 대해서는 같은 원인을 부여해야만 한다.

규칙 3 물체의 여러 성질 가운데서 증가도 감소도 하지 않으며 모든 물체에 속하고 있다고 알려진 것은 이 세상 모든 물체의 보편적인 성질로 보아야 한다.

규칙 4 실험에서 여러 현상으로부터 일반적인 귀납법에 의하여 추론된 명제는 어떤 반대 가설이 제안된다 해도 그것들이 보다 더 정확한 것으로 밝혀지거나 또는 제외되지 않으면 안 되는 다른 현상이 발견될 때까지는 진실한 것 또는 진실에 가까운 것으로 보아야 한다.

이어 뉴턴은 천체 운동에 대해 이미 관측되었거나 알려진 현상들을 제시해놓았다. 여기에는 목성이나 토성의 위성들이 케플러의 3법칙에 따라 주기운동을 하는 것, 다섯 개의 행성이 태양 주위를 공전하고 있다는 것, 지구를 포함한 행성들의 공전 주기가 케플러의 3법칙에 따른다는 것, 행성들이 지구를 중심으로 하는 동경이 그리는 면적속도는 일정하지 않지만 태양을 중심으로 하는 면적속도는 일정하도록 운동하고 있다는 것, 마지막으로 달은 지구를 중심으로 하는 면적속도가 일정하도록 운동하고 있다는 것이 포함되어 있다. 그다음에는 이들의 운동을 설명하기 위한 42개의 명제와 정리에 대한 설명과 해설이 실려 있다. 이 중 18번째 명제와 이 명제에 대한 설명을 소개하면 다음과 같다.

명제 18 행성의 축은 그 축에 수직으로 그은 지름보다 작다. 만약 행성이 자전하지 않는다면 각 부분의 중력이 모두 같을 것이므로 행성은 구형이 되어야 한다. 그러나 자전에 의해 자전축으로부터 먼 적도의 주변에서는 부풀어 오르려고 한다. 따라서 행성이 유체 상태라면 적도로 향하는 상승에 의하여 적도에서는 반지름이 커질 것이며, 양극 부근에서는 하강 때문에 축이 짧아지게 된다. 이리하여 목성의 지름은 양극 사이의 지름이 적도 지름보다 짧다는 것이 발견되었다. 이와 같은 논리로 만약 지구의 적도 반지름이 극 반지름보다 길지 않다면 극지방에서는 해면이 내려가고 적도 부근에서는 해면이 올라가서 모든 것이 물 아래로 잠겨버리게 될 것이다.

이밖에 제3권에서 다루어진 명제들의 일부를 소개하면 다음과 같다.

명제 19 행성의 극 반지름과 적도 반지름의 비를 구하라.
명제 20 지구상의 여러 지방에서 물체 무게를 구하고 서로 비교해보자.
명제 24 바다의 조석현상은 태양과 달의 작용으로 일어난다.
명제 25 태양이 달의 운동을 교란시키는 힘을 구하라.

명제 41 주어진 3개의 관측으로부터 포물선 상을 운동하는 혜성의 궤도를 결정하라.

『프린키피아』는 새로운 역학 원리만을 제시한 것이 아니라 이 원리가 우리 주위에서 발견할 수 있는 물체의 운동을 어떻게 설명할 수 있는지, 천체 운동에 대하여 이미 알려진 법칙을 어떻게 설명할 수 있는지를 자세히 설명하고 있다. 『프린키피아』가 매우 복잡한 기하학과 수학적 내용을 담고 있음에도 짧은 기간 동안에 널리 알려질 수 있었던 것은 이러한 구체적인 설명 때문이었을 것이다.

『프린키피아』는 새로운 역학 원리를 제시했다. 그 내용은 역학뿐만 아니라 모든 과학 분야에, 그리고 인류의 생활 방식과 정신세계에 큰 영향을 미쳤다. 뉴턴역학의 등장은 자연에 대한 사람들의 생각이 크게 바뀌는 계기가 되었다.

자연과학은 자연에서 신을 분리해내고 자연현상의 원인을 자연에서 찾으려 했던 고대 그리스의 자연철학자들로부터 시작되었다고 할 수 있다. 뉴턴역학이 등장하기 전까지 그 시도는 생각처럼 큰 성공을 거두지 못하고 있었다. 갈릴레오와 케플러의 활동으로 코페르니쿠스의 태양중심 천문체계가 받아들여지면서 지적인 분위기가 무르익기는 했지만 아직 자연현상의 원인을 신에게서 찾으려는 사람들이 많이 있었다. 자연과학을 연구하던 철학자들도 자연현상의 여러 가지 문제에 대해 일정한 선에서 교회와 타협하고 있었다.

그러나 뉴턴역학의 등장으로 자연현상은 신의 의지가 아니라 자연법칙에 따라 운행된다고 생각하는 사람들이 많아지게 되었다. 이제 자연현상을 신이 자신의 의지를 나타내는 수단이라고 생각하는 사람들이 줄어들기 시작했다. 신과 자연 사이에 있다고 생각했던 인간과 신의 특수한 관계까지 부정되지는 않았지만, 적어도 자연은 신으로부터 확실하게 분리되었다.

물론 뉴턴역학으로 자연에서 일어나는 모든 현상을 이해하고 설명할 수는 없었지만 과학자들은 뉴턴역학이 발전하면 언젠가는 모든 자연현상을 설명할 수 있을 것이라고 생각했다. 자연이 뉴턴의 역학 법칙에 따르는 수동적인 지위로 내려간 것이다. 이러한 신과 자연의 분리는 긍정적이든 부정적이든 후세의 자연관의 변화에 지대한 영향을 미쳤다.

뉴턴역학의 등장은 또한 수학을 자연과학의 언어로 등장시키는 역할을 했다. 뉴턴 이전에도 수학은 천체 운동을 설명하는 언어로 사용되고 있었다. 그런데 뉴턴이 사용하기 시작한 미적분은 자연현상을 기술하는 데 매우 효과적이었다. 뉴턴 이후에는 모든 자연현상을 수학으로 기술하기 시작했고 이는 자연과학, 그중에서도 물리학을 한 단계 발전시키는 데 중요한 역할을 했다.

뉴턴역학은 자연과학의 다른 분야의 발전에도 큰 영향을 주었다. 생물학에 물리적 실험 방법이 도입되기 시작했고, 이는 세포 생물학을 낳았다. 생명 현상을 세포 단위에서 이해하려는 세포 생물학은 생물학 발전의 중요한 계기가 되었다.

화학 연구 활동도 활발해졌다. 고대의 4원소설을 무너뜨리고 새로운 물질관인 원자론이 나오기까지는 뉴턴역학이 등장한 후에도 100년이 넘는 시간이 필요했지만 이 동안에도 물질을 새롭게 이해하려는 시도가 활발하게 전개되었다.

뉴턴역학은 이외에도 열역학의 발전이나 전자기학의 등장, 그리고 광학 발전에도 여러 가지 영향을 주었다. 뉴턴역학은 이처럼 새로운 학문 분야가 나타나 발전해가는 기초 이론과 사상적 기반을 제공했다.

과학사에서는 1700년부터 1900년까지 200년 동안의 과학을 근대과학이라고 부른다. 근대과학은 뉴턴역학을 기반으로 한 과학이라고 할 수 있다. 따라서 뉴턴역학의 등장은 고대과학 시대가 끝나고 근대과학 시대가 시작되었다는 것을 뜻했다. 이는 또한 진정한 의미의 과학시대가 시작되었다는 것을 의미하기도 했다.

뉴턴은 인간적인 약점이나 단점이 많은 사람이었다. 그러나 그는 번뜩이는 천재성과 다른 사람과 비교할 수 없는 강한 집념으로 한 시대를 마감하고 새 시대를 여는 큰일을 해냈다. 그가 이루어놓은 일은 그의 인간적 결함을 덮기에 충분할 만큼 큰 것이었다. 인류 역사상 사람들의 생활 방식과 정신세계에 이렇게 큰 영향을 미친 사람은 다시 없을 것이다. 뉴턴은 자신의 역학을 통해 어떠한 정치적 사건이나 전쟁, 문학 작품보다도 인류의 사고와 생활 방식에 큰 영향을 남겼다.

3 물질에 대한 새로운 이해가 시작되다

라부아지에의 『화학원론』과 돌턴의 『화학의 신체계』

"연금술에서 출발한 근대화학은
4원소설과 플로지스톤설에서 벗어나 과학의 영역으로 나아갔다."

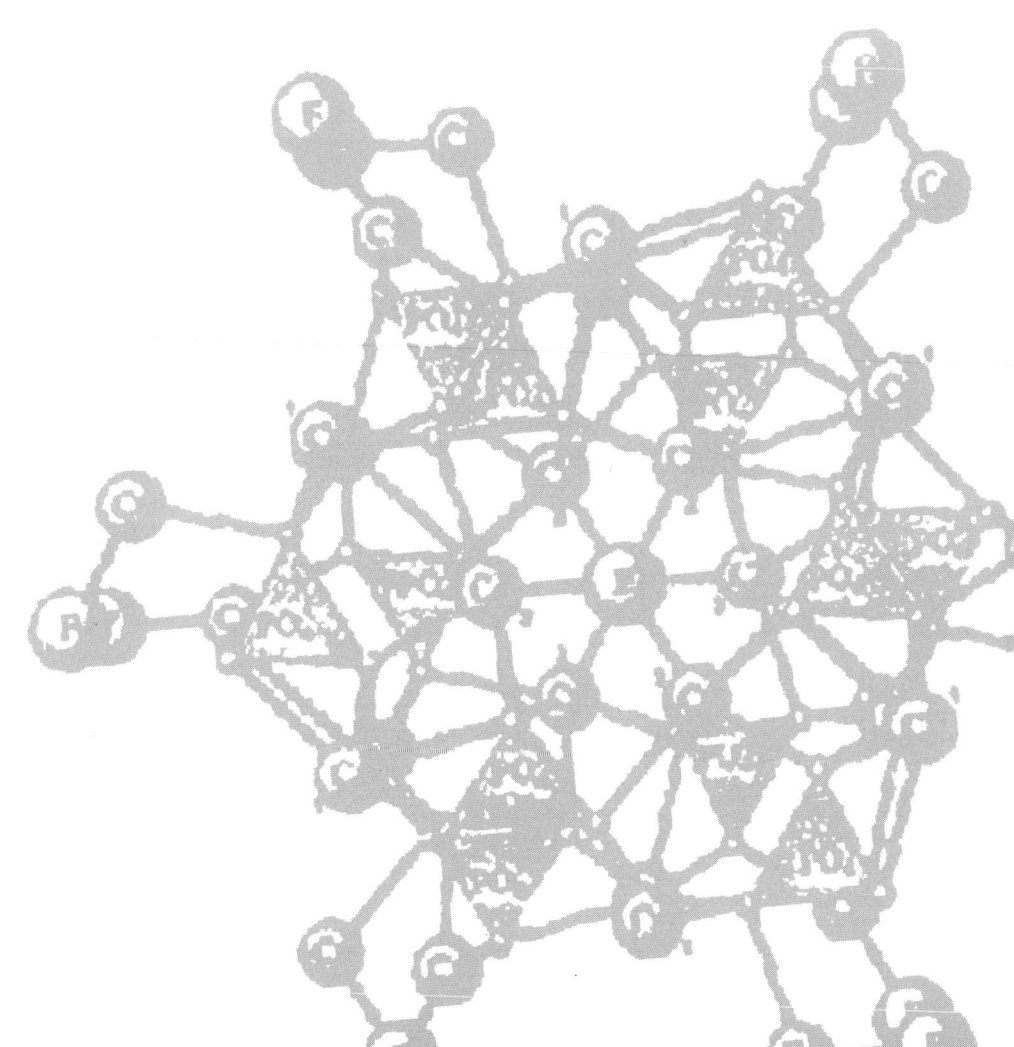

세계는 무엇으로 이루어져 있는가

물리학과 생물학 분야에서 새로운 학문이 자리를 잡아가고 있던 17세기에도 화학 분야에서는 그리스 시대부터 전해져온 연금술이 널리 행해지고 있었다. 뉴턴 역시 1670년대에 연금술과 관련된 많은 실험을 했다고 알려진다. 그러나 연금술은 주술적이고 신비적이었던 예전의 모습을 버리고 오늘날의 화학과 비슷한 모습으로 변하고 있었다.

값싼 금속을 값비싼 귀금속으로 변화시키려고 노력하던 연금술은 차츰 여러 가지 물질이 섞여 있는 혼합물을 정제하여 순수한 물질을 추출해내는 기술로 변모해갔다. 연금술의 이러한 정제기술은 주로 약을 제조하는 데 쓰였다.

기체의 부피와 압력, 온도 사이의 관계에 대한 기본적인 법칙이 실험에 의해 밝혀지기도 했다. 1662년, 영국의 화학자 보일은 일정한 온도에서 기체의 부피와 압력 사이에는 서로 반비례하는 관계가 있다는 보일의 법칙을 발견했다. 뉴턴과 교류한 보일은 뉴턴이 연금술에 관심을 쏟게 하는 데 중요한 역할을 했다.

의화학에 큰 관심이 있던 보일은, 물질은 운동하는 미립자로 되어 있다고 주장하고 기체 입자를 불규칙적으로 운동하는 작은 둥근 물체로 가정함으로써 자신의 법칙을 설명하려 했다. 보일은 1661년에 자신의 기록들을 모아 『회의적인 화학자』라는 책을 펴냈다. 이 책은 화학에 대한 최초의 진지한 접근이었다고 할 수 있다. 보일과 뉴턴은 연금술을 신비주의의 영역에서 끌어내어 화학의 모습을 갖추게 하는 데 공헌했다.

화학의 정제기술이 발달하여 여러 가지 물질을 분리해내게 되자, 모든 물질이 네 가지 원소로 구성되어 있다는 4원소설은 설 자리를 잃기 시작했다. 또한 물질의 구성을 설명하는 새로운 이론들이 속속 등장하기 시작했다.

그중에서도 17세기 말 독일에서 활동했던 의화학자들의 주장은 화학 발전에 많은 영향을 주었다. 그들은 물질은 가연성 물질인 유황, 유동성과 휘발성을 가지고 있는 수은, 고정성과 불활성을 가지고 있는 염이라는 세 가지 요소로 이루어졌다고 주장했다.

마인츠 대학의 의학 교수인 요한 베커는 이 학설을 수정하여, 흙에는 고정성의 흙인 테라 라피다, 모든 가연성 물질에 존재하는 기름 성분의 흙인 테라 핑귀스, 유동성의 흙인 테라 메르쿠리 알리스 등 세 가지 성분이 들어 있다고 주장했다. 베커는 특히 모든 가연성 물질은 기름 성분인 테라 핑귀스를 포함하고 있는데, 연소는 다른 종류의 흙과 결합되어 있던 이 테라 핑귀스가 달아나는 현상이라고 설명했다.

할레 대학의 의학 및 화학 교수였던 게오르크 에른스트 슈탈은 베커의 테라 핑귀스에 '플로지스톤'이라는 새로운 이름을 붙이고, 연소와 산화를 플로지스톤을 이용해 설명하는 플로지스톤설을 확립했다. 그는 물질이 연소할 때는 플로지스톤이 물질에서 분리되어 공기 중으로 흡수된다고 주장했다. 또한 유황은 연소된 후 잔여물이 남지 않는 것으로 보아 가장 순수한 플로지스톤이며, 연소 후 약간의 재를 남기는 인은 대부분 플로지스톤으로 되어 있지만 약간의 회분이 섞여 있다고 설명했다. 또한 금속은 칼스라는 물질과 플로지스톤이 섞여서 만들어진 것이기 때문에 연소되고 나면 눈에 보이지 않는 플로지스톤과 석회화된 금속이 남는다고 했다.

슈탈은 또한 동물이 호흡할 때도 몸에서 플로지스톤이 나와 공기 중에 흡수된다고 주장했다. 따라서 공기 중에 플로지스톤이 가득 차면 더

연금술 실험 장면. 값싼 금속으로부터 금을 얻으려 시도한 연금술은 주술적인 면을 버리면서부터 화학의 발전에 많은 공헌을 했다.

이상 호흡을 할 수 없어 질식하게 되는데, 밀폐 용기 속의 촛불이 꺼지는 것과 같은 이유라고 했다.

　나무 같은 물체가 타고 나면 재가 남는데, 재의 무게가 나무의 원래 무게보다 훨씬 가벼운 현상은 어떻게 설명했을까? 슈탈은 연소 과정에서 빠져나간 플로지스톤이 질량을 가지고 있기 때문이라고 했다. 한편 금속이 산화하는 경우에 오히려 무게가 증가하는 현상을 설명하기 위해, 플로지스톤이 마이너스의 질량을 갖기도 한다고 주장했다. 화학자들은 18세기 후반까지도 플로지스톤설을 널리 받아들이고 있었다. 그처럼 많은 학자들이 플로지스톤에 매달려 있었던 것은 화학 발전에 큰 걸림돌이었다.

　화학이 발전하기 위해서는 고대로부터 전해 내려온 4원소설과 플로지스톤설로부터 벗어나야 했다. 18세기 중엽에는 흙으로부터 서로 다른

보일은 일정한 온도하에서 기체의 부피와 압력이 서로 반비례한다는 것을 발견했다.

성질을 가진 여러 가지 흙이 분리되었기 때문에 이제 흙을 더 이상 하나의 원소로 여기지 않았다. 그러나 물·공기·불은 아직도 일반적으로 원소라고 받아들여지고 있었다. 화학의 새로운 기운은 이 가운데 공기를 조사하는 과정에서 일어났다. 공기 중에서 여러 가지 원소를 분리해내는 실험이 시작된 것이다.

공기에서 성질이 다른 여러 종류의 기체를 분류하는 일은 18세기 중엽부터 시작되었다. 1750년, 스코틀랜드의 의과대학생이던 조셉 블랙은 우연한 기회에 이산화탄소를 발견하고는 이를 '고정된 공기'라고 불렀다. 블랙의 원래 연구 목적은 요석을 녹일 수 있는 알칼리성 용매를 찾는 것이었지만, 연구 과정에서 온화한 알칼리(탄산염)와 부식성 알칼리(수산화물) 사이의 관계를 밝혀내게 되었다. 1754년에 블랙은 온화한 알칼리인 탄산마그네슘을 가열하면 무게의 12분의 7이 감소하면서 많은 분량의 공기를 내놓는다는 것을 발견했고, 같은 무게의 탄산마그네슘을 산에 녹일 때도 가열한 경우와 같은 양의 기체가 나온다는 사실을 알아냈다. 그는 탄산마그네슘을 연소시키고 남은 찌꺼기인 산화마그네슘을 물에 녹이면 탄산마그네슘을 녹였을 때와 같은 종류의 염이 생기지만 기체는 발생하지 않는다는 것을 밝혀냈다.

블랙은 또한 석회석을 가열하여 소석회를 만드는 과정에서도 무게의 손실이 생기며, 소석회를 알칼리로 처리하면 부식성 알칼리와 함께 원래의 석회석이 형성된다는 것도 보여주었다. 그리하여 탄산마그네슘이 염기와 무게가 있는 기체로 이루어져 있다는 것을 알게 되었고, 이 기체를 '고정된 공기'라고 부른 것이다. 그러나 그는 고정된 공기가 공기의 구성 성분이라는 것은 알아내지 못했다. 블랙은 자신의 연구 결과를 「마그네시아 알바, 생석회, 기타 알칼리 물질에 대한 실험」이라는 논문으로 1756년에 발표했다.

1766년에 영국의 헨리 캐번디시는 금속을 묽은 산에 작용시켜 그가 가연성 공기라고 명명한 수소를 분리해내는 데 성공했다. 영국의 귀족이었던 캐번디시는 많은 유산을 물려받아 자신의 집에 실험실을 만들고, 정교한 실험기구를 사용해 당시로서는 상당히 정밀한 실험을 했다.

캐번디시는 아연, 주석, 철 등에 묽은 황산, 염산 등을 반응시켜 이 가연성 공기를 얻었다. 그는 서로 다른 금속과 산들의 반응에서 발생하는 가연성 공기가 모두 같은 것이며 이 공기의 밀도는 보통 공기보다 매우 작다는 점을 발견했다. 캐번디시는 이 결과를 「인공의 공기들」이라는 제목의 논문으로 왕립학회에서 발표했다. 캐번디시는 중력상수를 정밀하게 측정하여 지구의 밀도를 계산한 사람으로도 잘 알려져 있다.

1770년대의 기체 발견에 가장 중요한 역할을 한 사람은 영국의 조셉 프리스틀리였다. 프리스틀리는 비국교도 신학교를 졸업하고 장로교 목

산소를 발견한 프리스틀리.
그는 산소 외에도 암모니아, 이산화탄소
등 여러 기체를 분리해
저장하는 데 성공했다.

사로 활동한 자유사상가였다. 프리스틀리는 1767년에 맥주 통에서 나오는 기체를 분석하여 고정된 공기(이산화탄소)를 발견하고 이를 왕립학회에 보고했다. 이를 계기로 바람의 물이라고 불리는 탄산수를 마시는 사람들이 늘어났다. 탄산수는 괴혈병 치료제로 알려져 영국 해군에서 사용하기도 했다. 실제로는 괴혈병 치료에 아무런 효능이 없는 탄산수가 널리 사용된 것은 어느 사업가가 과장광고를 했기 때문이었다. 프리스틀리는 탄산수를 발명한 공로로 1772년에 왕립학회가 수여하는 코플리 메달을 받기도 했다.

프리스틀리는 또한 1773년 8월에 커다란 렌즈를 이용하여 산화수은을 높은 온도로 가열시켰을 때 발생한 기체를 모아 여러 가지 실험을 했다. 이 기체 속에서는 촛불이 격렬하게 연소되었고, 쥐가 활발하게 운동했으며, 사람도 기분이 좋아졌다. 플로지스톤이 포함되지 않은 순수한 공기로서 다른 물체로부터 플로지스톤을 격렬하게 흡수하는 기체라는

프리스틀리가 공기를 분리시키기 위해 사용한 공기 물통.

의미로 '탈플로지스톤 기체'라고 불린 산소의 발견은 프리스틀리의 가장 중요한 과학적 공헌으로 꼽힌다. 1775년 3월, 왕립학회의 「철학회보」에서 프리스틀리는 산소를 발생시키는 방법과 산소의 성질에 대하여 다음과 같이 설명했다.

 실험 대상 물질에 렌즈의 초점을 맞춘다. 그러면 수은이 든 용기 안에 기체가 생겨나 용기를 가득 채운다. 최근에 나는 서로 다른 물질은 이 과정에서 서로 다른 기체를 발생시킨다는 사실을 발견했다. 하지만 이 결과로 얻어진 모든 기체들은 보통 공기에 비해서 호흡이나 가열을 5~6배나 촉진한다는 놀라운 사실이 밝혀졌다. 그리하여 충분한 증거를 바탕으로 말하건대 공기가 얼마나 호흡에 적합한가 하는 정도는 그 공기가 폐에서 나온 플로지스톤을 받아들이는 능력에 달려 있다. 이런 종류의 공기를 플로지스톤이 제거된 공기라고 부르면 되겠다.

프리스틀리는 산소 외에도 여러 가지 기체들을 분리해 저장했는데, 그 중에는 암모니아, 염산, 산화질소, 질소, 이산화탄소가 포함되어 있었다. 그러나 프리스틀리는 자신이 발견한 기체들을 플로지스톤과 연관시켜 설명했기 때문에 산화와 연소를 제대로 이해하지는 못했다.

독일 태생으로 스웨덴의 약사였던 카를 셸레는 독자적인 실험을 통해 여러 가지 기체를 분리해냈다. 셸레는 아질산, 플루오르화수소, 염소, 요산, 젖산, 시안화수소산, 글리세롤을 비롯한 많은 기체와 물질을 발견했다. 1771년에는 산소를 발견하여 「공기와 불에 관한 화학논문」이라는 제목의 논문을 썼지만, 1777년에야 출판되는 바람에 '산소의 발견자'라는 영광스러운 칭호는 프리스틀리에게 빼앗기고 말았다.

셸레는 산화수은, 탄산은, 질산마그네슘, 질산칼륨 등을 가열하거나 이산화망간을 비산 또는 황산과 함께 가열하여 얻은 기체가 연소를 유지하고 동물의 호흡을 돕는다는 사실을 발견하고는 이를 '불의 공기'라고 불렀다. 그는 또한 공기가 하나의 물질이 아니라 불의 공기인 산소와 불쾌한 공기인 질소로 되어 있고, 두 기체의 비례는 1 대 3이라고 주장하기도 했다.

이처럼 캐번디시, 프리스틀리, 셸레가 공기 중에서 여러 가지 기체를 분리해서 4원소설을 무력화시키고 화학을 한 단계 발전시키는 데 크게 공헌하기는 했지만, 그들은 아직 자신들의 발견을 플로지스톤설의 한계 안에서 설명하려 했다. 1781년에 프리스틀리는 산소와 수소의 혼합물에 불을 붙이면 폭발적으로 연소되면서 물방울이 남는다는 것을 알아냈고, 캐번디시도 이 실험을 되풀이하여 물은 산소 1부피와 수소 2.02부피의 결합으로 이루어졌다는 것을 발견했다. 그러나 그들은 여전히 산소는 플로지스톤을 빼앗긴 물이며, 수소는 플로지스톤 그 자체 또는 플로지스톤을 많이 가진 물이라고 설명했다.

근대화학이 탄생하기 위해서는 플로지스톤설을 부정하고 산화와 연소를 올바로 설명하는 작업이 필요했다. 그 일을 한 사람은 프랑스의 앙투안 라부아지에였다.

아무것도 창조되거나 파괴되지 않는다

플로지스톤설을 부정하고 연소와 산화 작용을 올바로 설명하여 화학을 한차원 끌어올린 라부아지에는 여러 방면에서 재능을 발휘한 인물이다. 라부아지에는 1743년 8월 26일 파리에서 변호사의 아들로 태어났다. 부유한 환경에서 별 어려움 없이 자란 라부아지에는 마자랭 대학에 진학하여 법학을 전공했다. 대학에 다니는 동안 그는 법률 외에 어학, 철학, 수학, 과학 등의 과목에도 흥미를 느끼고 많은 공부를 했다.

1766년에는 도시를 밝히는 커다란 조명장치에 대한 논문으로 과학아카데미로부터 금메달을 받았는데, 이는 그의 관심이 광학 분야에 있었다는 것을 보여준다. 당시 그는 오로라, 천둥 번개 현상, 석고의 성분 등에 관심을 가지고 있었다. 1768년에는 물의 시료를 분석한 논문을 과학아카데미에 제출하고 준회원으로서 아카데미의 일원이 되었다.

그는 22세가 되는 해에 할머니가 남긴 유산을 물려받아 부자가 되었고, 1768년부터는 이 유산을 바탕으로 세금 징수업체를 운영하기 시작

라부아지에는 4원소설을 부정하고,
더 이상 분화되지 않는 것으로서 다른
물질의 구성요소가 되는 것을
원소라고 정의했다.

했다. 당시의 조세 징수업체는 요즘의 주식회사 같은 형태의 사기업으로, 회사의 주주들이 돈을 모아 정부에 세금을 선납한 후 시민들에게 세금을 거둬 원금과 수익금을 분배했다. 선납금보다 많이 거둔 세금이 주주들의 수입이 되었다. 주주들은 대개 부자나 귀족들이었으므로 결과적으로 부자나 귀족들은 세금을 전혀 내지 않아도 되었고 오히려 세금에서 이익을 남길 수 있었다. 라부아지에는 이런 사업을 통해 자신의 화학 연구에 드는 비용을 충당할 수 있었다.

라부아지에가 화학자로서 이름을 얻게 된 것은 1770년에 물의 증류 실험을 하면서부터였다. 4원소설을 믿었던 당시에는 물을 유리그릇에 넣고 발생하는 수증기를 냉각시키면서 계속 끓일 때 그릇 바닥에 생기는 흙과 같은 부스러기를 물 원소가 흙으로 변한 것이라고 믿었다. 1770년에 이 실험을 하면서 라부아지에는 물을 끓이기 전에 물과 용기의 무게를 재었고 증류한 후에도 물과 그릇, 부스러기의 무게를 측정했다. 그리하여 이 부스러기가 물이 변한 것이 아니라 물을 끓이는 동안 물을 담았던 용기에서 떨어져 나온 것이라는 사실을 밝혀냈다.

세상의 모든 물질이 물·불·흙·공기의 4원소로 이루어졌다는 주장을 믿지 못하게 된 라부아지에는 연소 과정에서 공기가 하는 역할에 대해 조사하기 시작했다. 1772년 11월 1일 라부아지에는 황이나 인은 연소하면 무게가 증가하는데 이는 연소 과정에서 공기를 흡수하기 때문이며, 반대로 이산화납을 가열하면 무게가 감소하는 것은 이산화납이 공기를 잃기 때문이라고 주장하는 논문 초안을 과학아카데미에 제출했다.

1774년, 라부아지에는 자신이 실험을 통해 알게 된 내용들을 정리하여 『물리와 화학의 에세이』라는 제목의 첫 번째 책을 펴냈다. 그해는 영국의 프리스틀리가 '탈플로지스톤 기체'라고 부른 산소를 발견한 해였다. 프리스틀리는 10월에 유럽을 여행하는 도중 라부아지에를 방문하여 자신의 발명에 대한 이야기를 전해주었다.

라부아지에는 연소의 문제를 해결하려면 체계적인 실험을 해야 한다는 것을 깨달았다. 그는 플라스크에 금속을 넣고 밀폐한 후 가열하면 가열이 끝난 후에도 플라스크와 금속을 합한 무게가 증가하지 않는다는 것을 발견했다. 가열이 끝난 플라스크를 개봉했더니 공기가 들어가서 전체 무게가 증가했다. 이때 증가한 무게는 금속을 개봉된 그릇에서 가열하는 동안 증가한 금속의 무게와 같았다. 이로써 라부아지에는 가열하는 동안 공기가 금속에 흡수된다는 것을 확인할 수 있었다.

또한 라부아지에는 연소하는 동안 금속에 공기의 일부만 흡수되며 가열을 계속해도 더 이상 흡수가 되지 않는다는 것을 발견하고는, 흡수되지 않는 부분은 흡수되는 부분과 다른 성질을 가질 것이라고 생각했다.

라부아지에는 연소 중에 물질에 흡수되는 공기가 프리스틀리가 발견한 탈플로지스톤 기체라고 생각했다. 1754년에는 이 기체가 탄소와 결합하여 블랙이 발견한 고정된 공기를 합성한다는 것을 발견하기도 했다. 1777년에 과학아카데미에 제출했으나 1781년에 출판된 보고서에서 라부아지에는 탈플로지스톤 기체를 산소라고 불렀다. 그는 이 보고서에서 연소는 플로지스톤이 분리되는 현상이 아니라 물질이 산소와 결합하는 현상이라고 설명했다. 1780년, 라부아지에는 공기가 25퍼센트의 산소와 75퍼센트의 질소로 이루어졌다고 발표했고, 3년 후에는 물은 산소와 수소가 결합하여 만들어진 화합물이라고 과학아카데미에 보고했다.

라부아지에는 또한 물을 분해하여 수소를 얻어내는 데도 성공했다. 물의 분해가 성공함으로써 물질의 조성을 양적으로 조사하는 실험이 가능해졌다. 그는 알코올과 다른 유기물을 산소 중에서 연소시키고 이때 나오는 물의 양과 이산화탄소의 양을 조사하여 이들의 구성 성분을 결정했다.

1787년에는 라부아지에의 발견과 이론을 반영한 『화학 명명법』이 기통 드 모르보, 베르톨레, 푸르크루아 같은 프랑스 화학자들에 의해 출판되어 새로운 화학이 성립하는 데 중요한 역할을 했다. 당시에는 연금술 시대부터 써오던 명칭들이 널리 사용되고 있었고, 18세기에 발견된 기체들에는 플로지스톤과 관계된 이름들이 붙어 있어서 화학 발전에 방해가 되고 있었다. 그래서 1782년에 드 모르보는 화학적 명칭을 체계적인 방법으로 개혁해야 한다고 주장하며, 한 물질은 하나의 이름을 갖게 하고 조성이 알려진 경우에는 이름에 조성이 반영되도록 하자고 제안했다.

새로운 화학 명명법에서는 가열 산화물을 산화물로, 황산염 기름을 황산으로, 황의 다른 산소산은 아황산으로 불렀다. 이들의 염에는 황산염

『화학원론』과 라부아지에가 실험에 사용한 기체계.

과 아황산염이라는 이름이 붙었다.

이 같은 새로운 명명법은 플로지스톤설을 반대하는 사람들에게 힘을 실어주었다. 새로운 명명법이 적용된 논문을 읽으려면 라부아지에의 산소 이론을 생각해야만 했다. 그 결과 플로지스톤설을 지지하던 사람들의 수가 점차 줄어들고 라부아지에의 견해를 받아들이는 사람들이 늘어났다. 라부아지에의 견해는 1789년에 출판된 『화학원론』 덕분에 더욱 널리 받아들여지게 되었다.

『화학원론』은 세 부분으로 나누어져 있는데 제1부는 인소로 이루어진 기체의 형성과 분해 및 산의 형성에 대한 내용을 담고 있다. 제2부에서는 산과 염기의 결합 및 중성염의 생성에 대하여 다루었으며 제3부에서는 화학 연구에 사용되는 실험기구와 이들의 작동방법을 설명했다. 이 책의 서문에서 라부아지에는 화학에 대한 새로운 접근과 과학교육 방법을 설명하고 새로운 명명법의 정당성을 주장했다. 또한 그는 실험적 증거의 중요성을 강조했으며 그러한 증거들로 뒷받침될 수 없는 결론은 화학에서 제거해야 한다고 주장했다.

나는 실험과 관찰에서 즉시 유도할 수 없는 결론은 결코 인정하지 않는다는 규칙을 나 자신에게 엄격하게 적용했다. (…) 자연계에 알려진 모든 물질이 네 가지 원소가 여러 가지 비율로 결합하여 이루어졌다는 생각은 단순한 가정이다. 이는 실험적 화학의 원리가 알려지기 오래전에 가정된 것이다.

『화학원론』의 서문에서 라부아지에는 더 이상 분해되지 않는 것으로서 다른 물질의 구성요소가 되는 것을 원소라고 정의했다. 라부아지에는 이 정의에 따른 33개의 원소가 들어 있는 원소표를 책에 실었다. 여기에는 석회석과 마그네시아 같은 광물도 포함되어 있는데, 라부아지에는 그것들이 실험에 의해 원소가 아니라 화합물로 밝혀질지도 모른다고 언급했다. 이 원소 목록은 『화학 명명법』에 실려 있는 원소 목록보다 짧다. 『화학 명명법』에서는 열아홉 가지의 유기산과 기들을 원소로 분류했지만, 라부아지에는 이들이 원소가 아니라 탄소와 수소로 이루어진 화합물이라는 것을 알게 되었기 때문이다. 기가 하나의 단위로 행동하는 원소들의 모임이라는 것은 유기화학의 중요한 개념이 되었다.

『화학원론』의 제2부 첫머리에 실려 있는 원소 목록의 첫 두 자리는 빛 입자와 열소가 차지하고 있다. 이는 빛이 입자의 흐름이라는 뉴턴의 견해와 열이 열소라는 물질의 화학작용이라는 견해를 반영한 것이다. 18세기는 에너지 개념이 아직 성립되지 않은 시기였으므로 열과 빛도 물질로 생각했던 것이다.

라부아지에는 고체, 액체 및 기체 사이의 차이는 물질이 포함하고 있는 열소의 양에 따라 달라진다고 생각했다. 그는 고체를 가열하면 열소 입자가 고체 입자를 둘러싸서 액체를 만들고, 충분한 열소가 존재하면 기체가 된다고 보았다. 이 이론에 따르면 산소 기체는 산소와 열소의 화합물이었다. 라부아지에는 화학반응에서 발생하는 열소의 양을 측정하기 위해 피에르 라플라스와 협력하여 얼음 열량계를 고안하기도 했다.

『화학원론』에는 또한 화학반응에서의 질량보존의 법칙이 명확하게 기술되어 있다. 라부아지에는 발효를 다룬 장에서 질량보존의 법칙에 대해 다음과 같이 설명했다.

> 우리는 기술과 자연의 모든 작동에서 아무것도 창조되거나 파괴할 수 없다는 것을 명백한 원칙으로 세워야 한다. 실험의 앞과 뒤에는 똑같은 양의 물질이 존재한다. 원소의 질과 양은 정확하게 똑같이 유지된다. 이런 원소들의 조합에서 변화와 변형 외에는 아무것도 일어나지 않는다.

라부아지에는 무게를 측정한 설탕, 물, 효모를 가지고 발효 실험을 시작했다. 그는 발효가 끝난 후에 남아 있는 설탕과 효모, 생성된 이산화탄소, 알코올 및 아세트산의 무게를 측정했다. 그 결과 발효라는 복잡한 화학 반응이 일어나는 동안에 전체 무게가 조금도 변하지 않았다는 것을 확인할 수 있었다. 이는 화학반응 전후의 질량은 항상 같아야 한다는 질량보존의 법칙을 증명하는 실험 결과였다. 질량보존의 법칙은 현대 화학에서도 그대로 받아들이는 법칙으로, 라부아지에의 뛰어난 지적 능력을 단적으로 나타낸다.

『화학원론』에는 잘못된 주장도 담겨 있다. 라부아지에는 산소를 중요시하여 연소와 산화 시의 무게 변화는 오로지 산소와의 반응 때문이라고 주장했으며, 실험적으로 근거가 없는 여러 가지 성질을 산소를 이용하여 설명하려 했다. 또한 모든 산은 산소와의 결합으로 이루어졌다고 주장하기도 했다. 그의 원소표에는 염산기도 포함되어 있는데, 이것이 산소와 결합하여 염산을 만든다고 했다. 라부아지에는 1774년 셸레가 발견한 염소를 산화된 염산이라고 불렀다. 그러나 후에 염산은 산소를 포함하고 있지 않다는 것과 산화된 염산이 사실은 원소의 하나인 염소라는 것이 밝혀지기도 했다.

『화학원론』이 출판된 1789년은 프랑스 대혁명이 일어난 해이기도 하다. 프랑스는 정치적 격랑에 휩쓸렸다. 1793년이 되자 프랑스는 광기 어린 공포의 도살장으로 변했고, 혁명을 주도한 로베스피에르마저 극단주의자들의 손에 처형되기에 이르렀다. 1793년 1월 루이 16세가 단두대에서 처형된 후 프랑스는 무정부 상태에 빠졌다. 그해 8월에는 공공안전위원회가 프랑스 과학아카데미를 폐쇄했다. 같은 해 11월 말, 라부아지에와 그의 장인인 자크 폴즈는 '협잡꾼들의 대표, 탐욕스런 지주의 아들, 화학 연구자, 세금징수인, 은행의 관리인'이었다는 이유로 체포되어 수감되었다.

라부아지에가 체포되기 전 영국의 왕립학회는 그에게 코플리 메달을 수여하기로 결정했지만 곧 취소했다. 이 결정 때문에 그가 영국과 결탁했다는 누명과 곤경에 빠질 것을 염려해서였다. 그러나 프랑스와 유럽 과학자들의 우려와 청원에도 불구하고 라부아지에와 그의 장인은 1794년 5월 8일 단두대에서 처형당하고 말았다.

프랑스 혁명은 라부아지에를 화학계로부터 빼앗아갔지만, 화학의 발전에 도움이 되는 일도 했다. 1874년, 새로운 정책 입안자들은 에콜 폴리테크니크를 세워 과학 교육을 장려했다. 1804년에 황제가 된 나폴레옹도 과학자들을 우대했다.

라부아지에의 화학은 클로드 베르톨레와 피에르 라플라스에 의해 계승되었다. 베르톨레는 1798년에 시작된 나폴레옹의 이집트 원정 때 나폴레옹을 따라 이집트에 다녀오기도 했고, 파리 근교의 시골집을 사들여 화학 실험실을 차린 후 젊은 학자들이 연구를 할 수 있도록 했다. 그곳에서 활동한 과학자 가운데 특히 조제프 루이 게이뤼삭과 루이 자크 테나르가 이름을 날렸다.

이들은 라부아지에가 남긴 과학적 유산을 계승·발전시켜 근대 화학의 기초를 세웠다. 이제 새로운 물질관이 등장할 모든 준비가 끝난 셈이었다. 라부아지에가 발견한 사실들은 물론 그 후 발견된 경험법칙들을 모두 설명할 수 있는 새로운 물질관은 '원자론'이었다. 원자론을 제안한 사람은 프랑스에서 라부아지에의 화학을 계승한 사람들이 아니라 영국의 기상학자 존 돌턴이었다. 돌턴의 원자론은 화학에 새로운 전환점을 제공했다.

원자론을 등장시킨 『화학의 신체계』

물질이 원자라는 더 이상 쪼갤 수 없는 알갱이로 구성되어 있다는 원자론은 고대 그리스 시대에 이미 제안되어 있었다. 고대 그리스의 레우

키포스와 데모크리토스가 주장했던 원자론은 세상이 원자와 진공으로 이루어져 있다고 설명했다. 빈 공간인 진공에 물질의 덩어리인 원자가 떠 있다고 생각한 것이다. 그들은 물질을 이루는 원자는 더 이상 쪼갤 수 없고 만들어낼 수도 없는 알갱이로서 그 종류는 무한히 많다고 했다.

원자론자들은 종류에 따라 크기·모양·무게가 다르며, 큰 원자는 중심으로 몰려들어 지구를 형성하고 물·공기·불과 같은 훨씬 작은 원소는 바깥쪽으로 밀려나서 지구의 주변을 맴돈다고 주장했다. 그들은 인간도 원자로 이루어져 있으며, 인간 속에는 모든 종류의 원자가 들어 있어서 끊임없이 발산되고 섭취되므로 인간을 작은 우주라고 생각하기도 했다.

그들은 우리가 맛을 보고, 냄새를 맡고, 소리를 듣는 것도 모두 원자를 이용해 설명하려 했다. 맛을 느끼기 위해서는 물질의 원자들과 입의 원자들이 부딪쳐야 하며, 소리는 원자의 운동이 공기를 자극하고 이 공기의 자극이 귀에 전달되어 나타나는 현상이라고 설명했다. 이들의 주장에 의하면 혀가 맛을 느낄 수 있는 것은 음식물의 미각원자가 혀의 원자와 접촉하기 때문이다. 맵거나 짠 음식물은 뾰족하고 울퉁불퉁한 원자들로 구성되어 있으며, 단맛을 가진 음식은 부드럽고 매끈한 원자로 이루어져 있다. 우리가 물체를 볼 수 있는 것도 눈에서 튀어 나가는 원자와 물체의 원자가 충돌하면서 만들어진 새로운 원자가 눈의 망막을 자극하기 때문이라고 설명했다.

그들은 또한 물질이 서로 다른 것은 물질을 이루는 원자의 종류가 다르거나 배열 방식이 다르기 때문이라고 생각했다. 원자들이 서로 닿을 수 있을 만큼 가까이 있으면 밀도가 높은 물질이 되고, 원자들 사이의 거리가 멀면 연한 물질이 된다는 것이었다. 그들은 심지어 인간의 영혼도 원자로 이루어졌다고 주장했다. 영혼은 각기 서로 결합하기 힘든 빠르게 움직이는 구형의 원자로 이루어져 있으며, 영혼을 구성하는 원자들은 신체에 온기를 유지하고, 온기가 온몸을 순환하도록 한다고 설명한 것이다.

당시 이들의 원자론은 널리 받아들여지지 않았다. 눈으로 볼 수 없는 원자로 모든 것을 설명하는 것을 당시 사람들은 믿을 수가 없었기 때문이다. 더구나 당시에는 아무것도 없는 진공이란 있을 수 없다는 생각이 퍼져 있었기 때문에 원자론을 더욱 받아들이기 어려웠을 것이다. 원자론을 주장한 사람들은 진공의 존재를 강력하게 주장했지만, 고대과학을 완성한 아리스토텔레스는 진공의 존재를 강력히 부인했다. 그랬기 때문에 원자론은 2천 년이 넘는 세월 동안 역사에서 사라져 있어야 했다.

보일은 고대 원자론의 개념을 자신이 발견한 화학적 현상에 적용하려 했지만 성공하지 못했다. 라부아지에의 원소 개념은 원자론이 등장하기 위한 훌륭한 발판이 되었다. 라부아지에는 화학실험에서 저울을 사용하여 정량적인 연구를 하도록 권했는데 이는 이후 원자론 탄생의 기반이 되는 여러 가지 경험법칙을 발견할 수 있도록 했다. 1799년에 프랑스의 조제프 프루스트가 발견한 일정성분비의 법칙은 정량분석이 얻어낸 가장 중요한 결과였다. 프루스트는 자연에 존재하는 염기성 탄산구리(공작석)와 실험실에서 만든 염기성 탄산구리의 성분을 조사했다. 두 시료의 성분은 같았다. 그는 다른 여러 가지 종류의 화합물에서도 조성의 일관성을 발견했다.

리히터는 화학에서 수학적 관계를 찾아내기 위해 노력하여 당량(當量)이라는 개념을 형성하는 데 도움을 주었다. 그의 연구는 1802년에 피셔에 의해 요약되었는데, 피셔는 황산의 양을 1,000으로 하여 산과 염기의 상대적 당량표를 만들었다. 이 표에 따르면 염산은 712, 수산화나트륨과 수산화칼륨은 859와 1,605의 값을 가진다. 이것은 1,000의 황산이나 712의 염산을 중화시키기 위해서는 859의 수산화나트륨이나 1,605의 수산화칼륨이 필요하다는 것을 뜻했다.

이제는 누군가가 이런 사실을 모두 설명할 수 있는 원자론을 제안할 때가 되었다. 그 일을 한 사람은 화학자가 아니라 기상학자인 존 돌턴이었다. 돌턴은 영국 컴벌랜드주의 작은 마을인 이글스필드에서 1766년 9월 6일에 태어났다. 그의 아버지는 가난한 직물공이었고, 형제가 많아 가정 형편이 어려웠다.

돌턴은 영국의 비국교도 중에서도 규율이 가장 엄격한 퀘이커교에 속해 있었다. 돌턴이 받은 유일한 학교 교육은 마을의 초등학교에 다닌 것뿐이었다. 돌턴은 기상학에 능통하고 과학적 학식을 지닌 로빈손이라는 퀘이커교도에게 수학을 배웠고, 이 사람의 영향으로 기상학에 관심을 가지게 되었다.

돌턴은 열두 살 때 재능을 인정받아 마을의 초등학교 교장이 되었다. 열다섯 살이 된 1781년에는 형 조나단과 함께 켄달로 이주하여 퀘이커교 학교를 운영하면서 수학, 라틴어, 그리스어, 프랑스어 등을 독학했다. 그는 직접 만든 기구를 이용하여 매일 온도·기압·우량 등의 기상 관측을 했는데, 죽을 때까지 하루도 거르지 않았다. 여가 시간에는 기상 관측에 관한 논문도 작성했다.

돌턴은 식물학, 곤충학, 수학에 이르는 넓은 영역을 연구했다. 1793년에는 연구에 많은 편의를 제공해주었던 맨체스터의 뉴칼리지로 옮겨갔다. 맨체스터의 뉴칼리지에서는 수학과 과학철학을 가르쳤는데, 라부아지에의 『화학원론』을 교재로 삼아 화학을 강의하기도 했다. 약 6년 동안 이 학교에 근무한 돌턴은 그 후 자유로운 몸이 되어 수학, 과학철학 및 화학 분야의 강사로 활동했다. 1794년에는 맨체스터 문학과 철학학회

돌턴은 모든 물질의 최종 입자를 가리키는 '원자'라는 단어를 처음 사용했다.

회원으로 가입했고, 이후 회장을 맡아 1844년에 죽을 때까지 활동했다.

돌턴은 맨체스터 문학과 철학학회 회원으로 활동하던 시기에 기체의 성질에 관한 중요한 법칙을 몇 가지 발표했다. 이 중에는 기체의 부피가 온도의 상승에 따라 팽창한다는 것, 혼합기체의 용해도는 그들의 분압에 비례한다는 내용이 포함되어 있다. 그는 기체의 용해도로부터 힌트를 얻어 원자설을 제안하고 뒤이어 배수비례의 법칙을 발견했다. 원자론은 말할 것도 없이 돌턴의 가장 위대한 업적으로서 1808년에 출판한 『화학의 신체계』 제1권에 포함되어 있다. 제2권은 1810년에 출판되었다.

돌턴은 심한 색맹이었다. 붉은 빛깔이 돌턴에게는 항상 녹색으로 보였는데, 그는 색맹에 대한 최초의 논문을 쓰기도 했다. 그래서 오늘날 색맹을 돌터니즘이라고 부르기도 한다.

1844년 7월 26일 오후, 78세의 돌턴은 그날의 기상을 기록하려고 했지만 손이 떨려 침대에 누웠다. 이튿날 혼수상태에 빠진 그는 그대로 세

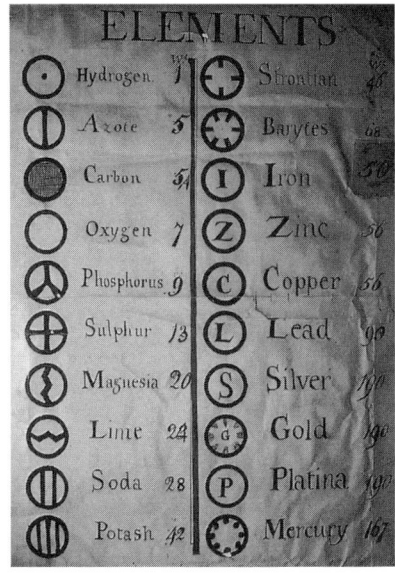

돌턴이 고안한 원자기호.
그는 물질을 구성하는 최종 입자는
원자이고 종류에 따라 각각
고유한 특성을 지닌다고 생각했다.

상을 떠났다.

『화학의 신체계』에서 돌턴은 모든 물질의 최종 입자를 가리키는 '원자'라는 말을 처음으로 사용했다. 그는 원소들은 단순한 원자들로 구성되었으며, 화합물들은 원자들로 구성되었다고 설명했다. 돌턴은 원자량을 정하기 위해서 단순성의 원리를 적용했다.

그는 두 원소가 한 가지 화합물을 만든다면 그 화합물은 두 원소의 원자 하나씩을 포함하고 있다고 가정했다. 두 원소로 이루어진 두 번째 화합물이 존재한다면 그것은 한 원소의 원자 하나에 다른 원소의 원자 두 개가 경합하여 만들어진 것이며, 세 번째 화합물이 존재한다면 그것은 첫 번째 원소의 원자 두 개에 두 번째 원소의 원자 하나가 결합한 것이라고 가정했다. 이것을 기호를 이용해 나타내면 A원소와 B원소가 결합하여 화합물을 만들 때 화합물이 한 가지만 존재한다면 그 화합물의 조성은 AB이고, 두 번째 화합물의 조성은 AB_2이며, 세 번째 화합물은 $A2B$라는 것이었다.

돌턴은 이 가정을 바탕으로 수소와 산소가 결합하여 만들어진 물의 화학식은 HO라고 주장했다. 이는 물론 틀린 결과였지만, 돌턴은 같은 가정을 이용하여 이산화탄소(CO_2), 일산화탄소(CO), 일산화질소(NO), 이산화질소(NO_2) 같은 간단한 화합물의 조성을 밝혀냈다. 이러한 돌턴의 원자론은 일정성분비의 법칙을 설명할 수 있었다. 화합물이 생성되는 환경에 관계없이 항상 일정한 성분을 가지는 것은 언제나 일정한 수의 원자들이 결합해 있기 때문이라고 설명할 수 있었던 것이다.

돌턴은 같은 원소의 원자는 모두 같은 특성을 가지며, 다른 종류의 원소의 원자는 크기·무게·부피가 서로 다르다고 보았다. 그는 또한 A원소와 B원소가 결합하여 2개 이상의 화합물을 만들 경우에는 A원소 일정량과 결합하는 B원소의 무게가 간단한 정수비를 이루는 현상을 A원자 1개와 결합하는 B원자가 1개 또는 2개, 3개가 되기 때문이라고 했다. A원자 1개와 결합하는 B원자의 비는 항상 1 : 2 : 3과 같이 정수비를 이루는데 이것이 배수비례의 법칙이다.

각각의 원소 사이에 반응하는 양, 즉 당량이 이미 실험적으로 결정되어 있었으므로, 돌턴은 당량을 기초로 상대적 중량을 결정했다. 그는 수소 1그램과 반응하는 산소의 당량은 16그램이므로 수소 1개와 산소 1개가 반응한다고 하면 산소의 무게는 수소 무게의 16배가 된다고 설명했다.

이런 방법으로 원소의 원자량을 결정하기 위해서는 한 종류의 원자 몇 개가 다른 종류의 원자 몇 개와 결합하는지를 알아야 했다. 돌턴이 제시한 단순성의 원리는 몇 가지 간단한 화합물의 조성을 밝히는 데는 성공했지만 복잡한 화합물이 어떤 종류의 원자들이 몇 개씩 결합되어 이루어졌는지를 밝혀내는 데는 도움이 되지 않았다. 그래서 원자의 결합수를 제시하지 못한 돌턴의 원자론은 널리 받아들여지지 않았다. 다시 말해 모든 물질이 원자라는 입자로 구성되었다는 것을 납득시키기 위해서는 원자의 수를 세는 방법을 제시할 수 있어야 했지만 돌턴은 그것을 해내지 못했던 것이다.

원자의 수를 세는 데 성공하다

원자의 수를 세는 간단한 방법을 제시한 것은 게이뤼삭과 아보가드로였다. 게이뤼삭이 두 종류의 기체가 화합하는 경우 두 기체의 중량뿐만 아니라 부피도 간단한 정수비를 이루는 현상을 발견한 것은 결합수를 결정하는 새로운 방법의 가능성을 제시했다.

그는 수소와 산소가 결합하여 물을 만드는 경우 반응하는 수소와 산소의 부피의 비가 2 : 1인 것을 알아냈다. 그는 다른 기체의 반응도 조사했고, 마침내 1809년, 반응하는 기체의 부피의 비는 간단한 정수비가 된다고 발표했다.

게이뤼삭의 이러한 발견을 기초로 아보가드로는 1811년에 서로 다른 원소라도 같은 온도, 같은 압력, 같은 부피에는 같은 수의 입자가 들어 있다는 가설을 발표했다. 이 가설에 따라 이제 화학반응에 참가하는 원자들의 개수의 비를 쉽게 알 수 있게 되었다. 눈에 보이지 않는 원자의 수를 세는 대신 기체의 부피만 측정하면 원자의 개수의 비를 알 수 있었기 때문이다.

그러나 아보가드로의 가설은 널리 받아들여지지 않았다. 아보가드로의 가설로는 설명하기 곤란한 문제가 있었다. 수소 1부피와 염소 1부피가 결합하여 2부피의 염화수소를 만드는 현상이었다.

$$H_2 + CL_2 \rightarrow 2HCL$$

 아보가드로의 가설이 옳다면, 수소와 염소의 원자는 화합 과정에서 2개로 분열해야 했다. 그것을 설명하기 위해 아보가드로는 수소와 염소가 2개의 원자가 결합된 이원자 분자라고 주장했다. 그러나 같은 원자끼리는 반발해야 한다는 것이 당시의 일반적인 견해였으므로 쉽게 받아들여지지 않았다. 특히 당시의 화학계를 이끌고 있던 이왼스 야코프 베르셀리우스는 강력하게 이원자 분자의 존재를 부정했다. 그리하여 아보가드로의 가설이 받아들여지는 데는 50여 년의 시간이 필요했다.
 1820년대부터 1860년대까지 원자설은 화학계에서 그다지 중요한 역할을 하지 못했다. 대부분의 화학자들은 원자의 결합수에 대한 불확실한 추측을 포함하는 원자량을 채용하지 않았고, 아보가드로의 가설을 받아들이지 않았으므로 원자의 결합수를 밝히는 일반적인 방법을 찾지 못하고 있었다.
 1860년대까지 화학계는 대단한 혼란을 겪어야 했다. 그 당시의 많은 화학자들은 화학식을 제멋대로 기록했다. 케쿨레가 쓴 화학 교과서에 초산의 화학식이 무려 19종류나 기록되어 있는 것은 이 혼란이 어느 정도였는지를 단적으로 나타낸다. 이러한 혼란을 해결하기 위하여 1860년 9월 3일, 독일 카를스루에에서 최초의 국제화학회의가 개최됐다. 이 회의에서 이탈리아 제노바 대학의 교수 스타니슬라오 칸니차로는 아보가드로의 가설을 역설하고 자신이 1858년 발표한 논문의 사본을 참석자들에게 배포했다.

  이 논문에서 칸니차로는 아보가드로의 가설을 받아들였을 때의 결과에 대해 자세히 설명했다. 그는 수소 기체의 분자량은 수소 원자를 1로 하여 결정한 원자량의 2배라는 것을 밝혔다. 그 이유는 기체의 분자가 두 개의 원자로 이루어졌으며, 다른 기체 또는 화합물은 같은 온도, 같은 부피, 같은 압력에서 같은 수의 입자를 가지고 있기 때문이라고 설명했다.

  증기밀도는 쉽게 측정할 수 있었으므로 같은 원소로 이루어진 많은 화합물의 분자량을 측정할 수 있었다. 칸니차로의 이러한 설명은 대부분의 화학자들을 설득시켰고, 이로써 아보가드로의 가설이 널리 받아들여지게 되었다. 아보가드로의 가설은 여러 원소의 확정적인 원자량과 여러 가지 화합물의 결합수를 쉽게 결정할 수 있게 했다. 여러 원소의 원자량과 원자가가 결정되자 원자로 이루어진 화합물의 구조모형이 만들어졌다. 화합물의 반응을 통해 구조모형의 진실성을 검사할 수 있었고, 또한 반대로 구조를 생각해내면 새로운 반응의 가능성을 예측할 수 있었다. 이로써 화학은 점차 새로운 시대로 접어들었다.

4 엔트로피는 절대 감소하지 않는다

클라우지우스의 「열의 동력에 관해서」

"왜 열은 높은 온도에서 낮은 온도로만 흐르며, 열기관의 효율에 한계가 있는가."

연료가 필요 없는 증기기관

열은 우리의 생활과 밀접한 관계가 있다. 인류가 열을 이용하여 난방을 하고 요리를 하기 시작한 것은 역사가 문자로 기록되기 훨씬 전부터의 일이다. 그러나 열을 과학적인 방법으로 체계적으로 연구하기 시작한 것은 그리 오래되지 않았다. 열과 관계된 현상을 단편적으로 기술한 사람들은 있었지만, 체계적으로 연구하기 시작한 사람은 프랑스의 사디 카르노라고 할 수 있다.

아버지에게 교육을 받은 카르노는 당시 프랑스에서 가장 유명했던 에콜 폴리테크니크를 졸업하고 군인이 되었다. 그러나 나폴레옹이 황제로 있을 때 장관을 지냈던 그의 아버지가 나폴레옹이 전쟁에서 진 후 독일로 망명하자, 카르노는 군대를 떠나 대학으로 돌아왔다. 그는 이때부터 열기관에 관심을 가지고 더 성능이 좋은 열기관을 만들기 위한 이론적 연구에 몰두했다.

당시에는 수증기를 이용한 증기기관이 널리 사용되고 있었다. 영국의 제임스 와트가 끓는 물이 들어 있는 주전자의 뚜껑이 들썩거리는 것을 보고 수증기의 힘을 이용하여 움직이는 열기관을 만들었다는 이야기는 잘 알려져 있다.

열기관을 처음 발명한 사람은 제임스 와트가 아니다. 열기관은 그 이전부터 이미 사용되고 있었다. 1700년대 초에 토머스 뉴커먼이라는 사람은 수증기의 힘을 이용하여 광산에서 물을 퍼 올리는 기계를 만들어 사용했다. 제임스 와트는 1763년 글래스고 대학에 있는 뉴커먼의 증기기관 모형을 수리한 일이 계기가 되어 증기기관에 관심을 갖기 시작했다. 와트는 고장 난 뉴커먼의 증기기관을 개량하여 더욱 성능이 좋은 증기기관을 만들었다. 그가 개량된 증기기관을 발명한 것은 대략 1780년경이었다.

증기기관으로 바퀴를 회전시켜 달리는 기관차를 처음 만든 것은 와트가 증기기관을 발명한 직후인 1769년의 일이었다. 프랑스의 니콜라 퀴뇨는 철로 위를 시속 3.6킬로미터의 속도로 달리는 증기기관차를 만들어 15분간 움직이는 실험을 했다. 하지만 그 기차는 속도가 느렸고 큰 힘을 내지 못해 실용적으로 사용할 수 없었다. 영국의 조지 스티븐슨이 증기기관차에 관심을 가지고 연구를 시작한 것은 1814년 무렵부터였고, 그가 만든 증기기관차가 스톡턴과 달링턴 사이를 처음으로 달린 것은 1825년의 일이었다.

증기기관을 이용하여 움직이는 증기선을 발명하려고 시도한 사람도 여럿 있었는데, 공식적으로는 1807년에 미국의 로버트 풀턴이 처음으로 허드슨강에서 증기선을 운행한 것이 증기선의 시초라고 알려져 있다. 증기선은 인간이나 바람의 힘을 이용하는 배보다 훨씬 빠르고 멀리 운행할 수 있었다. 많은 이들의 관심 속에서 증기선은 빠르게 발전하기 시작했다.

풀턴이 허드슨강에서 증기선을 운행한 이후 5년 동안에 증기선의 수는 10척으로 늘어나 미시시피강에서도 운행되기 시작했다. 대서양을 횡단하는 증기선이 처음으로 나타난 것은 1819년이었다. 서배너호는 증기기관을 이용하여 1819년 5월 24일부터 6월 20일까지 29일 11시간 만에 미국의 서배너에서 영국의 리버풀까지 항해했다.

이처럼 초기의 증기기관은 주로 영국에서 개발되었다. 그에 반해 뒤늦게 연구를 시작한 프랑스의 증기기관들은 성능이 그다지 좋지 않았다. 영국에서는 더 좋은 증기기관을 만들기 위한 많은 연구가 진행되고 있

카르노는 열을 이용하여 동력을 발생시킬 때는 항상 고온에서 저온으로 열이 이동하는 현상이 동반된다는 사실에 주목했다.

었다. 이 사실을 알게 된 카르노는 프랑스의 산업을 일으키기 위해서는 성능이 탁월한 증기기관을 만들어야 한다고 생각했다. 그는 성능이 좋은 증기기관을 만들기 위해서는 우선 열기관이 작동하는 원리와 열기관의 효율에 대하여 알아야 한다고 생각했다.

  열과 열기관에 대한 연구를 시작한 카르노는 28세 때인 1824년에 「불의 동력 및 그 힘의 발생에 적합한 기계에 관한 고찰」이라는 논문에서 열기관의 작동원리를 체계적으로 분석했다. 그러나 이 논문은 사람들의 관심을 끌지 못하다가 80년이 지난 후에야 널리 알려지게 되었다.

  카르노는 이 논문에서 지구 대기권에서 일어나는 여러 가지 변화, 즉 구름의 이동, 눈과 비 같은 현상이 모두 열 때문이며, 지진이나 화산 폭발의 원인도 모두 열이라고 주장했다. 그는 열이 가지고 있는 동력을 이용하는 열기관의 중요성에 비해 열기관에 대한 연구가 제대로 이루어지지 않는 데 대해 다음과 같이 설명한다.

열기관을 이용한 항해는 아주 멀리 떨어진 여러 나라 국민들을 가깝게 해주었다. 여행 시간, 노고, 불안, 위험 등을 줄이는 것은 거리를 가깝게 하는 것과 마찬가지가 아닐까? 그러나 열기관이 이렇게 널리 이용되고 있지만, 그 이론에 대해서는 거의 아무것도 연구되지 않고 있다. 열기관을 개량하려는 시도는 졸속으로 이루어지고 있을 뿐이다.

또한 카르노는 자신의 연구계획을 다음과 같이 기술했다.

종종 이러한 의문들이 떠오른다. 열의 효율에는 한계가 있는가 또는 없는가? 그리고 열기관을 개량할 수 있는 가능성은 어떤 수단을 통해서도 뛰어넘을 수 없는 사물의 본성에서 오는 한계에 의해 제한되어 있는가, 아니면 어떤 한계도 없을까? 동력을 발생시키는 데 수증기보다 더 좋은 물질은 없는가? 예를 들어 이 문제와 관련해서 공기가 어떤 이점은 없을까? 이런 문제를 깊이 생각해보고자 한다.

카르노가 사물의 본성에서 오는 한계라고 언급한 것은 열기관의 구조나 종류에 관계없이 보편적으로 적용되는 한계를 의미했다. 즉 어떤 열기관도 넘어설 수 없는 원리적인 한계가 있느냐 하는 의문이었다. 카르노는 이러한 한계를 설명하기 위해 열기관을 높은 곳에서 떨어지는 물을 이용해 움직이는 수차와 같은 기계에 비유했다. 물에서 얻을 수 있는 동력은 물의 낙차와 유량을 통해 정해지는 최댓값을 절대 넘을 수 없다. 이는 수차의 종류에 관계없이 역학의 원리에 의해 정해지는 한계다. 카르노는 열기관에도 열기관의 종류와는 관계없이 언제나 적용되는 어떤 한계가 있을 것이라고 생각했다.

카르노는 열을 이용하여 동력을 발생시킬 때는 항상 고온에서 저온으로 열이 이동하는 현상이 동반된다는 사실에 주목했다. 물을 끓여 만든 수증기를 이용해서 동력을 얻는 증기기관의 경우, 먼저 석탄이나 나무를 태워서 고온의 증기를 만든다. 이 수증기는 피스톤을 움직인 후 온도가 낮은 곳으로 배출된다. 만약 외부의 온도가 수증기의 온도와 같다면 증기기관은 작동하지 않을 것이다. 휘발유를 이용해 움직이는 자동차 엔진도 마찬가지다. 엔진 내부에서 휘발유를 태워 고온의 기체를 만들면 이 기체가 팽창하면서 피스톤을 밀어내 동력을 만들어낸다. 그 후 열은 온도가 낮은 주변으로 방출된다. 만약 외부 온도가 엔진 내부의 온도와 같다면 엔진은 작동하지 않을 것이다.

증기기관에서는 수증기나 물이 중요한 역할을 한다. 그런데 카르노는 물이나 수증기는 단지 열을 운반하는 역할을 할 뿐이고, 동력을 발생시키는 주역은 열 그 자체라고 생각했다. 열의 실체가 무엇인지는 당시에 확실하게 알려져 있지 않았다. 어떤 사람은 그것을 물질을 이루는 작은 부분의 눈에 보이지 않는 운동 때문에 나타나는 현상이라고 했고, 또 어떤 사람은 열소라는 물질이라고 생각했다.

그 당시 이미 열량이란 개념이 확립되어 있어서 열을 양적으로 측정할 수는 있었다. 앞에서 언급했듯이 라부아지에도 열량을 측정할 수 있는 얼음 열량계를 발명했다. 카르노는 열의 실체에 대해 어떤 생각을 택해야 할지 곤혹스러워하다가 열도 하나의 물질이라는 열소설을 택했다. 아마도 그가 열기관을 수차와 유사한 것으로 보았기 때문이었을 것이다.

카르노가 주목한 사실이 또 하나 있다. 물체의 부피나 형태가 변화하면 온도 차가 없어도 열이 이동할 수 있다는 사실이었다. 기체를 팽창시키면 온도가 내려가 주위의 열을 흡수하고, 압축하면 온도가 올라가 주위로 열이 흘러가는 현상이 그것이다. 반대로 온도가 올라가면 기체가 팽창하고 온도가 내려가면 부피가 줄어든다.

　카르노는 열기관은 열을 이용해 물체의 부피나 형태를 변화시키도록 하여 동력을 얻어내는 것이라고 생각했다. 그러니까 열기관에서는 두 가지 변화가 일어난다고 본 것이다. 하나는 열이 높은 온도에서 낮은 온도로 흘러가는 것이고, 또 하나는 열이 물체의 형태나 부피를 변화시키는 것이었다.

　따라서 그는 열기관의 성능을 향상시키기 위해서는 열이 높은 온도에서 낮은 온도로 흘러가는 것을 최소로 하고 가능하면 많은 열이 물체의 부피나 형태를 바꾸는 데 사용되도록 하면 될 것이라고 생각했다. 그는 이러한 생각을 바탕으로 가장 효율이 높은 이상적인 열기관을 생각해냈다. 작동하는 모든 과정에서 열소의 이동이 물체의 부피 변화 또는 형태 변화를 통해서만 일어나도록 하고, 온도 차에 의한 열의 이동은 일어나지 않게 한 열기관이었다. 카르노가 구상한 이 열기관을 카르노 기관이라고 한다.

　카르노 기관의 작동 원리는 간단하다. 열기관이 높은 열원에서 열을 흡수할 때는 열을 흡수함과 동시에 서서히 부피를 팽창시켜 높은 열원의 온도와 같은 온도를 유지하도록 한다. 그렇게 하면 열이 높은 온도에서 낮은 온도로 흐르지 않게 하면서도 열을 흡수할 수 있다. 일단 열을 흡수한 후에는 열이 흘러나가거나 들어오지 못하게 하면서 부피를 팽창시켜 온도를 낮은 열원의 온도로 낮춘다. 그 후에는 부피를 감소시키면서 낮은 온도로 열을 내보낸다. 이때도 열기관의 온도는 낮은 열원의 온도와 같게 유지한다. 그렇게 하면 이번에는 열이 높은 온도에서 낮은 온도로 흐르지 않으면서도 낮은 열원으로 열을 방출할 수 있게 된다. 열을

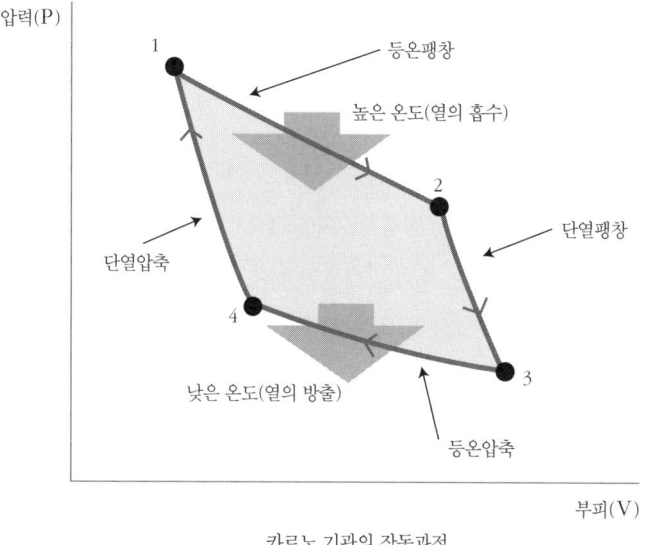

카르노 기관의 작동과정

모두 방출한 후에는 열의 흐름을 차단하고 압축하여 온도를 올리면 처음의 상태로 돌아가게 된다.

이 기관이 이상적으로 작동하려면 열을 흡수하거나 방출할 때 열원과 열기관 사이에 온도 차가 생기면 안 되기 때문에 열기관은 평형 상태를 유지하면서 매우 천천히 움직여야 한다. 이렇게 평형 상태를 유지하면서 변화가 천천히 이루어지는 과정을 준정적 과정이라고 부른다. 그러나 실제 열기관은 이렇게 천천히 작동할 수 없다. 따라서 카르노 기관은 실제 열기관에 적용할 수 없는 이상적인 열기관이다.

카르노 기관은 등온팽창과 등온압축, 단열팽창과 단열압축의 네 과정으로 이루어진 열기관이다. 온도를 일정하게 유지하면서 부피와 압력을 변화시키는 과정을 등온과정이라 하고, 열의 출입을 봉쇄하고 부피와 압력, 그리고 온도를 변화시키는 과정을 단열과정이라고 한다.

카르노 기관의 가장 큰 특징은 열이 높은 온도에서 낮은 온도로 흐른 적이 없기 때문에 반대 방향으로 작동할 수도 있다는 것이다. 높은 온도에서 열을 흡수하고 낮은 온도로 열을 방출하면서 일어나는 부피의 변화가 동력을 생산했다면 같은 양의 동력을 가해주면 반대 방향으로도 작동할 수 있다. 이렇게 반대 방향으로도 작동할 수 있는 열기관을 가역기관이라고 한다. 카르노는 카르노 기관과 같은 가역기관의 효율은 열기관을 통해 얻을 수 있는 효율의 최댓값이라는 것을 증명했다. 다시 말해 어떤 열기관도 카르노 기관보다 높은 효율을 가질 수 없다는 것이다.

카르노의 증명은 매우 간단했다. 그는 카르노 기관보다 더 효율이 좋은 열기관이 있다면 무에서 동력이 창조되는 있을 수 없는 일이 일어난다는 것을 보여주었다. 카르노 기관보다 더 좋은 열기관은 같은 양의 열을 높은 온도에서 낮은 온도로 보내면서 더 많은 동력을 만들어낸다. 만약 이런 열기관 옆에 가역기관을 설치하고 이 열기관이 생산하는 동력을 이용해 가역기관을 거꾸로 작동시켜 낮은 온도로 흘러온 열소를 다시 높은 온도로 돌려보내면 모든 열소를 돌려보내고도 여분의 동력이 남게 된다. 결국 무에서 동력을 창조해낸 것이 되는 것이다.

이렇게 무에서 동력을 만들어낼 수 있는 기관이 영구기관이다. 그러나 이런 일은 가능하지 않다. 인간이 기계를 만들기 시작하면서부터 영구기관을 만들려는 무수한 시도가 있었지만, 모두 실패로 끝났다. 사람들은 열을 이용하지 않는 기계의 경우에는 역학의 원리에 근거해 영구기관을 만들 수 없다는 것을 알게 되었다. 카르노는 이런 결론에 근거해서 열기관에도 역시 영구기관 불가능의 원리가 적용될 것이라고 생각했다. 따라서 가역기관, 즉 카르노 기관보다 효율이 좋은 열기관은 존재할 수 없다는 결론을 얻을 수 있었다.

또한 이로부터 카르노는 동일한 온도 차 사이에서 작동하는 가역기관의 효율은 모두 같아야 한다는 결론도 얻을 수 있었다. 이때 가역기관의 열효율은 열기관의 종류에 관계없고 두 열원의 온도 차에 의해서만 결정된다고 했다. 카르노는 이 결론을 자신의 논문에서 다음과 같이 정리하고 있다.

열기관의 효율은 동력을 생산하기 위해 사용하는 작업물질과 관계가 없다. 생산된 동력의 양은 열소가 이동하는 두 물체의 온도에 의해서만 정해진다. 단 동력을 발생시키는 방법은 가능한 한 완벽해야 한다. 다시 말하면, 온도 차가 있는 물체끼리의 접촉이 존재하지 않아야 한다.

카르노는 이상기관은 반대방향으로의 운전이 가능한 가역기관이라는 것과 영구기관은 가능하지 않다는 일반적 원리를 연관시켜 이러한 결론을 이끌어냈다. 그러나 카르노는 열을 열소라는 물질로 보았고 열기관에서는 열소가 높은 온도에서 낮은 온도로 이동하는 과정에서 동력이 발생한다고 생각했다. 이러한 카르노의 생각은 잘못된 것이었지만 카르노가 얻은 결론은 열기관의 작동을 설명하는 핵심적인 내용으로서 옳은 것이었다.

그 당시의 학자들은 모르고 있었지만 이제 열역학의 과제는, 열이 물질의 화학작용이라는 열소설의 입장을 따르지 않고도 어떻게 카르노가 얻어낸 결론을 설명하느냐 하는 것이었다. 그 일을 해내기 위해서는 우선 열이 열소라는 물질이 아니라 에너지라는 것을 밝혀내야 했다.

열도 에너지다

카르노 시대에는 열이 열소라는 물질의 작용이라는 생각이 널리 받아들여지고 있었지만 다른 주장을 하는 사람도 없지는 않았다. 18세기가 끝날 무렵 럼퍼드는 놋쇠를 깎아 대포 포열을 만드는 과정에서 많은 열이 발생하는 것을 보고, 역학적 일과 그 일에서 발생하는 열 사이에 밀접한 관계가 있음을 발견했다.

벤저민 톰슨이라고도 불렸으며, 미국에서 태어나 영국을 비롯해 폴란드, 독일, 프랑스 등에서 활동한 물리학자 럼퍼드는 과학자로서보다는 정치가이자 사업가로 오랫동안 일을 한 사람이지만 열에 대한 연구로 후세에 이름을 남겼다.

럼퍼드는 한때 대포를 만들어 파는 사업을 했다. 그 당시에는 커다란 쇳덩어리 가운데를 천공기로 뚫어서 대포를 만들었다. 천공기로 쇳덩어리의 한가운데를 뚫으면 쇠 부스러기가 나오면서 열이 발생했다. 처음에는 그도 다른 사람들처럼 금속 사이에 잡혀 있던 열소가 나와서 열이 생기는 것이라고 생각했지만 그런 설명으로는 도저히 설명할 수 없는 현상들을 발견했다. 천공기가 날카로워서 금속이 잘 깎여나가 많은 부스러기가 쌓일 때는 열이 덜 발생하고, 날이 무뎌져서 잘 깎이지 않을 때는 오히려 열이 더 많이 발생하는 것이었다.

그뿐만 아니라 금속을 깎아낼 때 발생하는 열을 모으면 금속을 녹이고도 남을 정도라는 것을 알게 되었다. 그는 금속이 그렇게 많은 열을 낼 수 있는 열소를 가지고 있다는 것을 믿을 수가 없었다. 게다가 금속을 깎을 때 나오는 부스러기는 이제 열소를 모두 빼앗겨버려 열의 성질을 가지고 있지 않아야 했는데, 이것을 마찰하자 다시 열이 발생했다. 그래서

대포를 만드는 공정을 묘사한 판화. 럼퍼드는 천공기가 날카로워서 금속이 잘 깎일 때는 열이 덜 발생하고, 날이 무뎌 잘 깎이지 않을 때는 열이 더 많이 발생하는 현상을 발견했다.

럼퍼드는 열은 금속에 들어 있던 열소라는 눈에 보이지 않는 물질 때문에 생기는 것이 아니며 운동에너지의 일부가 열로 바뀐 것이라고 주장했다.

영국의 험프리 데이비 역시 재미있는 실험을 했다. 그는 얼음에 열을 가하지 않고 그냥 비비기만 해도 얼음이 녹는다는 것을 실험을 통해 보여주었다. 얼음을 녹인 열이 외부에서 들어온 열소에 의해 나온 것이 아니라 얼음을 비비는 데 사용된 운동에너지의 일부가 열로 바뀌어 얼음을 녹였다는 증거였다. 데이비는 진공 속에서 두 개의 금속을 마찰시킬 때 발생하는 열로 초를 녹이는 실험을 하기도 했다.

카르노도 열이 에너지가 아닐까 하고 추측을 했다는 흔적이 남아 있다. 사후에 발견된 그의 노트에서 "럼퍼드의 실험, 마차와 그 굴대나 축의 마찰. 실험할 것"이라는 메모가 발견되었다. 그는 "만약 열이 운동에 의해 만들어진다고 하면, 운동에 의해 물질이 만들어지는 것을 인정하지 않으면 안 되는가"라고 자문하고 "물론 아니다. 운동으로부터 생길 수 있는 것은 운동뿐이다"라고 답했다. 그러면서 "열이 운동을 통해 생긴다면 반대로 열에서 운동을 얻어낼 수 있을 것이다. 그렇다면 열기관이 고온의 열원만으로는 안 되고 저온의 열원이 꼭 있어야 작동하는 것은 무엇때문일까?"라고 되묻고 있다.

문제는 열기관이 작동하려면 반드시 고온의 열원과 저온의 열원이 있어야 한다는 것이었다. 만약 열을 에너지라고 한다면, 열기관이 작동하려면 항상 고온과 저온의 열원이 있어야 하는 이유를 이해할 수 없었다. 에너지의 상호변환이 가능하다면 어째서 온도가 다른 두 열원이 필요하단 말인가? 그래서 카르노는 열과 동력의 관계를 더 깊이 탐구할 필요가 있다는 메모를 남겼다. "럼퍼드의 실험을 물속에서 해볼 것. 금속에 구멍을 뚫는 실험을 물속에서 하고, 그때 생긴 열과 사용된 동력의 관계를 조사할 것. 그 실험을 여러 금속이나 목재 등으로도 해볼 것."

그러나 카르노는 그 실험을 하지 못한 채 36세의 젊은 나이에 콜레라로 죽고 말았다. 카르노가 하지 못한 실험은 그가 죽은 지 11년이 지나서 제임스 프레스콧 줄이 해냈다. 일과 열의 관계를 밝혀낸 줄은 1818년에 영국의 부유한 양조장집 아들로 태어났다. 어렸을 때부터 가정교사를 두고 공부했는데 원자론을 발표한 돌턴에게 한때 배우기도 했다. 그는 집안에 실험실을 차려놓고 여러 가지 실험을 하면서 공부했다. 줄이 20대였던 1840년대에는 열·전기·자기·화학변화·운동에너지가 서로 변환될 수 있는 에너지라는 것을 과학자들이 어느 정도 인정하기 시작한 때였다. 하지만 이들 사이의 정확한 관계에 대해서는 아직 밝혀지지 않은 부분이 많았다.

줄은 공부를 하면서 가족이 운영하는 양조장에서 일하고 있었다. 그는 전기에 대해서도 관심이 많았다. 이 당시에는 이미 전기를 이용하여 동

줄은 열과 일당량의 관계를 밝혀내어 열에너지 개념을 증명했다.

력을 얻어내는 전기 모터가 발명되어 사용되기 시작했다. 줄은 처음에 전기 모터를 이용하면 무한한 동력을 얻을 수 있을 거라고 생각했지만, 곧 전기 모터로 무한한 에너지를 얻는 것은 불가능하다는 사실을 알게 되었다.

그래서 줄은 전기를 이용하면 얼마나 많은 양의 열을 만들어낼 수 있는지 알아보기 위한 실험을 시작했다. 그는 전기를 흘려가면서 이때 발생하는 열을 이용해 물을 데우며 물의 온도를 측정하여 발생한 열의 양을 계산했다. 처음에는 도선에 흐르는 전류의 세기를 바꿔가면서 일정한 시간 동안에 물의 온도가 얼마나 올라가는지 살펴보았다. 그랬더니 전류의 세기가 두 배가 되면 온도는 네 배나 올랐다. 전류의 세기가 세 배가 되면 온도는 아홉 배가 올랐다. 이는 발생하는 열의 양이 전류의 제곱에 비례한다는 뜻이었다.

줄은 이러한 실험을 통해 물의 온도를 측정하여 발생하는 열의 양을 정확하게 재는 방법을 알게 되었다. 물론 이런 방법은 이미 알려져 있었지만 실험을 통해 발생하는 열의 양을 정확하게 측정할 수 있게 된 것은 매우 중요한 경험이었다.

전기로 만들어내는 열의 양을 측정한 줄은 이번에는 물체가 높은 곳에서 낮은 곳으로 떨어질 때 나오는 에너지를 이용하여 발생시킬 수 있는 열의 양이 얼마인가를 알아보는 실험을 시작했다. 추가 낙하할 때 추에 연결된 회전날개가 물을 휘젓도록 하고 그때 발생하는 열량을 측정하여 열의 일당량을 결정하는 실험이었다. 이렇게 하여 열과 일의 당량 관계가 나오자, 열소설은 차츰 사라지기 시작했다. 사람들이 열소설 대신 열에너지라는 개념을 받아들이게 된 것이다.

독일의 의사인 마이어는 음식물이 몸 안으로 들어가서 열로 변하고, 이것이 운동에너지로 변한다고 생각했다. 그는 음식물에 들어 있는 화학에너지는 열에너지로도 변할 수 있고 운동에너지로도 변할 수 있지만 전체적인 양은 줄어들거나 많아지지 않으므로 전체 에너지의 양은 항상 일정하다고 주장했다. 이러한 열에너지를 포함한 일반화된 에너지 보존법칙은 마이어와 헬름홀츠에 의해 확립되었다. 그러나 열이 에너지라는 것이 밝혀졌다고 해서 열기관의 작동원리를 제대로 이해한 것은 아니었다. 열이 에너지라 하더라도 열기관이 작동하기 위해 고온의 열원과 저온의 열원이 꼭 필요한 이유는 무엇일까 하는 카르노의 의문은 아직 풀리지 않고 남아 있었다.

마이어와 헬름홀츠의 에너지 보존법칙에 따르면 고온의 물체가 지닌 열에너지가 저온의 물체 없이 모두 동력으로 전환된다고 해도 문제가 없다. 열을 동력으로 바꾸기 위해서 고온의 열원과 저온의 열원이 필요한 것은 과연 에너지 보존법칙과 어떤 관계가 있는 것일까? 이 문제의 해답을 얻기 위해서는 카르노의 논문을 출발점에서부터 재고하지 않으면 안 되었다. 줄은 카르노가 열소설을 취했다는 이유로 그의 논리를 불신했을 뿐만 아니라, 열효율에 상한선이 있다는 원리도 잘못되었다고 단정했다.

한편 영국의 윌리엄 톰슨은 카르노가 얻은 결론의 중요성을 알아차렸다. 그는 마이어와 헬름홀츠가 제시한 에너지 보존법칙을 받아들이는 동시에 열기관의 효율에 최댓값이 존재한다는 카르노의 생각도 버리지 않으려고 했다. 발표 후 80년 동안이나 잊혀져 있던 카르노의 논문을 찾아내어 세상에 소개한 사람이 바로 1845년경 파리에서 유학 중이던 톰슨이었다. 당시 21세였던 그는 이상적 열기관의 효율이 열기관의 종류에 관계없이 두 열원의 온도 차이에 의해 결정된다는 카르노의 원리와 그 결론을 유도한 증명 방법을 보고 크게 감탄했다. 후에 작위를 받아 켈빈 경이 되는 그는 열기관의 문제를 넘어서 열의 본성에 관한 무언가가 그 논문 속에 숨어 있다고 생각했다.

톰슨은 1848년에 카르노의 이론을 이용하여 절대온도를 제안했다. 당시의 온도계는 가열에 의해 기체나 액체가 팽창하는 정도에 따라 온도를 측정하는 방식이었다. 사용하는 물질이 다르면 온도의 눈금이 일치하지 않았다. 그런데 카르노의 이론에 따르면 두 개의 이상기관이 같은 온도 사이에서 작동하면 같은 효율을 갖는다. 따라서 이상기관이 같은 효율을 갖는 온도 범위를 절대온도로 정하면 물질에 따라 눈금이 달라지지 않는 온도를 정할 수 있을 것이라고 생각한 것이다. 톰슨은 1854년에도 열기관이 같은 양의 일을 하는 온도를 한 눈금으로 정하는 절대온도를 다시 제안했다. 이런 노력에도 불구하고 톰슨은 열기관이 작동할 때 왜 고온과 저온의 열원이 필요한가 하는 문제의 해답을 찾을 수 없었다.

만약 열이 에너지라면 높은 온도에서 낮은 온도로 흘러가더라도 도중에 다른 에너지로 변하지 않는 한 전체 에너지의 양은 같아야 한다. 그러나 높은 온도에 있는 열은 낮은 온도로 흘러가지만, 낮은 온도에 있는 열은 높은 온도로 흘러가지 않는다. 이는 열을 에너지라고만 봐서는 이해할 수 없는 일이었다. 열이 낮은 온도에서 높은 온도로 흘러간다고 해도 에너지 보존법칙에 전혀 어긋나지 않기 때문이다.

열소설에서는 열소라는 물질이 흘러가기 위해서는 온도 차이가 필요하다고 설명하면 되었다. 그러나 이제 열소설은 거의 자취를 감추고 있었다. 만약 열이 열소가 아니라 에너지라고 하면 열소설을 바탕으로 한 카르노의 원리는 틀린 것이었다. 따라서 이를 기초로 한 톰슨의 절대온도도 의미 없는 것이 돼버릴 것이었다. 이 문제의 해결책을 제시해 열역학을 완성한 사람은 독일의 루돌프 클라우지우스였다.

클라우지우스와 열역학 법칙

클라우지우스는 1822년에 독일에서 목사의 아들로 태어났다. 18세가 된 그는 고등학교를 졸업한 후 베를린 대학에 진학했지만, 그때까지도 무엇을 공부해야 할지를 정하지 못하고 있었다. 처음에는 역사학을 공부해야겠다고 생각했지만 결국 수학과 물리학으로 방향을 바꿨다. 대학을 졸업한 후 잠시 고등학교에서 물리학과 수학을 가르치다가 24세가 되던 1846년에 대학원에 입학했고, 이듬해 할레 대학에서 박사학위를 받았다. 클라우지우스의 박사학위 논문은 왜 하늘이 푸른색으로 보이는가 하는 의문에 관한 내용이었다.

그는 박사학위를 받고 2년 후인 1850년에 열이 무엇인가에 관한 연구 논문을 발표했는데 제목이 「열의 동력에 관해서」였다. 열역학 제1법칙

클라우지우스는 열 현상을 설명하는 데 없어서는 안 되는 엔트로피라는 개념을 처음으로 제시했다.

과 제2법칙을 언급하고 있는 역사적으로 매우 중요한 논문이었다.

그는 이 논문을 발표한 후 취리히 대학, 뷔르츠부르크 대학, 뮌헨 대학에서 교수로 지내면서 열역학에 대한 연구를 계속했다. 1870년 비스마르크가 이끄는 독일과 프랑스가 전쟁을 벌일 당시 클라우지우스는 본 대학에 재직하고 있었다. 이때 클라우지우스는 50세여서 군대에 가기에는 나이가 너무 많았지만, 애국심에 불타는 그는 학생들과 함께 의무부대를 조직해서 전선으로 달려갔다.

이 전쟁에서 그는 훈장 두 개를 받았다. 하나는 국가에서 주는 철십자 훈장이었고 하나는 다리에 입은 부상이었다. 클라우지우스의 애국심은 학문분야에서 문제를 일으키기도 했다.

당시 독일도 열에 관한 연구를 진행하고 있었지만, 영국과 프랑스도 활발한 연구활동을 벌이고 있었다. 그러나 클라우지우스는 다른 나라 학자들이 이룬 업적을 인정하지 않으려고 했다. 그는 전쟁이 끝난 후 학교로 돌아와 열역학에 대한 연구를 계속했는데, 학교 행정에도 참여하여 1884년에는 본 대학의 총장이 되었다.

클라우지우스는 1850년에 발표한 「열의 동력에 관해서」라는 논문에서 열역학이 봉착하고 있던 문제를 해결하는 뜻밖의 해법을 제시했다. 카르노와 톰슨은 고온 물체만으로는 동력을 얻을 수 없다는 열의 기묘한 성질에 대해 수없이 질문하고, 이런 현상이 에너지 보존법칙과 양립할 수 있는 방법을 찾기 위해 노력했지만 해답을 구하지 못했다. 그러나 클라우지우스는 그들과 전혀 다른 방법을 사용했다. 클라우지우스가 열역학을 확립시키는 데 결정적인 역할을 했다고 평가할 수 있는 것은 그가 제시한 해법이 획기적이었기 때문이다.

클라우지우스는 왜 그런 현상이 일어나는지를 질문하는 대신 그 성질을 열의 본성으로 받아들이기로 했다. 그렇게 생각해도 아무런 모순 없이 보존법칙과 양립할 수 있을 뿐만 아니라, 에너지 보존법칙과 이 새로운 사고가 상호보완적이라는 것을 보여주었다. 동시에 잘못된 가설을 기초로 하여 유도된 카르노의 원리도 새로운 해결책을 통해 원래의 형태 그대로 유도할 수 있었다. 클라우지우스는 두 가지 기본 법칙을 기초로 삼아 그 위에 열역학 체계를 세웠다. 클라우지우스의 법칙을 그가 쓴 표현대로 정리하면 다음과 같다.

제1법칙 일은 열로, 열은 일로 변할 수 있다. 그때 한쪽의 양은 다른 쪽의 양과 같다.

제2법칙 열은 아무런 변화 없이 저온 물체에서 고온의 물체로 이동할 수 없다.

제1법칙은 마이어와 헬름홀츠 그리고 줄이 주장했던 에너지 보존법칙이다. 톰슨의 표현에 의하면 제2법칙은 다음과 같이 나타낼 수도 있다.

제2법칙 하나의 물체에서 열을 빼내 그것을 모두 같은 양의 일로 바꿀 수 있는 열기관은 존재하지 않는다.

이렇게 표현한 제2법칙과 클라우지우스의 제2법칙의 내용이 같다는 것은 간단히 증명할 수 있다. 만약 저온에서 고온으로 열이 저절로 흐를 수 없다는 클라우지우스의 표현이 틀리다면 고온에서 열을 받아 동력으로 바꾼 후 저온으로 버려지는 열을 다시 고온으로 돌리면, 열을 모두 일로 바꾼 것이 되어 톰슨의 표현도 틀리게 된다. 그러나 만약 톰슨의 표현이 틀리다면 낮은 온도에서 열을 받아 모두 일로 바꾼 후 높은 온도에서 다시 열로 바꾸면 열이 낮은 온도에서 높은 온도로 흘러간 것이 되어 클라우지우스의 표현도 틀리게 된다. 따라서 클라우지우스의 표현이나 톰슨의 표현은 같은 것임을 알 수 있다.

클라우지우스는 이 두 법칙을 이용하여 카르노의 원리도 유도할 수 있었다. 카르노는 고온의 열원에서 흡수된 열소가 마치 수차의 물처럼 양의 변화 없이 저온의 열원으로 운반된다고 생각했다. 그러나 열이 에너지라고 할 때, 그것이 운반되는 도중에 일을 하게 되면 당연히 일한 만큼 감소하게 마련이다. 그러므로 저온의 열원에 도달하는 열의 양은 감소하게 된다.

클라우지우스는 카르노의 원리를 증명하기 위해 카르노와 마찬가지로 이상기관보다 열효율이 더 좋은 열기관이 존재한다고 가정했다. 그런 열기관의 효율이 이상기관의 효율보다 좋으려면 고온의 열원에서 같은 양의 열을 흡수한 후 이상기관보다 더 많은 양의 일을 하고 대신 더 적은 양의 열을 저온의 열원으로 흘려보내야 한다. 이런 열기관 옆에 이상적인 열기관을 설치하고 이상기관보다 효율이 좋은 열기관이 생산하는 동력을 이용하여 이상기관을 반대 방향으로 작동시키면 이상기관보다 성능이 좋은 열기관이 높은 온도에서 낮은 온도로 흘려보낸 열보다 많은 양의 열을 높은 온도로 흘러가게 할 수 있다.

결국 그렇게 되면 낮은 온도에서 높은 온도로 열이 흘러간 결과가 된다. 이는 열은 항상 높은 온도에서 낮은 온도로 흘러야 한다는 열역학 제2법칙에 위배된다. 카르노는 이상기관의 열효율이 가능한 최대 효율이 아니라면 무에서 유를 창조하는 영구기관이 존재해야 한다는 이유로 이상기관의 효율이 모든 열기관의 최대 효율이라고 주장했다. 이상기관보다 더 효율이 좋은 열기관이 존재하면 열은 항상 높은 온도에서 낮은 온도로 흘러야 한다는 법칙에 위반되기 때문에 이상기관의 열효율이 열기관이 가질 수 있는 최대 효율이라고 주장한 것이다.

만약 이상기관보다 더 효율이 좋은 열기관이 존재한다면 그것은 에너지 보존법칙에 어긋나기 때문에 만들 수 없는 영구기관과는 또 다른 종류의 영구기관을 만들 수 있다는 것을 뜻한다. 이런 기관을 이용하여 낮은 온도에서 높은 온도로 열이 흘러가게 할 수 있다면 열기관이 작동하면서 낮은 온도로 버려지는 열과 동력으로 바뀌었다가 마찰로 인해 결국은 열로 바뀌어 버려지는 열을 다시 높은 온도로 끌어올려 재사용할 수 있게 된다. 그렇게 되면 외부에서 에너지를 가해주지 않아도 스스로 에너지를 반복해서 사용하는 기관을 만들 수 있게 된다. 열역학 제2법칙에 어긋나서 가능하지 않은 이런 영구기관을 제2종 영구기관이라고 부른다. 이에 따라 에너지 보존법칙에 위반되는 영구기관은 제1종 영구기관이라고 부르게 되었다.

  열이 흘러가는 방향을 정해주는 클라우지우스의 열역학 제2법칙은 에너지 보존을 이야기한 제1법칙과 전혀 충돌하지 않는다. 열의 흐름은 에너지의 총량에는 아무 영향을 주지 않기 때문이다. 제2법칙은 열과 관련된 중요한 현상을 설명할 수 있도록 했다. 따라서 열역학 제2법칙은 열역학 제1법칙을 보완하는 역할을 한다고 할 수 있다. 열역학 제1법칙으로부터 열의 흐름을 설명하려 한 톰슨과는 달리 열의 흐름 자체를 하나의 독립된 법칙으로 본 클라우지우스의 발상의 전환은 꼬였던 열역학의 매듭을 푸는 계기를 제공하게 되었다.

엔트로피란 무엇인가

  클라우지우스는 1850년에 발표한 논문 「열의 동력에 관해서」에서 열역학 제2법칙을 제안했다. 이는 단지 시작일 뿐이었다. 이후 그는 15년 동안 열역학 제2법칙을 더욱 일반적이고 단순한 형태로 나타내기 위한 연구를 계속했고 이에 관한 8편의 논문을 더 발표했다. 1850년에 발표한 논문에서도 이미 카르노 기관이 작동하는 동안 보존되는 양이 있다고 제안했으나 그 양에 이름을 붙이지는 않았다. 1854년에 발표한 논문에서도 그런 양의 존재를 이야기했지만, 이 양에 엔트로피라는 이름을 붙이고 정확하게 정의한 것은 1865년에 발표된 논문에서였다.

  앞에서 이야기한 것과 마찬가지로 카르노 엔진은 등온과정과 단열과정을 거치면서 고온의 열원에서 열을 흡수해 그중 일부를 동력으로 전환시키고 나머지 열을 저온의 열원으로 방출한다. 이때 열이 높은 온도에서 낮은 온도로 흐르는 일은 일어나지 않는다. 이런 과정을 거쳐 열기관은 원래의 상태로 돌아온다. 클라우지우스는 카르노 기관이 원래의 상태로 돌아오는 것은 카르노 기관이 작동하는 동안 보존되는 양이 있기 때문이라고 생각했다. 높은 곳에서 공을 떨어뜨리면 공은 바닥에 부딪힌 다음 원래의 높이까지 튀어 오른다. 그것은 공의 에너지가 보존되고 있었기 때문이다. 이처럼 원래의 상태로 돌아오기 위해서는 보존되는 어떤 양이 있어야 할 것이라고 생각한 것이다.

클라우지우스는 가역과정을 거치는 동안에 열량(Q)을 온도(T)로 나눈 값은 변함이 없을 것이라고 생각했다. 클라우지우스는 열원에서 열이 들어오고 나감에 따라 열량을 온도로 나눈 양(Q/T)도 들어오고 나갈 것이라고 추정했다. 열이 고온의 열원에서 열기관으로 흡수될 때는 이 양도 함께 흡수되어 열기관 내부에 축적되고, 열이 열기관에서 저온의 열원으로 흘러가면 이 양도 함께 흘러나간다고 가정했다. 가역과정을 거쳐 열기관이 처음의 상태로 돌아왔을 때 열기관이 가지고 있는 열량을 온도로 나눈 양(Q/T)은 기관이 작동하기 전과 같아야 한다. 따라서 열기관이 작동하는 동안 고온의 열원으로부터 흡수한 Q/T와 저온의 열원으로 내보낸 Q/T는 같아야 한다. 클라우지우스는 이 생각을 일반화하여 이상적인 열기관을 통해 원래 상태로 돌아간 경우뿐만 아니라 모든 과정을 거쳐서 최초의 상태로 돌아간다면 이 동안에 흡수한 Q/T와 방출한 Q/T는 같아야 한다는 생각에 도달하게 되었다.

클라우지우스는 열량을 온도로 나눈 이 양이 에너지와 비슷한 성격을 가질 것이라고 생각하고 이를 엔트로피라고 불렀다. 에너지의 어원은 힘이나 활력 등을 의미하는데, 엔트로피의 어원은 변화를 의미한다. 고온에서 저온으로 열이 흐르거나 열에너지가 역학적 에너지로 바뀌는 것과 같은 변화의 과정에서 엔트로피는 변화의 방향을 나타내는 양이기 때문이다. 다시 말해 모든 변화는 열량을 온도로 나눈 값인 엔트로피가 증가하는 방향으로만 일어난다.

열 현상을 설명하는 데 없어서는 안 되는 엔트로피라는 개념은 클라우지우스의 뛰어난 상상력 덕분에 세상에 그 모습을 드러낼 수 있었다. 그리고 이제 열역학 이론은 단순히 열기관과 관계된 현상뿐 아니라 일반적인 열 현상에도 적용할 수 있게 되었다. 톰슨은 클라우지우스보다 늦게 출발했지만, 일단 실마리가 풀리기 시작하자 여러 이론을 확충하고 정비해 열역학의 적용 범위를 확장했다. 역학에서 에너지 보존법칙이 자연 현상을 설명하는 커다란 틀로서 중요한 의미를 가지듯이, 엔트로피 증가의 법칙 역시 중요한 의미를 가지게 되었다.

엔트로피 증가의 법칙은 열이 높은 온도에서 낮은 온도로 흐르는 것을 쉽게 설명할 수 있다. 같은 양의 열이 높은 온도에서 낮은 온도로 흐르면 높은 온도에서는 열과 함께 엔트로피를 잃고 낮은 온도에서는 열과 함께 엔트로피를 얻는다. 이때 높은 온도가 잃은 열량이나 낮은 온도가 얻은 열량은 같지만 엔트로피는 같지 않다. 열량을 온도로 나눈 것이 엔트로피인데 고온의 열원은 온도가 높으므로 잃는 열량이 작고 저온의 열원은 온도가 낮으므로 얻은 열량이 크다. 따라서 열의 흐름으로 인해 얻은 열량과 잃은 열량을 합하면 전체적으로 엔트로피가 증가하게 된다. 만약 열이 낮은 온도에서 높은 온도로 흐르게 되면 엔트로피는 감소하는데, 이는 엔트로피 증가의 법칙에 어긋나는 것이다.

열에너지가 운동에너지로 모두 바뀔 수 없는 것도 엔트로피 증가의 법칙을 사용하면 쉽게 설명할 수 있다. 운동에너지나 위치에너지 같은 역학적 에너지의 엔트로피는 0이다. 따라서 역학적 에너지가 열에너지로 바뀌는 것은 없던 엔트로피가 생겨나는 것이므로 엔트로피 증가의 법칙에 어긋나지 않는다. 그러나 열에너지가 모두 운동에너지로 바뀌면 있던 엔트로피가 0으로 되는 것이므로 엔트로피 증가의 법칙에 어긋난다. 따라서 열기관에서는 고온의 열원에서 열을 흡수하면서 함께 흡수한 엔트로피와 적어도 같은 양의 엔트로피를 저온의 열원으로 돌려주어야 한다. 그래야만 엔트로피 증가의 법칙에 어긋나지 않으면서도 열기관이 작동할 수 있는 것이다.

엔트로피 증가의 법칙은 열이 가지는 비가역성을 나타낸다. 엔트로피 증가의 법칙으로 인해 일단 열로 바뀐 역학적 에너지는 모두 원래 상태로 되돌아갈 수 없다. 물론 카르노 기관과 같은 이상기관에서는 이것이 가능하지만, 작동하는 동안 엔트로피가 증가하는 실제 열기관에서는 그런 일이 일어나지 않는다. 운동에너지는 마찰로 인해 일이 열로 변화하고, 열은 보다 저온 상태로 흘러간다. 톰슨은 이것을 에너지의 확산이라고 했다. 톰슨은 「역학 에너지가 확산되려 하는 자연의 보편적 경향에 대해서」라는 논문에서 자신의 결론을 다음과 같이 요약한다.

(1) 물질세계에는 에너지가 확산되려는 보편적 경향이 존재한다.

(2) 열에너지를 역학 에너지로 회복하기 위해서는 원상회복하는 에너지보다 더 많은 양의 운동에너지가 확산되지 않고는 불가능하다. 그리고 식물 또는 동물의 의지에 의해 지배되는 것들에서도 마찬가지다.

(3) 물질세계에서 현재 생성하는 종들의 작용을 통괄하는 법칙으로 보아 도저히 있을 수 없는 미지의 작용이 일어나지 않는 한, 현재의 체질을 가진 인류에게 지구는 과거의 일정 기간 동안 틀림없이 생존이 불가능한 별이었을 것이며, 다가올 유한한 시간 내에 거주하기에 적합하지 않은 별이 될 것이다.

톰슨이 이런 결론을 내린 것은 우리가 사는 지구는 태양을 고온의 열원으로 하고 대기권 밖의 우주 공간을 저온의 열원으로 하는 커다란 열기관이라고 보았기 때문이다. 따라서 우리 주위에서 일어나는 여러 가지 자연 현상은 대부분 이 거대한 열기관의 실린더 내부에서 일어나는 일이다. 그리고 언젠가 열원이 식어서 지구가 우주 공간과 같은 온도가 돼버리면, 지구는 죽음의 세계가 되는 것이다.

톰슨은 이런 생각을 바탕으로, 지구에 사람이 살 수 없게 되는 때는 언제일까라는 문제를 제기하고 구체적인 숫자를 계산하기도 했다. 당시에는 태양의 에너지원이 원자핵 반응이라는 것이 전혀 알려져 있지 않았기 때문에, 그는 태양의 수명을 겨우 수천만 년이라고 계산하여 사람들을 놀라게 했다.

한편 클라우지우스도 엔트로피 개념을 제안한 1865년 논문의 마지막 부분에서 톰슨의 생각을 인용하여 열역학 법칙을 다음과 같이 요약해놓았다.

(1) 우주의 에너지는 일정하다.
(2) 우주의 엔트로피는 최댓값을 향해 변해간다.

엔트로피는 절대로 감소하지 않는다는 단순한 명제는 그 단순함에도 불구하고 중요한 의미를 포함하고 있다. 감소나 증가라는 개념 안에 시간의 전후 관계가 잠재되어 있기 때문이다. 증가나 감소라는 개념 자체가 과거에서 미래로 흘러가는 시간의 방향을 전제로 한 것이다. 따라서 열역학 제2법칙은 과거에서 현재로, 미래로 흐르는 시간에 물리적 의미를 더했다.

열역학은 증기기관이라는 기술적인 발명품이 작동하는 원리를 설명하기 위해 시작되었다. 열역학의 발전은 기술적인 요구를 넘어 물리학의 모든 분야, 즉 화학, 생물학, 우주론 등에까지 커다란 영향을 주게 되었다. 이러한 개념의 확장과 발전 과정에서 핵심적인 역할을 한 사람은 클라우지우스였다.

자연의 변화는 엔트로피 때문이다

클라우지우스는 엔트로피를 열량을 온도로 나눈 양으로 정의했다. 이렇게 정의된 엔트로피를 이용하여 그는 열이 높은 온도에서 낮은 온도로만 흐른다는 사실과 열기관이 작동하려면 고온의 열원과 저온의 열원이 꼭 필요한 이유를 설명할 수 있었다. 그러나 그것만으로는 엔트로피가 무엇인지, 왜 엔트로피는 항상 증가해야 하는지를 제대로 설명할 수 없었다. 다시 말해 열량을 온도로 나눈 엔트로피는 관측된 열 현상을 엔트로피라는 새로운 물리량을 이용해 나타낸 것일 뿐 엔트로피가 왜 증가해야 하는지를 설명한 것은 아니었다. 엔트로피의 의미를 원자나 분자들의 행동을 이용해 설명하려고 시도한 사람은 볼츠만이었다.

루트비히 볼츠만은 1844년에 오스트리아의 빈에서 태어났다. 그는 빈 대학의 물리학과에서 요제프 슈테판 교수의 지도 아래 박사학위를 받았다. 물체가 내는 복사 에너지는 온도의 4제곱에 비례한다는 법칙은 볼츠만과 그의 스승이 실험을 통해 발견한 것으로 슈테판-볼츠만 법칙이라고 불린다.

볼츠만은 원자들의 운동을 분석하여 엔트로피를 설명하려 했다. 볼츠만은 엔트로피를 원자나 분자의 분포 상태의 확률을 나타내는 양으로 새롭게 정의했다. 다시 말해 엔트로피가 높다는 것은 확률이 높은 상태

볼츠만이 엔트로피를 새롭게 정의함으로써, 엔트로피는 열현상뿐만 아니라 자연에서 일어나는 변화의 방향을 제시하는 중요한 개념이 되었다.

라는 것을 뜻하고, 엔트로피가 낮다는 것은 확률이 낮은 상태를 뜻하게 되었다. 이렇게 엔트로피를 새롭게 정의하자 엔트로피는 열과 관계된 현상뿐만 아니라 자연에서 일어나는 변화의 방향을 제시하는 중요한 양이 되었다. 볼츠만이 엔트로피에 대한 새로운 해석이 담긴 논문을 발표한 것은 1877년이었다.

 그렇다면 볼츠만이 확률을 이용하여 새롭게 정의한 엔트로피는 열량을 온도로 나눈 엔트로피와 어떤 관계가 있을까? 그 관계를 알기 위해서는 열이 높은 곳에서 낮은 곳으로 흐른다는 것이 실제로 무엇을 뜻하는지 알아보는 것이 좋을 것이다. 온도가 높은 물체를 이루고 있는 분자들은 빠르게 운동하고 있고 반면에 온도가 낮은 물체를 이루는 분자들은 천천히 운동하고 있다. 이제 통로를 만들어 온도가 높은 곳에 있는 분자와 온도가 낮은 곳에 있는 분자가 마음대로 오갈 수 있도록 하면 어떤 일이 일어날까? 빠르게 운동하는 분자는 한곳에 모여 있고 느리게 운동하는 분자들은 또 다른 곳에 모여 있는 것보다 서로 뒤섞여 있는 것이 확률이 높은 상태고 엔트로피가 높은 상태일 것이다. 따라서 분자들은 섞이게 될 것이다. 이것을 밖에서 보면 열이 높은 온도에서 낮은 온도로 흘러간 것이 된다. 이처럼 확률을 이용해 정의한 엔트로피로 열의 흐름을 잘 설명할 수 있다.

운동에너지는 열에너지로 모두 바뀔 수 있지만 열에너지는 운동에너지로 모두 바뀔 수 없다는 것 역시 새로운 엔트로피의 정의를 이용해 설명할 수 있다. 운동에너지는 물체를 이루는 분자들이 모두 한 방향으로 운동하는 에너지다. 반면에 분자들의 불규칙한 운동 때문에 생기는 에너지가 열에너지다. 다시 말해 운동에너지는 분자들의 운동 방향이 규칙적인 에너지고 열에너지는 분자들의 불규칙한 운동에 의한 에너지다. 따라서 운동에너지가 열에너지로 바뀌는 것은 규칙적인 운동이 불규칙적인 운동으로 바뀌는 것이라고 할 수 있다. 규칙적이었던 것이 불규칙적으로 바뀌는 것은 엔트로피를 증가시키는 변화다. 하지만 열에너지가 운동에너지로 바뀌는 것은 불규칙한 운동이 규칙적인 운동으로 바뀌는 것을 뜻한다. 따라서 엔트로피 증가의 법칙에 어긋나게 되는 것이다.

볼츠만의 엔트로피를 받아들이기 위해서는 원자가 실제로 존재한다는 것을 우선 인정해야 한다. 볼츠만의 엔트로피는 원자들의 운동이 섞이는 것을 이용하여 열과 관계된 현상을 설명하고 있기 때문이다. 관측 가능한 것만을 인정하려 했던 인식론자들은 원자가 존재한다는 것과 볼츠만의 엔트로피를 인정하지 않았다. 대신 볼츠만을 비난하고 격렬한 논쟁을 걸어왔다. 이 일 때문에 괴로워하던 볼츠만은 1906년 9월 5일에 자살하고 말았다. 그의 이론은 그가 죽은 후 많은 사람들에게 인정받기 시작했고, 열에 관한 현상을 새롭게 해석한 통계역학의 기초가 되었다.

5 우리는 신의 창조물이 아니다

다윈의 『종의 기원』

"진화론은 단순한 생물학 이론을 넘어
윤리와 인간 가치관의 문제로 발전했다."

밝혀지는 동물의 몸속 세계

자연과학을 이야기하다 보면 혁명이라는 말이 자주 쓰인다. 많은 과학자들이 과학은 조금씩 발전하는 게 아니라 급격한 단계를 거치면서 발전한다고 믿기 때문이다. 물리학이나 화학에서는 그러한 발전 모형이 비교적 잘 들어맞는다. 그러나 생물학은 꾸준히 조금씩 발전한다고 보는 편이 타당할 것이다.

하지만 생물학 분야에서도 몇몇 인물들의 역할은 생물학 발전에 중요한 계기가 되었다. 그들 중에는 생물체를 해부하여 많은 해부도를 남긴 레오나르도 다 빈치와 안드레아스 베살리우스, 혈액 순환이론을 정립한 윌리엄 하비, 그리고 현미경을 이용하여 세포막을 발견한 로버트 훅, 동맥과 정맥을 이어주는 모세혈관을 발견한 마르첼로 말피기 같은 사람들이 있다.

화가인 다 빈치는 돼지, 소, 말 같은 동물은 물론 인체를 해부하여 동물체의 기능을 기계적으로 이해하려고 노력했다. 특히 그는 심장에 있는 네 개의 방을 알아냈고 판막의 역할을 기술했으며 심실 간의 조절 장치를 설명했다. 또한 생식기를 연구하여 모체 자궁 안의 태아의 위치를 자세히 나타내기도 했다.

16세기 최고의 해부학자인 벨기에의 베살리우스는 1543년에 『인체의 구조에 관하여』라는 인체 해부도가 실린 책을 발간했다. 이 책에는 뼈, 근육, 혈관, 신경, 내장 등 신체의 모든 부분이 상세하게 묘사되어 있다. 불행하게도 그는 젊은 나이에 실종되었지만 근대 해부학의 발전에 필요한 기술과 방법을 제공한 위대한 해부학자 가운데 한 사람으로 손꼽히고 있다.

특히 베살리우스는 심장을 해부하여 우심실의 피가 심실의 벽을 통하여 좌심실로 흘러간다는 갈레노스의 주장이 사실과 다르다는 것을 지적하여 혈액순환의 문제를 제기했다. 그는 심실의 벽은 심장의 다른 부분과 마찬가지로 두껍고 치밀해서 도저히 혈액이 지나갈 수 없다고 주장했다. 우심실의 혈액이 허파동맥과 허파 그리고 허파정맥을 거쳐 우심방과 우심실로 옮겨지는 소순환은 소르본 대학의 미카엘 세르베투스와 파도바 대학의 마테오 레알도 콜롬보 같은 사람들에 의해 밝혀졌다. 그들은 심실의 벽이 단단하므로 혈액은 심실의 벽이 아닌 다른 길, 즉 허파를 지나가지 않으면 안 된다고 생각했다. 허파동맥은 매우 커서 허파에 필요한 것보다 많은 양의 혈액이 지나간다는 것, 허파를 거친 혈액은 새빨간 빛깔로 활성화되어 있다는 것을 그 증거로 들었다.

　이러한 발견과 주장에도 불구하고 심장에서 나온 혈액이 온몸을 돌아 다시 심장으로 들어간다는 혈액순환설은 쉽게 사람들에게 받아들여지지 않았다. 이는 지상에서 일어나는 운동은 시작과 끝이 있다는 아리스토텔레스적 사고방식 때문이었다. 생물학에 물리학의 실험방법을 도입하여 혈액순환의 문제를 해결하고 새로운 방향을 제시한 사람은 영국의 의사 하비였다.

　케임브리지 대학에서 의학을 공부한 하비는 정량적 실험과 측정이 과학연구의 기본요소라고 생각하고 인체의 생리현상을 관찰하기 위해 저울, 온도계, 습도기 등의 측정기구를 이용했다. 그는 이런 기구를 이용하여 30분간 심장을 거쳐 동맥으로 들어가는 피의 양이 그 생물이 가진 혈액량 전체보다 많다는 것을 측정을 통해 밝혀내고, 피는 동맥과 정맥을 통해 순환해야 하며, 심장의 박동이 이 순환 운동의 동력을 제공한다고 주장했다.

인류 최고의 과학서적 가운데 하나로 꼽히는 『인체의 구조에 관하여』에 실린 인체의 표면 근육.

하비는 혈액이 동맥과 정맥을 통해
순환하며, 심장의 박동이
이 순환의 동력이라고 주장했다.

그러나 하비는 현미경을 이용하지 않았으므로 동맥에 흐르는 피가 어떤 과정을 거쳐 정맥으로 들어가는지는 밝혀내지 못했다. 그 과정에 대한 지식은 말피기가 현미경을 이용하여 동맥과 정맥을 이어주는 모세혈관을 발견할 때까지 기다려야 했다.

현미경은 생물학을 한 차원 높이는 데 매우 중요한 역할을 했다. 현미경은 1590년 얀센 형제가 처음 발명했다고 전한다. 현미경을 이용하여 생물체를 처음으로 관찰하기 시작한 사람은 영국의 로버트 훅이었다. 그는 현미경을 이용하여 살아 있거나 죽은 생물을 관찰하여 이를 기술하고 그림을 그려서 『현미경 관찰』이라는 책을 발간했다. 특히 코르크를 관찰하여 식물의 세포막을 최초로 발견한 것으로 유명하다.

훅 이후에 많은 사람들이 현미경을 이용하여 생물체를 관찰했다. 그 중에는 안토니 레벤후크와 말피기 등이 있다. 특히 레벤후크는 100여 개의 현미경을 만들었다. 자신이 만든 렌즈 두 개를 얇은 은판 사이에 끼운 것이었다. 이는 배율이 매우 낮은 돋보기에 불과한 단계의 현미경이었지만, 원생동물과 박테리아를 발견하는 등 여러 가지 현미경적 관찰에 공헌했다.

말피기는 현미경 해부학의 창시자로서 『허파에 관하여』라는 책에서 개구리 허파에 있는 모세관을 기술하고 피가 동맥에서 정맥으로 흐를 때 허파가 하는 일에 대해 설명했다. 이것이야말로 하비의 순환론을 완성시킨 중요한 관찰이라 할 수 있다. 그는 또한 콩팥에서 말피기소체를 발견하고 혀에서 미뢰를 발견하는 등 많은 현미경 관찰을 통해 새로운 생물학의 지평을 열었다.

세포의 발견

생명 현상을 유기체 전체로서 통합적으로 이해하려는 노력이 진행되는 한편 세포처럼 작은 단위를 연구하고 여러 물리화학적 현상을 이해하여 이를 바탕으로 생명 현상을 이해하려는 노력도 전개되었다. 이러한 노력은 현미경 같은 과학 기기가 발달하고 화학에 대한 지식이 증가함에 따라 급속히 발전했다.

생명 현상을 전체적으로 이해하려는 노력과 세포와 같은 작은 단위의 물리화학적인 현상을 통해 이해하려는 시도는 고대 그리스 이후 지속되어온 생기론(生氣論)과 기기론(器機論)의 변형된 형태라고 할 수 있을 것이다. 생기론은 아리스토텔레스 시대 이후 주류를 이룬 학설로서, 생물은 신이 어떠한 목적을 가지고 창조했으므로 물리화학적 방법으로 이해할 수 없다는 주장이었다. 그러나 혈액순환을 발견한 하비나 데카르트 같은 이들은 생물의 생명 현상도 하나의 물리화학적·동적 평형상태에 지나지 않는다는 기기론을 주장했다.

생물의 생명 현상을 세포 단위에서 찾으려는 것은 분명히 기기론의 입장이 크게 작용했다. 세포 안에서 일어나는 에너지 대사와 물질 대사의 구조가 밝혀지면서 기기론의 입장은 더욱 확고해졌다. 생명 현상을 세포보다 작은 단위, 즉 분자 단위의 물리 화학적 반응에서 찾으려는 분자생물학은 이런 방향의 끝에 있다고 할 수 있을 것이다.

세포를 최초로 관측하고 세포라는 이름을 붙인 것은 17세기의 로버트 훅이다. 그는 코르크를 관찰하여 세포막을 관찰한 후 세포(cell)라는 이름을 붙였지만 세포의 구조나 기능을 이해한 것은 아니었다. "세포는 하나의 작은 생물이다. 개개의 식물은 완전히 개별화되고 고유의 생존을 영위하는 이 세포들의 집합이다"라고 주장하여 식물세포설을 완성시킨 사람은 슐라이덴이었고, 세포설을 동물세포에까지 확장시킨 인물은 슈반이었다.

슈반은 세포를 생명의 기본단위라고 생각했으며 이러한 생각은 발생학, 유전학, 진화론에 새로운 개념으로 향하는 길을 열어주었다. 그러나 그들은 아직 세포와 핵의 기능을 제대로 이해하지 못했다. 식물세포의 구조가 자세히 밝혀진 것은 휴고 폰 몰 등의 연구에 의해서인데 그들은 세포를 핵을 담고 있는 작은 원형질 덩어리라고 정의했다. 분열 도중에 있는 세포를 관찰한 생물학자들은 "세포는 세포로부터 나온다"는 원칙을 제시하기도 했다.

식물세포의 분열은 1875년에 에두아르드 슈트라스부르거에 의해 처음으로 실험적으로 증명되었으며, 곧이어 동물세포의 분열도 발터 플레밍에 의해 확인되었다. 식물세포와 동물세포를 확인하고, 세포가 생물체를 이루는 기본단위며 생명 현상을 나타내는 기본적인 작용이 일어나는 곳이라는 사실을 알게 된 생물학자들은 이제 세포의 하부구조가 어떻게 되어 있고 이러한 기관들이 에너지대사와 물질대사, 유전 같은 생명 현상에 어떻게 참여하고 있는지를 밝혀내는 데 관심을 기울였다. 이러한 노력은 20세기에 실용화된 전자현미경 같은 새로운 분석기기의 도움으로 눈부신 발전을 거듭했다.

이에 따라 세포는 신비의 베일을 벗고 그 정체를 드러내기 시작했다. 세포의 구조가 차례로 밝혀졌고, 세포 내 각 기관의 기능도 이해할 수 있게 되었다.

세포는 세포막이라는 벽으로 외부와 구분되는 생명체의 최소 단위로서, 이 안에서는 여러 가지 생명 현상을 유지하기 위하여 필요한 에너지대사와 물질대사가 일어난다. 세포의 구조는 동물세포와 식물세포 또는 세포의 기능에 따라 다르기는 하지만 세포막, 핵, 미토콘드리아, 리보솜, 골지체 등으로 이루어져 있다.

세포를 둘러싼 세포막은 단순하게 삼투압의 법칙에 따라 물질을 투과시키는 것이 아니라, 투과시켜야 하는 물질과 투과시키지 않아야 하는 물질을 가려내는 인식 기능을 지닌 기관이다. 인식 기능이란 세포가 같은 종류 또는 다른 종류의 세포를 구별하거나, 특정 물질을 식별할 수 있는 능력이다.

체내에 침투한 다른 종류의 세포를 식별하여 잡아먹는 백혈구는 세포막의 인식 작용에 의해 다른 종류의 세포를 구별해낼 수 있는 것이다. 뿐만 아니라 세포막은 특별한 미생물에 대한 저항력, 즉 질병에 대항하는 항체를 가지고 있다는 것이 알려졌다. 세포막이 선택적으로 물질을 투과시키는 것도 세포막의 인식 능력과 관계 있는 것으로 여겨지고 있다.

세포막을 출입하는 현상이 단순한 물리적 확산이나 삼투압으로 이루어진다면 일정한 시간이 지난 후에는 세포막 안과 밖의 물질의 성분이 같아질 것이다. 그러나 세포막은 어떤 물질은 잘 통과시키지만 어떤 물질은 통과시키지 않는 능동적 기능을 하고 있어서 세포 안과 밖의 물질의 분포를 다르게 유지시킬 수 있다. 세포막의 이러한 기능은 세포막뿐 아니라 세포 내의 모든 기관을 둘러싼 막들도 가지고 있는 것으로 밝혀졌다.

진핵생물의 모든 세포는 공이나 계란 모양의 핵을 하나씩 가지고 있다. 핵 속에는 세포나 생물의 형질을 나타내게 하는 유전자가 들어 있고, 직접 또는 간접으로 세포의 여러 가지 대사를 조절한다. 핵은 핵막에 의해 세포질과 분리되어 있다. 전자현미경을 이용한 관찰에 의하면 핵막은 두 겹의 층으로 되어 있고 세포질과 핵 사이의 물질의 이동을 조절하고 있다. 핵 속에 있는 염색체는 유전정보를 가지고 있는 DNA와 단백질로 구성되어 있어 유전의 중추적 역할을 한다.

염색체의 개수는 생물의 종류에 따라 다르다. 고등동물의 체세포는 2배수의 염색체를 가지고 있는데, 생식세포는 감수분열에 의해 체세포의 반수의 염색체를 갖는다. 반수의 염색체를 갖는 생식세포는 수정에 의해 2배수의 염색체를 갖는 새로운 세포를 형성하게 되고 이 세포가 분화되어 새로운 개체를 형성하는 것이다. 어버이의 형질이 자손에게 유전되는 현상은 염색체에 들어 있는 DNA가 가지고 있는 유전정보 때문이다.

세포질 내에 있으면서 에너지대사에 가장 중요한 역할을 하는 것이 미토콘드리아다. 보통 0.2~5마이크로미터 정도의 공 모양인 미토콘드리아는 양분 분자가 가지고 있는 화학에너지를 효소를 이용하여 세포 활동에 필요한 에너지로 전환시킨다. 따라서 미토콘드리아는 세포 내의 발전소 역할을 한다고 할 수 있다. 에너지대사의 과정에는 효소가 개입하는 데 효소는 활성화 에너지를 낮추어 쉽게 반응이 일어나도록 촉매 역할을 한다. 미토콘드리아는 효소의 도움을 받아 탄수화물과 지방산으로부터 산소를 이용하여 이산화탄소와 물을 만든다. 이때 많은 에너지를 가진 인산 화합물을 만드는 과정을 한스 크레브스의 구연산회로라고 한다.

식물세포에 있는 엽록체는 태양 에너지를 이용한 광합성 작용을 통해 물과 이산화탄소로부터 탄수화물을 합성한다. 이는 태양 에너지를 탄수화물에 저장하는 과정이라고 할 수 있는데, 이렇게 저장된 에너지는 식물은 물론 모든 생물의 생명 현상을 위한 에너지원으로 사용된다. 따라서 어떤 의미에서 엽록체와 미토콘드리아는 서로 반대되는 역할을 한다고 볼 수 있다.

광합성 작용은 빛에너지를 이용해서 물을 분해하여 수소이온과 에너지를 저장하고 있는 ATP(아데노신 3인산)를 만들어내는 명반응과 이 명반응으로 생긴 수소이온과 에너지를 이용하여 공기 중에서 받아들인 이산화탄소(CO_2)를 이용하여 유기화합물을 만드는 암반응으로 나뉜다. 방사성 동위원소를 이용한 실험을 통해 광합성에 참여하는 물질들이 어떤 작용을 하는지에 대한 이해가 깊어지기는 했지만, 아직도 이 부분은 계속 연구되어야 하는 분야로 남아 있다.

세포에 대한 이해와 연구는 생물학에 활력을 불어넣고 새로운 차원으로 올려놓았다. 그러나 전체로서의 생명체를 이해하려면 세포에 대한 이해만으로는 부족하다는 의견이 조심스럽게 제기된다. 세포는 정밀하게 만들어진 기계일지도 모르지만, 그 기계의 작동원리를 충분히 이해했다고 해서 수많은 세포가 모여 유기적 관계를 가지고 여러 생명활동을 하고 있는 전체 생명체로서의 생명 현상을 이해했다고 할 수는 없기 때문이다. 어쩌면 생명체의 부분적인 이해가 아니라 생명 현상 그 자체를 전체적으로 이해하는 것은 자연과학의 한계 너머에 있는 문제일지도 모른다.

진화론의 등장

생물학에서 19세기는 매우 중요한 시기였다. 진화론, 세포설, 멘델의 법칙 등 중요한 학설이 19세기에 체계화되었기 때문이다. 그중에서도 진화론 성립은 생물학은 물론 종교, 윤리, 도덕의 문제에까지 심각한 반향을 불러일으킨, 과학혁명 이래 가장 큰 사건이었다. 과학혁명 이후 자연을 물질로만 이해하려는 기계론적 자연관이 팽배하기 시작하면서 자연에 신이 개입할 자리가 점점 줄어들고 있었다. 진화론은 자연에 대한 이런 견해를 인간에게까지 확대 적용했고, 종교계는 인간에게서마저 신의 영향을 배제하는 것이라고 여겨 강하게 반발했다.

진화론을 처음으로 제기한 인물은 장 밥티스트 라마르크다. 그는 자신의 책 『동물 철학』에서 원시동물은 자연발생적으로 생겼으며 이로부터 구조적으로 복잡한 동물이 생겨 포유동물에 이르게 되었다고 주장했다. '생물학'(biology)이라는 단어를 처음 사용한 것으로 알려져 있는 라마르크가 처음부터 생물학자가 되려 한 것은 아니다. 프랑스 육군에서 장교로 복무했던 그는 낙마 사고로 목을 다쳐 제대한 후부터 생물학에 관심을 가지기 시작했다. 1778년에는 프랑스의 꽃에 관한 책 세 권을 출판하여 명성을 얻었고, 이후 파리 식물원의 표본 관리자가 되었다. 그 후 자연사 박물관 곤충학 교수로 지냈는데 이때 무척추 동물에 대해 연구하기도 했다.

라마르크는 『동물 철학』에서 두 가지 가설을 설정했다. 하나는 어떤

라마르크는 자신의 책 『동물 철학』을 통해 진화론을 처음으로 제기했다.

부분이든 쓰면 쓸수록 발달하게 되며 쓰지 않는 부분은 점차 퇴화하여 없어진다는 용불용설(用不用說)이고, 다른 하나는 생물이 생활하면서 커지거나 작아진 형질, 즉 획득형질이 자손에게 유전된다는 것이다.

라마르크는 자기의 가설을 증명하는 예를 많이 제시했다. 이를테면 뱀의 조상은 도마뱀과 같이 몸이 짧고 다리가 달렸었는데, 땅을 기어 다니고 좁은 구멍 속으로 기어들어 다니게 되자, 기는 데 필요 없는 다리가 없어지고 몸도 가늘고 길어졌다고 주장했다. 또한 기린의 목이 길어진 것은 높은 나무에 있는 먹이를 먹기 위해 목을 늘이다보니 점점 길어져 현재와 같이 됐다고 설명했다.

라마르크의 진화론은 획득형질이 유전한다는 가설을 실험적으로 증명해내지 못했고 목적론적인 요소가 있어서 근대의 기계론적인 자연관과는 대립되는 면이 있었지만, 진화론을 처음으로 체계화한 그의 학설은 생물학에서 중요한 이정표가 되었다.

라마르크의 진화론은 해부학자인 조르주 퀴비에로부터 강한 비판을 받았다. 퀴비에는 여러 가지 그룹의 생물체는 서로 비교할 수 없으며 생물의 종은 변하지 않는다는 종의 불변론을 주장했다. 그는 해부학 지식을 이용하여 화석 일부를 통해 이미 멸종된 생물 전체를 재구성하기도 했다. 퀴비에는 화석에 나타나는 종은 지각의 변천 과정에서 멸종된 것이라고 주장했다. 그는 지구의 역사에는 많은 생명체가 멸종하는 3차에 걸친 대변혁이 있었는데 그 가운데 마지막 것이 노아의 대홍수라고 주장하며 진화론을 비판했다.

그러나 1859년에 찰스 다윈이 『종의 기원』을 통해 진화론을 주장했을 때는 50년 전과 분위기가 달랐다. 다윈이 『종의 기원』을 통해 주장한 진화론이 훨씬 체계적이고 설득력 있었기 때문이기도 했지만, 세포생물학의 발달로 생명체에 대한 인식이 달라졌기 때문이기도 했다. 특히 인간의 세포 속에서 일어나는 대사 작용과 하등동물의 세포 속에서 일어나는 대사 작용이 근본적으로 같다는 것을 발견한 과학자들은 이제 인간을 다른 생물과 다른 특별한 존재로 취급하기보다는 많은 생명체 가운데 하나로 여기는 생각을 받아들일 준비가 되어 있었던 것이다.

다윈의 생애

찰스 다윈은 1809년에 개혁가와 지식인을 유난히 많이 배출한 영국 중부 슈루즈버리 인근에 있는 부유한 영주의 아들로 태어났다. 바로 라마르크가 『동물 철학』을 출판한 해였다. 여덟 살 때 어머니를 암으로 잃은 다윈은 침울함이 감도는 집안 분위기 속에서 자라났다. 의사였던 아버지 로버트 다윈이 아내가 죽은 충격을 극복하지 못하고 일생 동안 홀

다윈은 생명체의 종이 신의 창조에 의해서가 아니라 진화 과정의 산물이라고 밝혔다. 이는 생물학뿐 아니라 인간 가치관과 윤리에 대한 논란을 불러왔다.

아비로 지냈기 때문이다. 다윈은 슈루즈버리에 있는 학교를 졸업한 후 에든버러 대학에 진학했다. 처음에는 의사가 되기 위해 의대에 진학했지만 그의 관심은 곧 생물학과 지질학 쪽으로 기울었다. 다윈은 에든버러를 떠나 케임브리지로 갔다. 그곳에서 만난 존 헨슬로우라는 생물학 교수는 일생 동안 다윈의 후원자가 되어주었다.

케임브리지에서 학위 과정을 마친 다윈은 해군본부 학교의 선생님으로 부임했다. 그 학교에서 다윈이 젊은 해군 장교 로버트 피츠로이를 만난 것은 그의 일생에서 매우 중요한 사건이 되었다. 이들의 만남은 『종의 기원』과 진화론이 탄생하는 데 직접적인 계기가 되었기 때문이다.

피츠로이는 곧 남미 대륙의 지도를 만들기 위한 정부 프로젝트의 일환으로 비글호를 타고 남미 대륙을 여행할 계획을 세우고 있었다. 피츠로이는 생물학자로서 좋은 평판을 얻고 있던 다윈에게 박물학자로서 조사단에 합류할 것을 권유했다. 당시의 탐사선에는 탐사 도중 발견하는

우리는 신의 창조물이 아니다 147

새로운 자료들을 모아서 분류하고 기록하는 박물학자가 승선하는 것이 관례였다. 다윈은 이 제안을 기꺼이 수락하고 헨슬로우 교수까지 동원하여, 위험하고 장래성이 없다는 이유로 반대하는 아버지를 설득하여 허락을 받아냈다.

다윈이 비글호를 타고 남미 대륙 탐사여행을 떠난 것은 그가 스물두 살이던 1831년 12월 27일의 일이었다. 다윈은 5년 동안이나 계속된 탐사여행을 통해 많은 것을 배울 수 있었다. 비글호가 남미 대륙에 도착하기까지는 두 달이 걸렸다. 남미에 도착한 비글호는 2년 반 동안 올세인츠베이, 살바도르, 포클랜드, 아일랜드, 남미 대륙의 남단인 티에라델푸에고섬을 오르내리며 탐사하도록 되어 있었다. 다윈은 이 탐사를 통해 수많은 새로운 동식물을 발견하고 그것을 기록으로 남겼다. 항해가 끝나갈 무렵에는 그 기록이 무려 1,700쪽을 넘었다. 여행이 끝난 후인 1839년에 다윈은 그 기록들을 모아『비글호 여행기』를 출판했다.

여행 도중 다윈은 아르헨티나 푼타 알타만의 절벽에서 거대한 포유류의 넓적다리 화석을 발견하고는 이를 헨슬로우 교수에게 보냈다. 영국에서 보면 지구의 반대쪽 바다를 떠다니고 있던 다윈은 자신이 영국에서 유명 학자 반열에 오르고 있다는 것을 모르고 있었다. 이 화석은 오래전에 멸종된 메가테리움의 화석으로 밝혀졌다.

남미의 서부 해안을 도는 18개월간의 탐사가 끝난 후 비글호는 1834년 12월에 갈라파고스 제도의 채텀섬에 도착했다. 다윈은 이곳에서 그의 진화론 성립에 가장 중요한 역할을 한 발견을 했다. 갈라파고스 제도는 화산섬으로 바위투성이였다. 주민은 불과 200명 정도였고 대신 수많은 종류의 새와 거북이가 살고 있었다.

다윈은 후에 갈라파고스 제도에서 발견한 표본들을 분석하고 정리하

갈라파고스섬에서 관찰된 핀치의 부리들. 다윈은 핀치의 부리 모양이 조금씩 다른 이유는 서로 다른 서식지에 살면서 환경에 적응하기 위해 진화한 결과라고 생각했다.

는 과정에서 진화론에 대한 구상을 할 수 있었다. 비글호는 갈라파고스 제도에 5주간 머문 후 타이티를 거쳐 뉴질랜드와 오스트레일리아로 갔다. 오스트레일리아에서 출발하여 6개월간의 항해 끝에 비글호가 영국의 팔머스항에 도착한 것은 1836년 10월이었다. 영국에 도착했을 때 다윈은 여행 도중 보낸 자료들로 인해 널리 인정받는 학자가 되어 있었다.

귀국한 다윈은 우선 여행기를 정리하는 일부터 시작했다. 다윈이 쓴 『비글호 여행기』가 출판된 것은 1839년이었다. 이 책은 곧 베스트셀러가 되었다. 그러나 여행에서 돌아온 다윈은 갑자기 건강이 나빠졌다. 여행기를 출판한 후 결혼도 했지만 건강은 나아지지 않았다.

그런 상황에서도 다윈은 자신이 수집한 자료들을 모아 생물학계를 뒤

흔들 새로운 이론을 만드는 일에 착수했다. 그가 준비한 새로운 이론은 생물의 한 종이 다른 종으로 진화해간다는 것이었다. 자신의 자료만으로 그것을 증명하기 부족한 경우에는 다른 학자들의 도움을 받기도 했다. 다윈은 이미 여행을 통해 한 종이 다른 종으로 변해간다는 확신을 가지게 되었다. 다른 학자들에게서 얻은 자료들도 그의 생각을 뒷받침해주었다. 하지만 무엇이 그런 변화를 가능하게 하는지는 알 수 없었다.

이 문제를 해결하는 데는 경제학자 토머스 맬서스가 1798년에 출판한 『인구론』도 중요한 역할을 했다. 맬서스는 인구가 기하급수적으로 증가할 수 있지만 실제로 그런 현상이 나타나지는 않는다는 것을 지적했다. 왜냐하면 인구 증가를 방해하는 요소가 있기 때문이었다.

개체 수를 늘리고자 하는 자연적 성향은 어디에서나 나타난다. 따라서 어떤 나라의 인구 증가를 설명하는 것은 어렵지 않다. 더욱 어려운 것은 인구가 더 이상 늘어나지 못하는 이유를 밝혀내는 것이다. 과연 어떤 거대한 힘이 인구의 증가를 억제하여 개체의 수를 평형 상태에 머물게 만드는가 하는 것 말이다.

다윈은 이 글에서 중요한 실마리를 얻었다. 한 종의 구성원들이 환경에 적응하는 능력을 놓고 서로 경쟁하여 스스로 개체 수를 더 이상 늘어나지 못하도록 한다는 것이 분명해졌다. 이러한 경쟁에서 승리한 개체는 살아남아 자손을 남기고, 경쟁에서 진 개체는 자손을 남기지 못하게 되는 것이다. 그렇게 되면 세대를 거듭함에 따라 환경에 잘 적응할 수 있는 우수한 자질을 가진 종으로 변하게 되는 것이다.

다윈은 자신의 새로운 이론을 섣불리 발표하지 않았다. 그는 아직 생물학자로서보다는 지질학자로 알려져 있었다. 1840년대에 다윈은 진화론 연구와는 별도로 따개비, 난초의 식생에 대한 연구나 퇴적층이 형성되는 과정에 대한 연구 결과를 발표하기도 했다. 이러한 노력 덕분에 그는 1850년경에는 지질학계에서나 생물학계에서 널리 인정받는 학자가 되었다.

다윈은 이제 자신의 새로운 이론을 출판해야겠다고 마음먹었다. 이미 그의 연구를 알고 있던 다른 연구자들이 그와 같은 이론을 발표할 준비를 하고 있다는 소식도 들려왔다. 실제로 다윈과 비슷한 탐사여행을 했고, 오랫동안 진화론에 대한 의견을 교환해온 앨프레드 러셀 윌리스는 1858년 6월에 진화론과 유사한 내용이 담긴 논문 초안을 검토해달라고 그에게 부탁했다. 다윈은 서둘러 『종의 기원』을 펴낼 출판인을 섭외했다.

다윈은 윌리스와 함께 린네 학회에서 진화론에 관한 논문을 발표했다. 학회지에도 이 논문은 공동명의로 실렸다. 두 사람 사이에 우선권 논쟁은 일어나지 않았고, 다윈의 우선권이 아무 이견 없이 인정되어 다윈은 진화론의 중심인물이 되었다. 『종의 기원』은 다윈이 50세를 막 넘긴 1859년 11월 24일에 출판되었는데, 초판으로 인쇄한 1,250권이 나오자마자 매진될 정도로 큰 반향을 불러일으켰다.

『종의 기원』은 이후 종의 불변론자들에게 강한 비판을 받았지만 생물학자와 박물학자들로부터 열렬한 지지를 받기도 했다. 진화론의 지지자와 반대자들 사이에 격렬한 토론이 벌어졌다. 다윈은 자신의 새로운 학설이 논란거리가 될 것이라고 예상하고 있었지만, 그 논란은 생물학자들 사이에서만 벌어질 것이라고 생각했다. 그러나 진화론에 대한 논쟁은 생물학계 밖으로 확대되었고 결국에는 과학계를 벗어나 종교계와 일반인들이 참여하는 논란으로 커졌다.

이러한 논란이 절정을 이룬 것은 옥스퍼드 대학 박물관에서 열린 고등과학협회의 모임 도중 윌버포스 주교와 토머스 헉슬리 사이에 벌어진 토론이었다. 천여 명의 청중이 모인 이 토론에서 진화론을 반대하던 윌버포스 주교는 헉슬리에게 할아버지와 할머니 중 어느 쪽이 원숭이였느냐고 물었고, 헉슬리는 자연으로부터 부여받은 능력과 특권을 과학적 진실을 짓밟는 데 사용하는 인간이기보다는 차라리 원숭이 조상을 택하겠다고 대답했다.

다윈은 이러한 논쟁에 직접 나서지 않고 은둔 상태에서 연구를 계속했다. 논쟁을 싫어하는 성격 탓이기도 했지만 건강이 좋지 않아서였다. 1860년 1월 7일에 『종의 기원』 제2판이 출판되었다. 또한 다윈은 1868년에 펴낸 『사육 동식물의 변이』와 1871년에 발표한 『인류의 기원과 성 선택』을 통해 자신의 진화론을 인류에게 적용했다. 그는 진화론 외에도 생물학 분야에서 몇 가지 중요한 연구 결과를 남겼다. 1872년에는 『감정의 표현』을, 1880년에는 식물의 굴성에 관한 연구결과를 다룬 『식물의 운동력』을 출판했다. 1876년에는 「식물의 교배에 관한 연구」를, 1881년에는 「지렁이의 작용에 의한 토양의 문제」를 발표했다.

일생 동안 원인을 알 수 없는 병에 시달렸던 다윈은 1882년 4월 19일에 세상을 떠났고, 웨스트민스터 사원의 뉴턴 곁에 묻혔다.

『종의 기원』

자연과 인간의 관계를 혁명적으로 변화시킨 『종의 기원』은 역사적 고찰과 서문, 15장의 본문으로 구성되어 있다. 평이한 문장으로 쉽게 씌어 있어 일반인도 어려움 없이 읽을 수 있다. 자연에 대한 가장 중요한 내용을 담고 있으면서도 기초적인 지식만 있으면 누구나 부담 없이 읽을 수 있다는 것은 이 책의 가장 큰 장점이다. 『종의 기원』의 첫머리에 실려 있는 역사적 고찰은 다음과 같은 문장으로 시작한다.

나는 『종의 기원』에 대한 생각이 발전되어온 단계를 간단하게 설명하려 한다. 최근까지 대부분의 자연철학자들은 생물의 종은 불변하며, 개개의 종은 독립적으로 창조되었다고 믿었다. 이러한 견해를 많은 저자들도 지지해왔다. 반면 일부 자연철학자들은 생물의 종은 변화해가며 현재 존재하는 종은 과거에 존재했던 종의 후손이라고 믿고 있다. 고대의 저자들의 환상을 넘어서 이 문제를 과학적으로 처음 다루기 시작한 사람은 뷔퐁이다. 그러나 그의 견해는 시기에 따라 오락가락했고, 종의 변화가 생기는 원인을 따지려 하지 않았으므로 자세히 소개하지는 않겠다.

이 문제에 관해 많은 사람들의 주목을 끈 첫 번째 인물은 라마르크였다. 이 뛰어난 자연철학자는 1801년에 자신의 생각을 처음으로 출판했고, 그것을 대폭 확장하여 1809년에 『동물 철학』으로 출판했으며 1815년에 출판한 책의 서문에서도 이 문제를 다루었다. 이 책들에서 라마르크는 인간을 포함한 모든 종은 다른 종의 후손이라고 주장했다.

이 글에서 알 수 있듯이 다윈은 『종의 기원』의 앞부분에 진화론의 발전 과정을 자세하게 밝혔다. 이 역사적 고찰 다음에 실려 있는 서문에는 비글호를 타고 경험한 내용을 시작으로, 이 책에 담긴 새로운 이론이 형성되는 과정에 대한 설명을 담았다. 여기에는 『종의 기원』 출판을 결심하는 데 결정적인 계기를 제공한 윌리스와 관계된 이야기도 포함되어 있다.

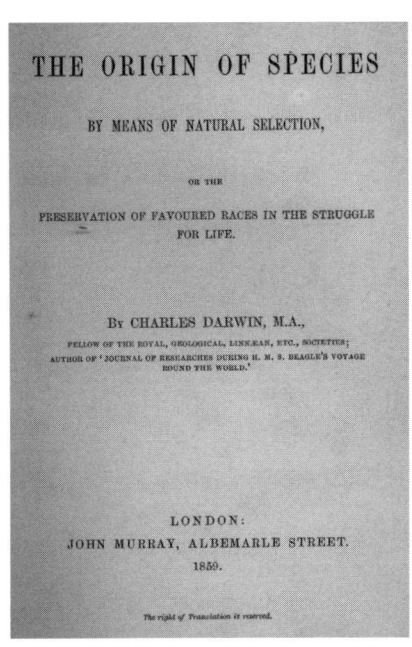

『종의 기원』에서 다윈은 '생존경쟁', '자연도태' 등의 개념을 제시했다.

나의 작업은 이제(1859) 거의 끝나간다. 그러나 이를 완성하기 위해서는 앞으로도 오랫동안 작업해야 할 것이고, 더구나 내 건강이 좋지 않아서 이 책을 우선 출판하게 되었다. 그리고 내가 책을 펴내기로 결심하게 된 것은 현재 말레이 제도의 생태계를 연구하고 있는 월리스 씨가 이 책의 결론과 거의 같은 결론을 얻었기 때문이기도 하다. 1858년에 월리스 씨는 이 문제에 대한 논문 초안을 내게 보냈고 이를 찰스 라이엘에게 전해달라고 부탁했다. 찰스 라이엘은 이 논문 초안을 린네 학회에 보내서 회보 3집에 실었다. 나의 연구를 알고 있던 라이엘과 후커 박사(내 논문을 1844년에 읽은)는 내 논문의 초록을 월리스의 논문과 함께 발표할 것을 내게 권유했다.

15장으로 되어 있는 『종의 기원』은 다윈 이론의 핵심인 자연선택 이론은 물론 그 이론이 도출되도록 만든 관측 증거들과 이 이론에 대한 반론들에 대해서도 자세히 언급하고 있다. 이것으로도 다윈이 자신의 이론을 정립한 후 20년이 넘는 기간 동안 그 이론을 다듬어왔다는 것을 알 수 있다. 『종의 기원』의 각 장의 제목은 다음과 같다.

1 길들임에 의한 변이
2 자연에서의 변이
3 생존경쟁
4 자연선택 또는 적자생존
5 변이의 법칙
6 이론의 어려움
7 자연선택 이론에 대한 여러 가지 반론
8 본능
9 잡종
10 지질학적 기록의 불완전성
11 생명체의 지질학적 연속성
12 지리적 분포
13 지리적 분포(연속)
14 생명체의 형태학적 발생학적 상호 유사성
15 정리와 요약

제3장 '생존경쟁'에서는 생명체의 수가 기하급수적으로 증가하려는 경향 때문에 모든 생명체는 살아 있는 동안에 도태의 위험을 겪어야 한

다고 설명한다. 개체의 수는 모든 생명체가 살아남을 수 없을 때까지 늘어날 것이기 때문이라는 것이다. 따라서 자연이 감당할 수 없을 정도로 개체 수가 많아지면 같은 종의 개체 사이에서나 다른 종의 생명체들 사이에서 또는 자연 환경과 투쟁이 벌어질 수밖에 없다. 다윈은 맬서스의 인구론을 다음과 같이 언급함으로써 이런 생각을 하게 된 것이 맬서스 덕분이었다는 사실을 밝혔다.

자연이 감당할 수 없을 정도로 개체 수가 많아지면 같은 종의 개체 사이에서나 다른 종의 생명체들 사이에서 또는 자연 환경과 투쟁이 벌어질 수밖에 없다는 것이, 모든 동물과 식물의 세계에 다양한 방법으로 적용되는 맬서스의 원리다. 이 경우에는 인위적인 식량 생산이 배제되어 있고, 개체들이 아무런 제한 없이 짝을 선택할 수 있다. 어떤 종의 수는 더 빨리 증가할 수도 있고 더 느리게 증가할 수도 있겠지만 세상이 지탱할 수 없기 때문에 모든 종의 개체 수가 증가할 수는 없다.

자연선택 이론을 설명한 제4장에서 다윈은 적자생존의 원리를 설명하기 위해 사막에서 살아가는 가상적인 늑대 가족을 예로 들고 있다. 만약 늑대의 먹이가 되는 사슴의 수가 줄어들면 늑대들 사이에는 줄어든 먹이를 차지하기 위한 경쟁이 벌어지게 된다. 다윈은 이 경쟁에서 이기고 먹이를 차지하여 살아남을 수 있는 늑대는 다른 늑대보다 빠르고 강하다고 설명했다.

현대의 생물학 교육을 받은 사람에게는 다윈의 이런 설명이 매우 진부해 보인다. 사실 현대인에게는 『종의 기원』의 전체 내용이 전혀 새롭지 않다. 그만큼 다윈의 학설은 우리에게 익숙하다. 그러나 종의 불변을 굳게 믿고 있던 150년 전 사람들에게 다윈의 이런 주장은 새롭고 혁명적인 것이었다.

다윈은 『종의 기원』 제6장에서 자연선택 이론을 확립하는 과정에서 마주쳤던 난제와 의문점들을 제시해놓고 있다. 다윈은 어려웠던 점을 네 가지로 분류했다.

첫 번째는 만약 다른 종의 점진적인 변화에 의해 새로운 종이 만들어진다면 왜 그 중간에 해당하는 종이 존재하지 않고 뚜렷이 구분되는 종들만 존재하고 있느냐 하는 것이었다.

두 번째는 어떤 종으로부터 그 종과 전혀 다른 구조와 습성을 가진 종이 점진적인 변화에 의해 만들어질 수 있느냐 하는 것이었다. 예를 들어 기린의 눈과 같이 중요한 기관이 진화에 의해 만들어지는데 그와 동시에 파리를 쫓는 데 쓰이는 꼬리가 형성될 수 있느냐 하는 것이다.

세 번째는 자연선택을 통해 본능도 만들어질 수 있는가 하는 의문이었다. 다시 말해 전문적인 수학자나 생각해낼 수 있을 것 같은 육각형 구조의 벌집을 만들어내는 꿀벌의 본능을 어떻게 설명할 수 있는가 하는 의문이 자연선택 이론이 직면한 어려움이었다.

네 번째는 이종 간의 교배는 생식이 가능하지 않은 자손을 생산하는 데 반해 변종 간의 교배는 생산 능력을 손상시키지 않는가 하는 점이었다.

다윈은 이러한 어려움에 대해 조목조목 자신의 논리를 전개해나가면서 제7장부터는 이러한 어려움을 바탕으로 제기될 수 있는 반론에 대한 해답을 제시하고 있다.

다윈 이후의 진화론

다윈은 자연선택에 의해 선별된 변이는 후대로 유전된다고 하여 결국 라마르크와 마찬가지로 획득형질의 유전을 받아들이고 있다. 그러나 이러한 주장은 생식질의 연속설을 주장한 아우구스트 바이스만의 비판을 받게 되었다. 바이스만은 다세포동물은 서로 완전히 독립적인 체세포와 생식세포로 이루어진다고 설명하고 체세포에서 일어나는 변화는 생식세포에 영향을 주지 않는다고 했다. 따라서 체세포 내의 변화와는 관계없이 생식 계통은 그대로 유지된다는 것이 생식질의 연속성이다. 이 학설은 획득형질의 유전을 단호히 배제하고 생식 물질 상호간에 경쟁이 일어나서 생식도태가 일어난다고 주장했다.

다윈주의는 20세기 초에 발견된 돌연변이로 인해 새로운 활력을 얻게 되었다. 돌연변이는 1901년에 후고 드 브리스가 『돌연변이설』이라는 책에서 달맞이꽃에서 갑작스런 돌연변이가 생긴다는 사실을 기술하고, 미국의 생물학자 토머스 모건이 초파리의 염색체를 연구함으로써 밝혀졌다. 신다윈주의자들은 이 돌연변이가 바로 새로운 종의 형성 기원이며 돌연변이에 의해 형성된 새로운 종이 살아남는 것은 생존경쟁과 자연도태에 의해 결정된다고 하여 다윈의 진화론과 결합시켰다.

그러나 돌연변이가 진화의 주요한 원인이라는 주장에 대해 칼 피어슨을 우두머리로 하는 생물통계학자들이 반론을 제기했다. 그들은 지속적이고 개별적인 변이의 축적이 새로운 종 형성의 기원이 된다고 주장하고, 복잡한 통계적인 방법을 통해 이를 증명하려고 했다.

20세기의 유전학의 발달과 지구과학의 발달도 진화론에 많은 영향을 미쳤다. 제임스 윗슨과 프랜시스 크릭이 1953년에 DNA의 구조를 밝혀내고 그 속에 저장된 유전 정보를 해독하게 되면서 진화의 원인도 유전자 단위에서 찾으려는 노력이 전개되었다.

유전자 정보를 비교하는 것은 해부학적인 비교를 하는 것보다 훨씬 많은 이점이 있다. 유전 정보의 비교는 종 사이의 관계를 수량화하는 데 유리하며 서로 완전히 다른 해부학적 기관 사이의 관계를 밝혀내는 것도 가능하기 때문이다. 1968년에 일본의 생물학자 기무라 야스오는 분자들의 단백질을 조사해서 유전에 관한 분자시계를 만들 수 있다고 제안했다. 그는 분자시계를 이용하면 인간과 침팬지가 분화된 시점과 오랑우탄이 분화된 시점을 알아낼 수 있다고 주장했다. 그러나 그의 분자시계는 정확하지 않다는 것이 여러 학자들의 연구에 의해 판명되었다.

한편 지구과학의 발전은 지구의 대륙들이 처음부터 고정되어 있었던 것이 아니라, 조금씩 오랜 시간을 두고 분리되는 과정을 거쳐 현재의 모양이 되었다는 것을 밝혀냈다. 남아메리카와 아프리카가 약 2억 년 전에 같은 대륙이었다는 사실은 진화론을 연구하는 데 좋은 단서를 제공했다. 2억 년 전에는 같은 대륙에 살았던 생물의 진화에, 오랫동안의 지역적 격리가 어떤 영향을 주었는지를 연구한 학자들은 지리적 격리가 진화의 한 원인이 된다는 것을 확신하게 되었다.

이러한 여러 연구 성과 끝에 현대의 진화론은 돌연변이, 유전자 단위의 작은 변화의 축적, 지역적 격리, 자연도태 등이 복합적으로 작용하여 진화가 이루어진다고 여기고 있다. 지역적 격리 외에 생식적 격리도 종의 분화의 원인이 된다. 같은 지역에 살면서도 생활습성이나 울음소리가 달라 오랫동안 상호 생식적 교잡이 이루어지지 않으면 각각 새로운 종으로 분화해갈 수 있다는 것이다.

생명체의 종이 신의 창조에 의해서가 아니라 진화 과정의 산물이라고 밝힌 진화론은 자연에서의 인간의 위치를 변화시켰다. 뉴턴역학의 등장으로 자연계에서 신의 섭리가 배제되었다. 자연을 창조하고 자연법칙을 있게 한 위대한 창조자인 신의 위치에는 변함이 없었지만, 더 이상 신은 자연현상에 개입하지 않게 되었다. 창조는 했지만 더 이상 섭리하지 않는 신이 된 것이다. 그렇지만 아직 사람들은 자신들이 다른 자연물과는 다르다고 생각했다. 인간을 신의 특별한 창조물이라고 생각했기 때문이다. 아직도 신은 인간을 창조했을 뿐만 아니라 인간의 길흉화복을 주관하는 섭리자의 역할을 하고 있었다.

그러나 진화론은 인간도 진화의 결과물로서 자연의 일부라고 선언했다. 그것은 이제 신이 자연뿐만 아니라 인간 세계의 일에도 간여할 수 없게 되었다는 것을 의미했다. 따라서 진화론은 단순한 하나의 생물학 이론으로 남을 수 없었다. 진화론은 윤리의 문제를 제기했고, 인간 가치관의 문제로 발전했으며, 궁극적으로 신과 인간의 새로운 관계 정립을 요구했다. 다윈이 『종의 기원』을 발표한 지 벌써 150년이나 지났지만 아직도 진화론에 대한 논쟁이 계속되고 있는 것은 이 이론의 이러한 중요성 때문이다.

이러한 과학 외적인 문제를 논외로 하더라도, 현재의 진화론이 모든 과학적 문제를 해결한 것은 아니다. 진화론이 가장 설명하기 어려운 문제는 최초의 생명체가 어떻게 등장하게 되었느냐 하는 생명의 기원 문제다. 여러 학자들은 실험을 통해 무기물에서 유기물이 만들어지는 과정을 밝혀냈고, 초기 지구의 환경을 재현해 그 속에서 어떤 일이 벌어졌는지를 탐구했다. 그러나 그 결과들은 생명의 기원을 설명해내기에는 역부족이다. 최초의 생명이 어떻게 만들어졌는지를 규명하지 못하는 한 진화론의 문제가 완전히 해결되었다고 할 수는 없을 것이다.

6 현대문명의 근본인 전기가 나타나다

맥스웰의 『전자기론』

"1820년의 놀라운 발견 이후
전기를 바탕으로 하는 현대문명이 실현될 수 있었다."

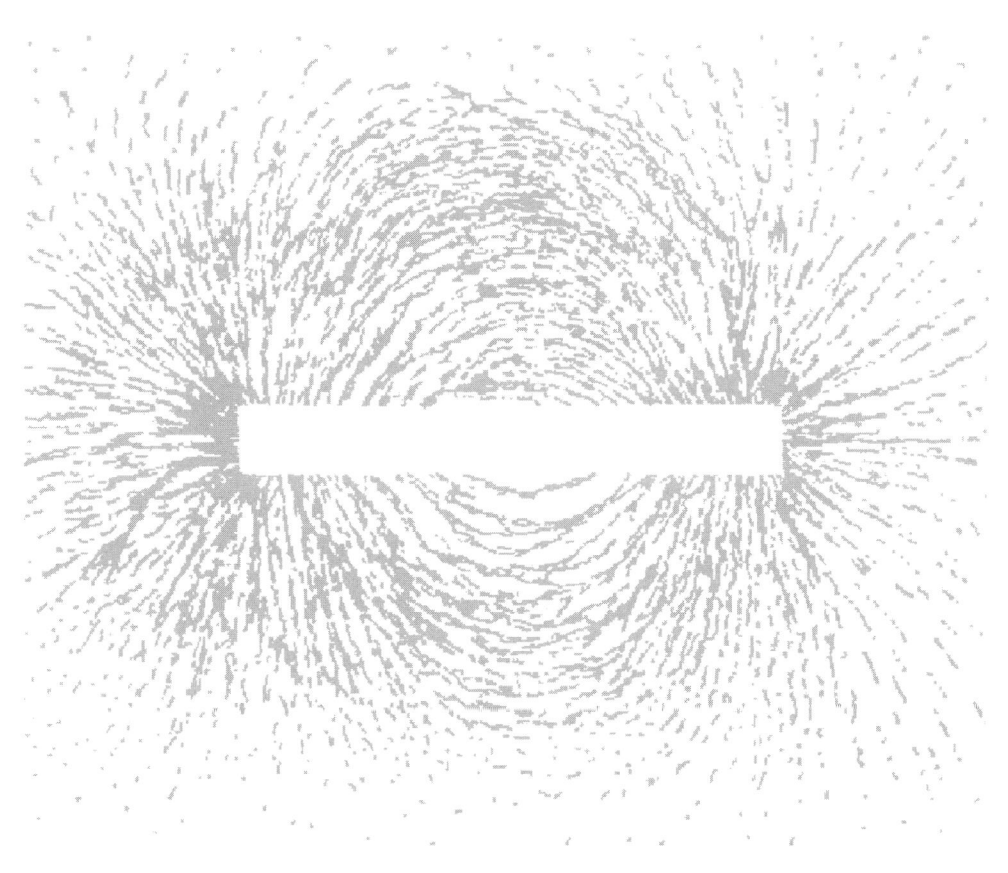

지구는 거대한 자석

뉴턴역학을 바탕으로 한 18세기와 19세기의 과학을 근대과학이라고 한다. 이 두 세기 동안에 과학은 큰 변화를 겪었다.

근대과학의 근간을 이룬 뉴턴역학이 수학적으로 더욱 정교해지고 세련되어졌는가 하면 생물학과 화학 같은 전통적인 분야도 전혀 새로운 모습으로 탈바꿈했다. 화학에서는 2천 년 이상 받아들여지던 4원소론을 폐기하고 원자론이 자리를 잡았으며, 생물학에서는 세포 생물학과 진화론이 새로운 변화를 이끌었다. 이렇게 전통적인 과학 분야가 발전과 변신을 거듭하고 있는 동안 전혀 새로운 과학 분야가 만들어지기도 했다. 앞에서 다룬 열역학도 근대과학 시기에 새로 확립된 학문 분야라 할 수 있다.

이렇게 근대과학 시기에 새로 등장한 학문 분야 가운데 20세기의 과학과 기술 발전을 주도한 분야가 있다. 바로 전자기학이다. 근대과학 이전에는 전기와 관계된 현상을 다루는 전기학과 자석의 성질을 다루는 자기학은 서로 다른 분야로 인식되었다. 그러다가 1800년대 초에 전기와 자기가 모두 전하의 작용이라는 것이 밝혀지면서 전자기학으로 통합되어 새로운 학문 분야를 형성했다. 이렇게 성립된 전자기학은 우리 주변의 자연현상과 물질의 성질을 이해하는 기본 이론이 되었다. 우리가 살아가는 세계에서 나타나는 자연현상은 물론 원자와 분자 단위에서 일어나는 상호작용의 대부분도 전자기적 상호작용의 결과이기 때문이다.

전자기학의 발전 과정은 전기와 자기가 통합되지 않고 독자적으로 연구되던 1820년 이전과 전자기학으로 통합되기 시작한 1820년 이후로 크게 나눌 수 있다. 1820년 이전이 전기나 자기 현상 자체를 이해하려는 초보적인 탐구가 시작된 시기라면, 그 이후부터는 전자기 현상을 통합적으로 이해하려는 노력과 함께 실용적으로 활용하는 방법이 발전하기 시작했다.

따라서 현대 전자공학의 놀라운 발전은 1820년대에 시작된 전기학과 자기학의 통합 작업으로부터 시작되었다고 할 수 있다. 이처럼 전자기학의 역사는 그 실용적인 중요성에 비해 매우 짧다. 하지만 자연에 전기나 자기 현상이 존재한다는 사실이 알려진 것은 매우 오래전의 일이다.

전기의 존재를 처음으로 발견한 사람은 과학의 아버지라고 불리는 그리스의 탈레스라고 전한다. 탈레스는 호박을 양의 가죽으로 문지를 때 생기는 정전기 현상을 관찰했다고 한다. 이 때문에 영어로 전기를 뜻하는 'electricity'라는 말은 그리스어로 호박을 뜻하는 'electron'에서 유래했다. 전기라는 말을 처음 사용한 사람은 탈레스가 아니라 영국 엘리자베스 1세의 시의였던 윌리엄 길버트였다.

자석의 역사는 더욱 길다. 자석의 발견과 이용의 기원은 메소포타미아와 고대 중국으로 거슬러 올라간다. 긴 막대자석이 남과 북을 가리킨다는 사실이 기원전부터 알려져 있었고, 중국에서는 이런 성질을 이용하여 오래전부터 나침반을 만들어 사용했다. 중국으로부터 유럽에 전해진 나침반이 유럽의 대항해 시대를 여는 데 중요한 역할을 했다는 것은 잘 알려진 사실이다.

16세기에 활동했던 영국의 길버트는 자석의 성질을 자세하게 연구하고 이를 이용해 천체의 운동을 설명하려 했다. 1600년에 출판되어 길버트의 이름을 후세에 남기게 한 『자석에 대하여』의 원제목은 「자석과 자성 물체에 대하여, 그리고 커다란 자석인 지구에 대하여 많은 논의와 실험을 통해 증명된 새로운 자연 철학」이다. 제목에 '새로운 철학'이라는 말이 들어 있는 데서 알 수 있듯이, 이 책에서 길버트가 하려는 이야기는 자석에 국한된 것이 아니라 자석의 성질을 바탕으로 하여 지구가 가진 거대한 힘을 이해하기 위한 것이었다. 그는 이 책에서 그간 이루어진 실험들을 모아 자석의 성질을 종합적으로 정리했다. 길버트의 최대 공적은 지구가 하나의 거대한 자석이라는 사실을 밝힌 것이라고 할 수 있다.

길버트는 『자석에 대하여』의 제2권에서 자석은 호박과는 다르다고 주장하면서 정전기 현상을 언급했다. 길버트가 전기를 언급한 것은 정전기 현상을 설명하기 위해서가 아니라, 정전기 현상이 자기 현상과는 다른 현상이라는 것을 확실히 하여 자석에 대한 논의로부터 전기 현상을 분리하기 위해서였다. 그러나 결과적으로는 전기학이라는 독립된 학문 분야를 성립시켰다.

길버트 이전의 학자들은 '인력' '감추어진 힘' 또는 '호감과 반감' 등의 불확실한 용어를 이용해 전기력과 자기력을 함께 취급했다. 길버트에 이르러 자기 현상과 전기 현상이 별도로 파악되고 설명되었다.

길버트는 그가 베르소움이라고 부른 바늘 모양의 가느다란 금속 막대를 자유롭게 움직일 수 있는 지지대 위에 얹어놓은 실험 장치를 고안하기도 했다. 이것은 오늘날 바람의 방향을 나타내기 위해 사용하는 풍향계와 비슷한 모양이었다. 베르소움은 정전기로 대전된 물체를 가까이 가져갔을 때 회전하는 정도를 측정하여 정전기에 의한 힘이 어떻게 작용하는지를 알아보는 실험 장치였다. 이는 검전기에 해당하는 실험 장치로 전기에 대한 체계적인 실험의 시초라고 할 수 있다. 그러나 이 장치는 대전된 전하량을 정밀하게 측정하는 데는 한계가 있었다.

길버트는 이 실험 장치를 이용하여 여러 물질의 정전기 현상을 실험하고, 『자석에 대하여』 제2권 제2장에 호박 현상을 나타내는 물질과 나

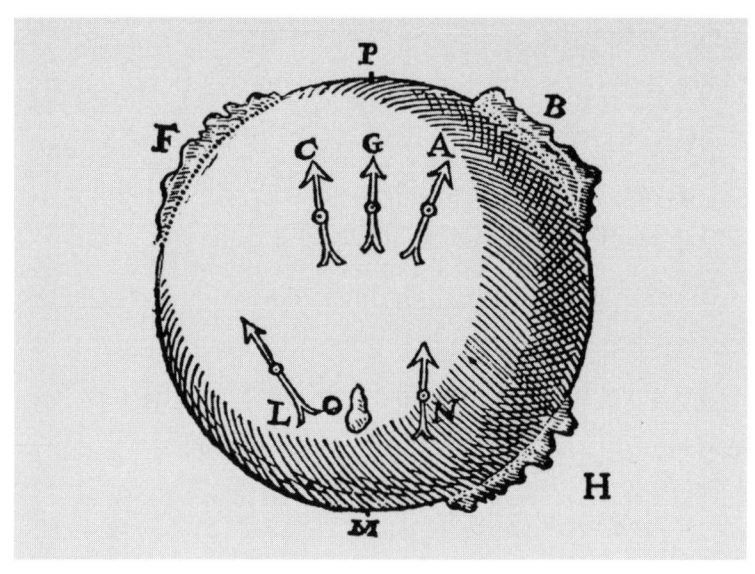

길버트의 『자석에 대하여』의 삽화. 자침에 북쪽을 가리키는 성질이 있음을 증명하기 위해 길버트가 사용한 지구 모양의 자석.

타내지 않는 물질의 목록을 실었다. 그는 물질에 따라서 아주 건조한 날이나 공기가 맑고 투명할 때는 호박 현상이 뚜렷하게 나타나지만 공기의 습도가 높은 날에는 잘 나타나지 않는다고 기록했다.

길버트는 많은 물질을 실험한 결과 호박 현상은 특정한 물질에만 나타나는 특이한 성질이 아니라 여러 물질에서 일반적으로 나타나는 현상이라는 것을 알아냈다. 그는 이런 성질을 지닌 물질을 호박처럼 끌어당기는 물질이라는 뜻에서 전기적 물질(electricum)이라고 불렀고, 이와 비슷하게 자석의 성질을 지닌 물질은 자기적 물질(magneticum)이라고 불렀다. 그는 자기적 물질과 전기적 물질의 차이가 어디서부터 생기게 되었는지를 설명하는 논리를 전개하기도 했다. 그러나 지구의 토질을 액질과 토질로 나누어 설명한 그의 이론은 사실과는 전혀 관계가 없었다.

오렌지로 전구를 밝히다

1600년대에 활동한 오토 폰 게리케가 황을 넣은 구(球)를 돌려서 마찰전기를 발생시키는 기전기를 발명한 일은 전기 실험에 큰 도움을 주었다. 게리케의 이 실험은 역사적으로 유명한 실험이 되었다.

전기에 관한 본격적인 연구를 시작한 사람은 아마추어 실험가로서 왕립학회지 『철학회보』에 자주 논문을 기고했던 스티븐 그레이였다. 그레이는 1729년 정전기 현상이 접촉에 의해 멀리까지 전달된다는 것을 발견하고, 전기를 전달하는 도체와 전달하지 않는 부도체를 구별했다. 그는 도체와 부도체의 구별이 물체의 모양이나 색깔에 따라 달라지는 것이 아니라 그 물체의 고유한 속성이라고 주장했다. 그는 사람을 이용한 실험을 통해 인간의 몸도 도체라는 것을 밝혀냈다.

그레이의 실험은 사람들의 관심을 끌었고, 많은 학자들이 그의 실험을 재현했다. 이 전기 실험은 프랑스의 젊은 보병장교였다가 자연과학에 몰두하여 파리 왕립식물원장을 지낸 찰스 뒤페와 수도원장이었다가 과학에 흥미를 느껴 파리 대학의 물리학 교수가 된 아베 놀레에게로 이어졌다.

뒤페는 금박 검전기를 이용하여 두 종류의 전기가 있다는 것을 발견하고 각각 유리 전기와 수지 전기라고 이름 붙였다. 유리병과 같은 물질을 마찰시켜 만든 전기는 호박과 같은 수지성 물질을 마찰시켜 만든 전기를 끌어당기고, 같은 종류의 전기들은 서로 밀친다는 사실을 발견한 것이다. 그는 또한 물체의 대전성과 전도성의 관계에 주목했고 부도체를 절연물질로 이용할 수 있다는 것을 발견했다.

뒤페의 친구이기도 했던 놀레는 마찰전기를 연구하여 전위계를 작성했다. 또한 라이덴병 발명에 대한 이야기를 전해 듣고는 이를 개량하여 국왕을 비롯한 많은 사람들 앞에서 공개적으로 전기에 관한 실험을 하기도 했다. 놀레는 두 가지 서로 다른 전기를 띤 물체에서 나오는 전기적 유체의 흐름이 서로 반대인 것을 실험으로 보여주기도 했다. 놀레가 어린이를 끈으로 공중에 매달고 마찰전기를 이용해 대전시킨 다음 얼굴과 손발에 종잇조각이 달라붙는 것을 보여준 실험은 널리 알려졌다.

뒤페와 놀레가 전기에는 두 가지 형태의 유체가 있다고 주장한 반면, 피뢰침을 발명한 것으로 잘 알려진 미국의 벤저민 프랭클린은 전기가 한 종류의 유체로 이루어졌다고 주장했다. 그는 한 가지 전기 유체가 압력에 따라 인력과 척력을 나타낸다고 주장하는 이론을 제안했다.

1749년 프랭클린은 비 오는 날 구름 속으로 연을 날려 전기를 모으는 번개 실험을 제안했고, 1752년에 실제로 이를 실험하여 번개와 천둥이 전기 작용이라는 것을 증명했다. 매우 위험한 실험이었지만 프랭클린은 운이 좋아 다치지는 않았다. 러시아의 과학자 중에는 같은 실험을 하다가 감전되어 죽은 사람도 있었다.

전기에 관한 실험을 하기 위해서는 계속 사용할 수 있는 많은 전기가 필요했다. 그러나 마찰전기는 많은 전기를 모으기가 힘들었기 때문에 실험에 많은 제약이 따랐다. 독일의 에드발트 클라이스트와 피터 뮈센브루크가 발명한 라이덴병은 많은 전기를 저장하는 것이 가능했다. 이로써 전기와 관계된 많은 실험들이 더욱 활발하게 벌어졌다.

라이덴 대학에서 공부했던 독일의 클라이스트는 1745년에 약병 속에 대전된 철침을 넣고 그 속에 수은이나 알코올을 채우면 전기를 모을 수 있다는 사실을 발견했다. 클라이스트와는 독립적으로 네덜란드의 물리학자로서 라이덴 대학의 교수였던 뮈센브루크도 1746년에 절연된 유리

라이덴병의 배터리. 이 배터리는 회전하는 가스판으로 구성된 전기기계로 충전되었다.

병에 물을 채우고 대전시키면 많은 전기를 모아 강한 전기 방전을 일으킬 수 있다는 것을 발견했다. 이것을 라이덴병이라고 부른 사람은 놀레였다.

축전기의 일종인 라이덴병은 유리병의 안과 밖에 주석박을 입혀서 만든다. 절연된 병마개의 가운데에 난 구멍을 통해 도체를 유리병 안으로 넣어 내부의 주석박과 접촉시킨 후 도체에 대전된 물체를 접촉시키면 전기가 도체를 통해 흘러들어가 주석박에 저장된다.

실험을 통해 전하 사이에 작용하는 힘에 대한 정량적인 법칙을 알아낸 이는 프랑스의 토목공학 기술자였던 샤를 오귀스탱 드 쿨롱이었다. 오랫동안 군인으로 복무한 쿨롱은 프랑스 대혁명 후 퇴역하고 과학 연

현대문명의 근본인 전기가 나타나다 169

구에 전념했다. 그는 과학아카데미에서 나침반의 제작법을 현상 모집한 것이 동기가 되어 전기현상을 연구하게 되었다.

쿨롱은 1784년에 정밀한 비틀림 저울을 제작하고, 이것을 이용하여 전하 사이에 작용하는 힘이 전하량과 거리에 따라 어떻게 달라지는지를 알아보는 실험을 시작했다. 그는 이듬해에 전하 사이에 작용하는 힘은 전하량의 곱에 비례하고 거리 제곱에 반비례한다는 쿨롱의 법칙을 발견했다. 쿨롱의 법칙은 전기에 대한 연구를 정량적인 것으로 바꾸는 계기가 되었다.

1870년대에는 전기에 관한 또 하나의 중요한 발견이 있었다. 이탈리아의 생물학자로 볼로냐 대학의 해부학 교수였던 루이기 갈바니의 실험 결과였다. 갈바니는 죽은 개구리의 다리에 전기가 흐를 때마다 개구리 다리가 움직이는 것을 관찰하는 실험을 하고 있었다. 그는 우연히 해부용 칼을 개구리 다리에 대기만 했을 뿐 전기를 통하지 않았는데도 개구리 다리가 움직이는 것을 발견했다. 갈바니는 이것을 조사하여 개구리를 구리판 위에 놓거나 구리철사로 매단 후 철로 만든 해부용 칼로 개구리 다리를 건드리면 전기를 통하지 않아도 다리가 움직인다는 것을 알아냈다.

갈바니는 이 현상이 개구리와 같은 동물의 몸 속에 특별한 전기가 있기 때문이라고 생각하고 이를 동물전기라고 불렀다. 구리판과 철로 만든 칼에는 신경을 쓰지 않고 개구리 다리가 움직이는 데만 신경을 썼기 때문에 이런 결론을 얻은 것이다. 아마도 갈바니가 물질보다는 생명체에 관심이 큰 생물학자였기 때문이었을 것이다. 이 소문이 퍼지자 많은 사람들이 개구리를 가지고 실험을 하기 시작했다. 갈바니의 친구인 파비아 대학의 알렉산드로 볼타도 갈바니의 개구리 실험에 관심을 기울였다.

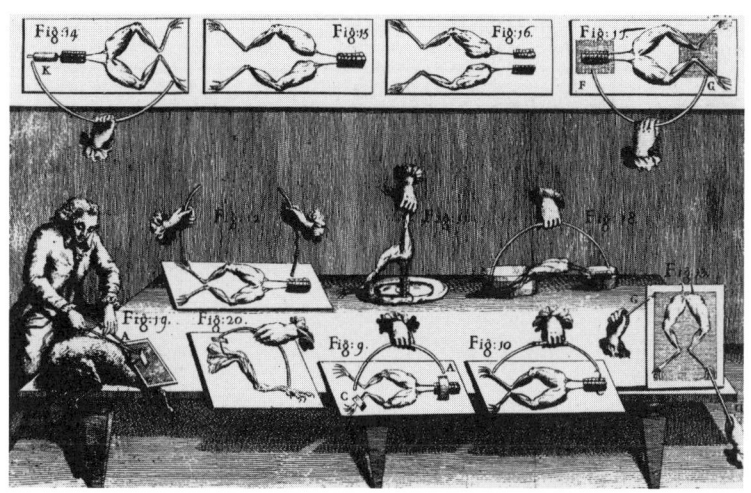

갈바니의 논문에 실린 동물전기에 관한 실험 장면.

 볼타는 개구리 다리를 이용한 실험을 여러 가지로 다시 해봤다. 그는 곧 이상한 사실을 발견했다. 개구리 다리의 한쪽을 구리판에 대고 다른 쪽에 철로 된 칼을 대면 개구리 다리가 움직이지만 양쪽에 같은 종류의 금속을 대면 움직이지 않는 현상을 발견한 것이다. 그래서 그는 개구리 다리에 흐른 전류는 개구리 다리에서 생긴 것이 아니라 서로 다른 금속 때문에 생긴 것이 아닌가 하는 의문을 품었다. 볼타는 개구리 다리보다는 구리판과 철로 된 칼에 주목했다. 생물학자가 아니라 물리학자였기 때문이었을 것이다.
 볼타는 구리판과 철로 된 칼 사이에 소금물에 적신 종잇조각을 두어도 전기가 흐른다는 것을 발견했다. 동물전기가 따로 있는 것이 아니라 두 종류의 금속이 접촉하여 전기가 발생했던 것이다.
 볼타가 서로 다른 종류의 금속판 사이에 묽은 황산이나 소금물에 적신 종이를 끼워 넣은 볼타전지를 만든 것은 1800년의 일이었다. 볼타전

현대문명의 근본인 전기가 나타나다 171

지는 누구나 쉽게 만들 수 있기 때문에 요즘도 학생들은 실험실에서 볼타전지를 만들어보는 실험을 하고 있다. 볼타전지는 서로 다른 금속과 전해질 용액만 있으면 만들 수 있다. 금속은 전해질 속에 녹아 있는 이온과 결합하여 화합물을 만드는데 이때 한 종류의 금속은 음이온과 결합하여 중성 화합물을 만들면서 전자를 내고 다른 금속은 양이온과 결합하여 화합물을 만든다. 이때는 전자가 필요하다. 따라서 두 금속을 도선으로 연결하면 음이온과 결합하는 금속으로부터 양이온과 결합하는 금속으로 전자가 이동하게 된다.

오렌지에 서로 다른 두 금속을 꽂기만 해도 작은 전구를 밝힐 수 있을 정도의 전류가 흐른다. 이때는 오렌지 속에 들어 있는 액체가 전해액의 역할을 한 것이다. 서로 다른 금속으로 만든 두 개의 포크를 혀에 동시에 대면 전기가 흐르는 것을 느낄 수 있다. 이때는 침이 전해액 역할을 한 것이다. 우리가 사용하는 전지나 건전지 중에도 볼타전지를 응용한 것이 많다.

볼타가 발명한 전지는 많은 사람들로부터 칭송을 받았다. 볼타는 나폴레옹 앞에서 전지를 이용하여 물을 전기분해하는 실험을 하기도 했다. 이 실험으로 그는 많은 상금과 훈장을 받았고, 나중에는 백작 작위까지 받았다.

볼타전지의 발명은 역사적으로 큰 의미를 띤 사건이었다. 실제로 볼타전지는 물리학과 화학의 발전에 큰 공헌을 했다. 볼타전지의 발명은 마찰에 의해서가 아니라 화학적 방법으로 전기를 발생시킬 수 있게 되었다는 것을 뜻한다. 따라서 볼타전지는 훨씬 안정적으로 많은 전기를 발생시킬 수 있었기 때문에 전기를 이용한 여러 실험과 연구에 큰 도움을 주었다. 영국의 물리학자이자 화학자인 험프리 데이비는 1803년에

볼타전지. 볼타는 서로 다른 금속판 사이에 묽은 황산이나 소금물에 적신 종이를 끼워 전기를 발생시킬 수 있다는 사실을 발견했다.

전기분해로 알칼리 및 알칼리 토금속을 분리하는 데 성공했고, 1807년에는 칼슘, 스트론튬, 바륨, 마그네슘을 분리했다. 이러한 사실은 볼타전지의 발명이 전기화학이라는 새로운 학문 분야를 탄생시켰다는 것을 뜻한다.

전기와 자기의 만남

길버트 이후 전기학과 자기학이라는 전혀 다른 두 분야로 나뉘어 있던 전기와 자기가 하나로 합쳐지는 일이 일어났다. 전기와 자기를 처음

통합하기 시작한 사람은 덴마크의 물리학자 한스 크리스티안 외르스테드였다. 코펜하겐 대학에서 약학을 공부한 후 약사로 일하던 외르스테드는 볼타전지를 보고 자극을 받아 전기와 관련된 실험을 했다. 독일과 프랑스에 유학한 후 코펜하겐 대학의 교수가 된 그의 연구는 전기화학에 대한 연구에서 전류의 물리적 성질에 대한 연구로 바뀌었다.

1820년, 그는 강의실의 도선 옆에 놓아둔 나침반이 도선에 전류가 흐를 때마다 움직이는 것을 목격했다. 전류의 자기작용을 처음 발견한 것이다. 외르스테드가 발견한 전류의 자기 작용은 전자기학의 새 시대를 여는 중요한 발견으로서 많은 사람들의 주목을 받았다. 1820년 7월 21일, 외르스테드는 「전류가 자침에 미치는 영향에 관한 실험」이라는 제목의 라틴어 논문을 유럽의 학자들에게 보냈다. 학자들은 그 놀라운 실험을 재현하여 결과를 확인했고, 전류의 자기 작용과 관련된 여러 가지 법칙을 짧은 시간 동안에 발견할 수 있었다. 이 발견으로 외르스테드는 영국 왕립학회로부터 코플리 메달을 받았다.

외르스테드의 발견이 처음 프랑스에 전해졌을 때 장 바티스트 비오와 시메옹 푸아송 같은 프랑스 과학자들은 그 발견이 사실이 아닐 것이라고 여겼다. 하지만 그들은 실험을 통해 외르스테드가 얻은 실험 결과를 확인할 수 있었다. 외르스테드의 실험을 인정한 프랑스의 과학자들은 외르스테드의 실험 결과를 수학적으로 분석하고 체계화하는 일에 착수했다.

1820년 9월 4일, 프랑수아 아라고는 프랑스 과학아카데미에서 전류의 자기작용에 대한 발표회를 열었고, 11일에는 이 실험을 재현해 보였다. 그 후 앙드레 마리 앙페르는 9월에서 11월 사이에 전류가 흐르는 두 평행 도선 사이에 작용하는 자기력을 발견하는 한편 전자기 효과와 관련된 현상을 수학적으로 정리하여 앙페르의 법칙을 발표했다. 앙페르의 법칙은 전류가 만드는 자기장의 방향과 세기를 결정해주는 법칙이다. 그해 12월에는 비오와 펠릭스 사바르가 전류가 흐르는 도선에 의해 만들어지는 자기장의 세기를 계산할 수 있는 적분식을 제안했다.

이렇게 하여 1820년 한 해 동안에 전류가 만들어내는 자기장에 관련된 거의 모든 사실이 밝혀졌다. 길버트가 전혀 다른 성질이라고 멀리 떼어놓은 전기와 자기가 다시 결합을 시도한 것이다. 자석의 성질은 전기와 무관한 것이 아니라 전하에 의해 만들어지는 성질이라는 사실을 알아냈기 때문이다. 전기적 성질은 전하가 정지해 있을 때나 움직일 때 모두 나타나는 성질인 반면 자기적 성질은 흐르는 전류, 다시 말해 움직이는 전하가 나타내는 성질이었던 것이다. 그 당시에는 아직 원자의 구조는 물론 전자의 존재를 알지 못했으므로 영구자석이 어떻게 자석의 성질을 가지게 되는지 설명할 수 없었다. 영구자석이 띠고 있는 자석의 성질도 원자핵 주위를 돌고 있는 전자들 때문에 만들어진다는 것은 나중에 밝혀졌다.

인류 최초의 발전기

전류가 자기장을 형성하는 현상을 수학적으로 분석한 앙페르의 작업은 영국의 마이클 패러데이가 전자기 유도법칙을 발견하는 쾌거로 이어졌다. 가난한 대장장이의 아들로 태어나 열세 살 때 학업을 포기하고 서적 판매원, 제본공으로 생활해야 했던 패러데이는 일하며 틈틈이 읽은 책을 통해 과학에 흥미를 가지게 되었다. 그는 과학에 대한 대중 강연을 들으면서 스스로 화학실험을 해보기도 했다. 그는 열아홉 살이던 1812년에 왕립연구소에서 전기화학자 험프리 데이비의 강연을 듣게 되었는데,

데이비와의 만남은 그의 인생에 커다란 전환점이 되었다. 그 강연이 끝난 후 패러데이는 데이비에게 자신을 조수로 채용해달라는 편지를 썼고, 이듬해부터 데이비의 실험조수가 될 수 있었다. 패러데이는 이때부터 1861년에 사임할 때까지 평생 동안 왕립연구소에서 일했다.

패러데이는 데이비의 조수로서 화학 실험을 보조하면서 염화질소, 특수강, 염소의 액화, 벤젠 발견 등과 관련된 화학 연구를 했다. 패러데이는 왕립연구소의 주임이 된 1824년부터 전자기학 분야에 관심을 품고 외르스테드의 실험을 확인했다. 이후 그는 전류의 자기작용의 역현상, 다시 말해 자기력을 이용하여 전류를 발생시키는 연구를 시작했다. 오랫동안 시행착오를 거친 끝에 1차 회로의 개폐에 의하여 2차 회로에 전류가 발생하는 전자기 유도 현상을 발견한 것은 1831년의 일이었다.

패러데이는 그 이전에 이미 전자기 유도를 확인하려는 초보적인 실험을 했지만 당시에는 측정 장치의 한계 때문에 전자기 유도 현상을 확인하는 데 실패했다. 그러다가 1831년 8월 29일 패러데이는 오늘날의 변압기와 유사한 장치를 고안하는 데 성공했다. 패러데이는 이 변압기를 이용해서 더욱 정교한 실험을 진행했고, 마침내 10월 17일에 전자기 유도 현상을 발견했다. 그는 같은 해 11월 왕립학회에서 그 결과를 발표했다. 1845년에는 자기장과 자기력선 개념을 처음으로 도입했고, 자기장 개념을 더욱 발전시켰다.

패러데이의 노력으로 이제 자기장을 이용해 전류를 발생시키는 것이 가능해졌다. 그러나 패러데이가 처음 예상했던 것과는 달리 전류는 강한 자기장으로 유도되는 것이 아니라 자기장의 변화로 유도된다는 것이 밝혀졌다. 두 회로를 나란히 놓고 한 회로에 전류를 흐르게 하면 두 번째 회로에는 아무런 변화가 없다. 그러나 첫 번째 회로의 스위치를 차단

실험에 열중하고 있는 패러데이. 그가 발견한 전자기 유도법칙을 통해 더 많은 전기를 지속적으로 발생시킬 수 있었다.

하거나 연결하면 아주 짧은 시간 동안 두 번째 회로에 전류가 흐르게 되는 현상이 발견된 것이다. 회로의 스위치를 열거나 닫는 순간 전류의 변화가 생기고, 이 전류의 변화가 변화하는 자기장을 만들어낸 것이다. 따라서 전자석 근처에 도선을 놓고 전자석에 전류를 흘렸다 끊어도 도선에 전류가 흐르며, 도선 주위에서 자석을 움직이기만 해도 도선에 전류가 유도된 것이다.

당시의 과학자들은 마찰이나 전지를 이용해서 전류를 얻었다. 패러데이의 발견으로 이제 전류를 만들어내는 효과적인 방법이 개발됐다. 과학자들은 이 새로운 방법을 통해 더 많은 전기를 지속적으로 발생시킬 수 있었다. 이것은 전기의 실용화 가능성과 또 하나의 기술적 혁명을 예고하는 것이었다. 실제로 패러데이의 전자기 유도법칙은 현재 널리 사용되고 있으며 모든 발전기의 원리가 되고 있다. 따라서 전기를 바탕으로 하는 현대 문명은 패러데이의 전자기 유도법칙 덕분에 실현이 가능했다고 말할 수도 있다.

패러데이는 전자기적 상호작용을 설명하기 위해 에테르라는 매질을 도입했다. 우리는 물체들이 역학적 상호작용을 하기 위해서는 물체가 직접 접촉해야 한다고 생각한다. 패러데이는 전자기적 상호작용에도 같은 원리를 적용하기 위해, 공간에는 전자기적 상호작용을 가능하게 하는 에테르라는 매질이 가득 차 있다고 가정했다.

패러데이의 가설에 따르면 물체가 전하로 대전되면 주위에 있는 에테르를 변형시키고, 그것이 척력이나 인력을 작용시키는 원인이 된다. 이러한 가상적인 에테르의 변형을 나타내는 선은 전기력선 또는 자기력선의 방향과 일치한다. 그러나 후에 에테르가 존재하지 않는다는 것이 밝혀졌다.

이제 전자기 현상을 포괄적으로 이해하는 문제만이 남았다. 사람들은 전하와 자석 사이에 작용하는 힘에 대하여, 그리고 전류가 만들어내는 자기장과 자기장의 변화가 만들어내는 기전력에 대해 알게 되었다. 누군가가 이러한 개별적인 전자기 법칙을 종합하여 통합된 법칙을 만들고 그것을 바탕으로 전자기학의 체계를 세우는 일을 해야 했다. 그 사람이 제임스 맥스웰이다.

빛은 어떻게 전달되는가

쿨롱, 가우스, 앙페르 그리고 패러데이 같은 학자들이 발견한 법칙들을 수학적으로 체계화하여 전자기 현상에 관한 통일적 체계를 만든 사람은 스코틀랜드 에든버러 태생의 물리학자 제임스 맥스웰이다.

맥스웰은 15세가 되기 전에 난형곡선에 관한 논문을 에든버러 왕립학회에 제출하여 사람들을 놀라게 했다. 1850년에는 케임브리지 대학에서 공부했으며 후에 연구원으로 선출되어 색채론과 전자기학을 연구했다. 1856년에 애버딘 대학 자연철학 교수가 되어 1860년까지 재직하다가 킹스칼리지로 옮겼다. 그는 이곳에서 색채론에 관한 연구를 하면서 전자기학 이론의 기초가 되는 「물리적 자력선」「전자기장의 역학」 등의 논문을 발표했다. 또한 기체의 분자운동론에 관한 중요한 연구를 했으며, 전기저항의 단위를 결정하기 위한 실험적 연구도 했다.

1865년에 맥스웰은 「전자기장의 동력학 이론」이라는 논문에서 앙페르 법칙에 변위전류를 포함하여 맥스웰 방정식을 완성시킬 수 있었고 전자기파 방정식을 유도할 수 있는 바탕을 마련했다. 건강상의 이유로 교수직을 사직하고 커쿠브리셔의 글렌레어로 돌아간 맥스웰은 자신의 필생의 명저 『전자기론』을 1873년에 발표했다. 그는 이듬해 캐번디시연구소를 개설하여 초대 소장이 되었다. 맥스웰은 패러데이 전자기 유도법칙에서 출발하여 유체역학적 모델을 이용한 수학적 분석을 통해 전자기장의 기초방정식인 맥스웰 방정식을 완성했다. 그는 이 맥스웰 방정식으로 전자기파의 파동방정식을 유도해내 전자기파의 존재를 예측했다. 전자기파의 전파 속도가 빛의 속도와 같고, 전자기파가 횡파라는 사실도 알아냄으로써 빛이 전자기파라는 것을 밝혔다. 또한 맥스웰은 분자의 평균 속도 대신 분자 속도의 분포를 나타내는 속도 분포 법칙을 만들어 기체의 성질을 규명하는 데 공헌했다.

맥스웰이 정리한 방정식은 4개의 방정식으로 이루어져 있다. 첫 번째와 두 번째 방정식은 전기장과 자기장의 성질을 나타내는 방정식이다.

전기력과 자기력이 작용하는 공간을 전기장 또는 자기장이라고 부르는데 전기장과 자기장의 방향과 세기는 전기력선과 자기력선을 이용해 나타내는 것이 편리하다. 전기력선은 플러스 전하에서 시작되어 마이너스 전하에서 끝난다. 하지만 자기력선은 항상 전류를 싸고 돌기 때문에 시작점과 끝점이 없다. 다시 말해 자석에는 N극과 S극이 존재하지 않는다는 것이다. 대신 N극 방향, S극 방향만 존재한다. N극과 S극으로 이루어진 자석을 반으로 나누면 한 끝이 N극이 되고 반대편 끝은 S극이 되는 것은 바로 이 때문이다. 맥스웰 방정식의 첫 두 방정식은 이런 내용을 방정식을 이용하여 나타낸 것이다.

세 번째 방정식은 전류가 만드는 자기장의 방향과 세기를 결정하게 하는 앙페르의 법칙이다. 그런데 맥스웰은 앙페르의 법칙을 약간 수정했다. 앙페르의 법칙에서는 전류가 흐를 때만 주변에 자기장이 만들어진다고 했다. 그러나 맥스웰은 전류가 흐르지 않고 전기장의 세기만 변해도 주변에 자기장이 만들어진다는 것을 알아냈다. 이것은 매우 중요한 내용이었다.

예를 들어 두 개의 평행판으로 만든 축전기를 생각해보자. 정전유도 현상 때문에 축전기의 두 판에 전기가 축적될 수 있다. 축전기에 전기가 축적되기 전에는 축전기 내부, 즉 평행판 사이에는 전기장이 형성되어 있지 않다. 두 판에 전기가 축적됨에 따라 평행판 사이의 전기장의 세기가 점점 강해진다. 이때 평행판은 서로 떨어져 있기 때문에 평행판 사이에 흐르는 전류는 없다. 하지만 전기장의 변화로 인해 평행판 사이에는 자기장이 유도된다.

전기장의 변화가 전류와 똑같은 역할을 한 것이다. 따라서 전기장의 변화도 전류로 보아 변위전류라고 부르게 되었다. 즉 자기장을 만들어

전자기 현상에 관한 통일적 체계를 만든 맥스웰. 그는 15세가 되기 전에 난형곡선에 관한 논문을 에든버러 왕립학회에 제출하여 학자들을 놀라게 했다.

내는 것은 실제로 전하가 움직여가는 실제 전류와 실제로 전하는 움직여가지 않지만 전기장의 세기가 변해서 만들어지는 변위전류 두 가지가 있는 셈이다. 우리 주위의 여러 도선에는 전류가 흐르고 있다. 따라서 이런 도선 주위에는 자기장이 생긴다. 빈 공간에는 전류가 흐르지 않지만 여기에도 전기장의 세기가 변하면 자기장이 만들어질 수 있다.

네 번째 방정식은 패러데이의 전자기 유도법칙이다. 앞에서도 설명했지만 전자기 유도법칙은 변해가는 자기장이 기전력을 발생시키는 것을 나타내는 방정식이다. 기전력이 생긴다는 것은 전기장이 만들어진다는 것과 같은 뜻이다. 따라서 패러데이 전자기 유도법칙은 변해가는 자기장이 전기장을 만들어낸다는 것을 의미한다. 그렇다면 이 법칙은 변위전류, 다시 말해 변해가는 전기장이 자기장을 만들어낸다고 했던 수정된 앙페르의 법칙과 대칭이 되는 법칙이라는 것을 알 수 있다. 변화하는 전기장은 자기장을 만들어내고, 반대로 변화하는 자기장은 전기장을 만들어낸다는 것은 자연의 대칭성과 조화로움을 믿는 사람들에게 참으로 만족스럽고 아름다운 법칙이었다.

이렇게 네 가지 법칙으로 이루어진 맥스웰 방정식은 전자기와 관련된 모든 현상을 이해하고 설명할 수 있었다. 뉴턴역학이 $f=ma$라는 하나의 식 위에 올려져 있던 것과 달리 전자기학은 맥스웰 방정식이라는 네 개의 식을 바탕으로 한 것이다.

맥스웰은 맥스웰 방정식으로부터 수학적으로 전자기파의 파동방정식을 유도할 수 있었다. 그런데 그렇게 유도한 전자기파의 속도가 그때까지 관측되었던 빛의 속도와 같은 값이라는 것이 확인되었다. 따라서 빛도 전자기파라는 것이 밝혀졌다. 이것은 광학이라는 별도의 분야로 취급되던 빛이 전자기학의 일부로 포함되었다는 것을 의미했다. 그러나 맥스웰은 실험을 통해 전자기파의 존재를 확인하지는 못했다.

빛이 파동이냐 입자냐 하는 논쟁은 매우 오래된 논쟁이었다. 데카르트, 그리말디, 하위헌스, 뉴턴 등의 과학자가 연관된 1600년대의 논쟁에서 뉴턴의 입자설이 일단 승리를 거둔 것처럼 보였다. 그러나 빛이 띠고 있는 편광, 간섭, 회절, 복굴절 같은 성질들이 밝혀지면서 빛이 파동이라고 생각하는 사람들이 점차 많아졌다. 이제 맥스웰이 이 문제에 쐐기를 박은 것이다. 물론 실험적 검증 절차가 남아 있기는 했지만, 맥스웰은 빛은 파동 중에서도 전자기파라는 것을 확신했다.

그러나 빛이 전자기파라고 해서 문제가 모두 해결된 것은 아니었다. 당시에는 파동이 전파되기 위해서는 매질이 있어야 한다고 생각했다. 파동은 매질을 통해 에너지가 전달되는 현상이기 때문이었다. 그렇다면 빛, 다시 말해 전자기파를 전달해주는 매질은 무엇일까? 이 문제는 많은 학자들을 괴롭혔다. 오래전부터 과학자들은 우주 공간을 가득 메우고 있는 에테르라는 매질을 생각하고 있었다. 에테르는 전자기파의 전파를 위해서뿐만 아니라 중력이나 전자기력과 같이 원격으로 작용하는 힘을 설명하기 위해 도입되기도 했다. 패러데이가 제안한 에테르도 그런 에테르 가운데 하나였다. 맥스웰 방정식은 패러데이의 이러한 생각을 바탕으로 전자기적 상호작용을 네 개의 방정식으로 나타낸 것이라고 할 수도 있다.

에테르라는 말이 사용되기 시작한 것은 고대 그리스에서부터였다. 고대 그리스인들은 신들이 사는 세계는 인간들이 사는 지상과는 달라서, 지상의 물질을 이루는 4원소뿐 아니라 제5의 원소인 에테르로 구성되어 있다고 생각했다. 오랜 세월이 흐른 후 에테르는 전자기파의 전파를 위해 다시 한번 등장하게 되었다. 과학자들은 이 가상적인 에테르의 성질을 계산하고 이를 토대로 에테르를 발견하기 위해 노력했지만 실패했다. 에테르를 찾아내기 위한 실험이 실패로 돌아갔을 때 상대성이론이 등장하게 된다.

전자기파와 전자의 발견

맥스웰이 『전자기론』에서 정리한 전자기학 체계가 처음부터 사람들에게 받아들여지지는 않았다. 열역학 성립에 중요한 역할을 했으며 과학계에서 널리 존경받던 톰슨이 끝까지 맥스웰의 전자기학을 받아들이지 않은 것은 이런 사정을 잘 말해준다. 베버와 헬름홀츠를 중심으로 한 독일의 과학자들은 맥스웰의 이론과는 다른 전자기학 체계를 구축하려고 시도하기도 했다. 그러나 독일의 물리학자 헤르츠가 맥스웰이 수학적으로 예견했던 전자기파를 실험을 통해 확인하면서 사정은 크게 변하기 시작했다.

1857년에 독일 함부르크에서 태어난 헤르츠는 기술자가 되기 위해 고등공업학교에 다니던 중 자연과학을 공부하기로 마음먹고 베를린 대학에 진학하여 물리학을 공부하고 키르히호프와 헬름홀츠의 지도를 받았다.

헤르츠가 전자기 이론 및 전자기파에 관심을 가지게 된 것은 22세 때인 1879년 무렵부터였다. 그러나 당시로서는 전자기파를 관측하는 것이 불가능했다. 이후 그는 진동수가 높은 전기 진동을 만들어내는 방법을 알아내는 데 성공하고 전자기파 실험에 착수했다.

헤르츠는 하나의 코일로 높은 진동수의 전기 스파크를 일으키면 이 회로와 분리되어 있는 다른 코일에도 전기 스파크가 생기는 현상을 관측하는 데 성공했다. 헤르츠는 이 실험을 더욱 발전시켜 포물면경을 이용하여 평행한 전자기파를 만들어내고 이를 이용하여 전자기파의 직진, 반사, 굴절, 편광 등의 성질을 조사했다.

이를 통해 헤르츠는 전자기파가 맥스웰의 예측대로 빛이나 열복사와 똑같은 성질을 띤다는 것을 확인했다. 그리고 전자기파의 전파 속도가 빛의 속도와 같다는 것도 확인했다. 이러한 실험은 1887년 10월에서 이듬해 2월 사이에 이루어졌다. 헤르츠의 실험은 단순히 전자기파의 존재를 확인하는 데 그치지 않고, 전자기파의 성질을 모두 규명하는 결과를 가져왔다. 이 실험으로 맥스웰의 전자기 이론은 완전히 검증되었다.

헤르츠가 전파의 존재를 실험적으로 입증하고 난 뒤 맥스웰 전자기학은 급속도로 전파되었고 마침내 전자기학의 중심이론으로 자리를 잡았다. 그러나 헤르츠는 전자기파에 대한 실험을 마친 지 6년 후에 만성패혈증으로 37세의 나이로 요절했다. 그의 이름은 전자기파의 진동수를 나타내는 단위로 남았다.

헤르츠가 전자기파의 존재를 확인한 후 이를 이용한 통신 방법이 급속히 발전했다. 1899년에 이탈리아의 마르코니는 영국 해협을 건너는 무선 통신에 성공했고, 1901년에 대서양을 횡단하는 무선 통신에 성공했다.

인류가 전자기파의 존재를 실험적으로 확인한 것은 지금부터 120년 전쯤의 일이다. 오늘날 전자기파는 우리와 가장 밀접하고 필요한 부분이 되었다. 120년 전에는 존재하는지조차 몰랐던 전자기파가 이제는 우리 생활에서 가장 중요한 것이 되었다는 사실은, 지난 100년 동안 전자기파와 관련된 기술이 얼마나 많이 발전했는지를 단적으로 보여준다.

전자기학은 맥스웰 방정식의 확립과 헤르츠의 증명으로 완성되었다고 할 수 있다. 이는 전기와 관계된 현상을 모두 이해하게 되었다는 것을 의미한다. 그러나 정작 전기 현상을 만들어내는 원인에 대해서는 아무도 모르고 있었다. 모든 전자기적 현상이 전하에 의해 만들어진다는 것은 알고 있었지만 전하 자체에 대해서는 제대로 알지 못했던 것이다. 맥스웰의 전자기학에서는 플러스 극에서 마이너스 극으로 전류가 흐르는 것으로 되어 있지만, 플러스 극에서 마이너스 극으로 흘러가는 것이 무엇인지는 구체적으로 몰랐던 것이다.

사람들이 전기현상을 일으키는 전하에 대해 자세한 사실을 알게 된 것은 J. J. 톰슨이 전자와 양성자를 발견한 후의 일이다. 전자와 양성자가 발견되고 원자의 구조가 밝혀지면서 전기현상을 일으키는 원인이 뚜렷해졌고, 전류가 흐를 때 대부분의 경우 실제로 흘러가는 것은 전자라는 것도 밝혀졌다. 전자가 흘러가는 방향이 실제로는 플러스에서 마이너스 방향이라는 것도 밝혀졌다. 그러나 이러한 새로운 사실들이 전자기 현상을 설명한 맥스웰 방정식을 바꿔놓지는 못했다. 맥스웰 방정식은 전자가 발견된 후에도 전자기학의 중심이론으로 남아 있다.

7 현대과학의 문을 열어젖히다

아인슈타인의 '상대성이론'

"아인슈타인은 우주를 지배하고 있는 힘을
새롭게 이해한 사람이었다."

빛은 얼마나 빠를까

 과학사가들은 1900년대 이전과 이후의 과학을 근대과학과 현대과학으로 나눈다. 그런데 물리학에서는 근대물리학이라는 말 대신 고전물리학이란 말을 더 많이 사용한다. 19세기 이전까지의 물리학을 근대물리학이 아니라 고전물리학이라고 부르는 것은, 19세기 이전의 물리학이 19세기 이후의 물리학과 완전히 다르다는 의미를 담고 있다.

 고전물리학을 지탱한 것은 뉴턴의 운동법칙, 열역학 법칙 그리고 맥스웰 방정식이었다. 현대물리학을 지탱하는 것은 상대론과 양자론이다. 상대론과 양자론의 등장은 과학혁명에 비교할 수 있는 커다란 변화였다. 19세기 이전의 물리학을 고전물리학이라고 부르는 데는 이러한 변화를 강조하려는 의도가 있다고 할 수 있다.

 상대론과 양자론 중에서 상대론이 먼저 뉴턴역학에 도전장을 냈다. 상대론이 처음 등장한 것은 1905년이지만, 그 씨앗은 과학자들이 빛의 속도를 측정하려고 시도할 때부터 이미 싹을 틔웠다고 할 수 있다.

 빛은 인간의 생활에 가장 큰 영향을 미치는 중요한 환경 요소지만, 인간의 감각으로는 그 실체를 파악하는 것이 불가능하다. 따라서 빛의 실체가 무엇인지, 빛의 속도가 얼마나 빠른지를 알아내려는 노력은 오랫동안 제대로 된 결론을 내놓지 못하고 있었다. 빛의 실체를 규명하려는 노력이 시작된 것은 오래전으로 거슬러 올라간다. 빛의 실체를 규명하려는 노력은 빛이 입자냐 파동이냐 하는 문제와 빛의 속도가 얼마나 되느냐 하는 문제로 요약할 수 있다. 빛에 관한 이 두 가지 문제를 따라가다 보면 현대과학을 지탱하고 있는 두 이론이 등장하게 된다.

 빛의 속도를 측정하려는 시도를 처음 한 사람은 갈릴레오라고 알려져 있다. 갈릴레오는 1638년에 빛의 속도를 측정하는 간단한 방법을 제안했다. 먼저 두 사람의 관측자가 갓을 씌운 등불을 들고 어느 정도의 거리를 두고 선다. 그다음 첫 번째 관측자가 등불에 씌웠던 갓을 벗겨 두 번째 관측자에게 빛을 보내고 두 번째 관측자는 첫 번째 사람이 보낸 빛을 보는 즉시 자신이 들고 있던 등불의 갓을 벗겨 빛을 돌려보낸다. 그렇게 하면 첫 번째 관측자가 처음 빛을 보낸 시간과 두 번째 관측자가 빛을 받은 시간을 관측하여 빛의 속도를 측정할 수 있을 것이라는 내용이었다.

그러나 갈릴레오 자신이 직접 이 실험을 해보지는 않았다. 갈릴레오가 죽고 25년이 흐른 1667년에 피렌체의 치멘토 아카데미에서 갈릴레오의 아이디어를 이용하여 거리를 바꿔가면서 시도했지만 빛의 속도를 측정하는 데는 실패했다.

덴마크의 천문학자 올레 뢰머는 목성의 위성인 이오의 공전주기를 이용하여 빛의 속도를 측정하는 데 성공했다. 당시의 과학자들은 이오의 공전주기가 지구와 목성의 위치에 따라 달라지는 이유를 알아내기 위해 고심하고 있었다. 뢰머는 이러한 현상이 생기는 이유는 이오의 공전주기 때문이 아니라 목성에서 지구까지의 거리가 달라져서 빛이 달려와야 하는 거리가 달라지기 때문이라고 생각하고, 이를 이용하여 빛의 속도를 측정하는 데 성공했다. 뢰머의 성공으로 빛의 속도가 유한하다는 것이 밝혀졌고, 그 값이 어느 정도인지 짐작할 수 있게 되었다. 그 후 프랑스의 피조와 푸코 같은 학자들이 실험을 통해 빛의 속도를 측정했다.

빛의 속도 문제가 해결되자 과학자들은 빛을 전파시키는 매질은 무엇인가 하는 문제를 해결하기 위해 노력하기 시작했다. 19세기의 물리학자들은 우주 전체가 에테르라고 불리는 물질로 가득 차 있다고 가정하고, 이 에테르가 빛을 전달해주는 매질 역할을 한다고 믿었다. 미국인으

미국인으로는 처음으로
노벨 물리학상을 수상한 앨버트
마이컬슨은 에테르의 존재를 실험을 통해
증명할 수 있다고 믿었다.

로서는 처음으로 노벨 물리학상을 수상한 앨버트 마이컬슨은 에테르의 존재를 실험을 통해 증명할 수 있다고 믿었다. 마이컬슨은 25세가 되던 1878년에 빛의 속도는 299,910±50km/s라고 측정했는데 이는 그 전에 알려졌던 것보다 훨씬 정확한 값이었다.

1880년에 마이컬슨은 빛을 전달하는 에테르의 존재를 증명해줄 것이라고 여긴 실험 장치를 고안했다. 이 장치에서 빛은 서로 직각으로 진행하는 두 빛으로 갈라졌다. 하나의 빛은 지구의 운동 방향과 같은 방향으로 전파되도록 했고, 다른 빛은 처음 빛과 직각인 방향으로 진행하도록 했다.

두 빛은 같은 거리를 달린 다음 거울에 의해 반사되어 돌아와 다시 하나의 빛으로 합쳐졌다. 두 빛이 하나로 합쳐질 때 간섭현상을 나타낼 것으로 추정되었다. 마이컬슨은 두 빛을 비교한 후 두 빛이 왕복하는 데 걸린 시간 차이를 이용하여 예상된 간섭현상을 계산하려 했다.

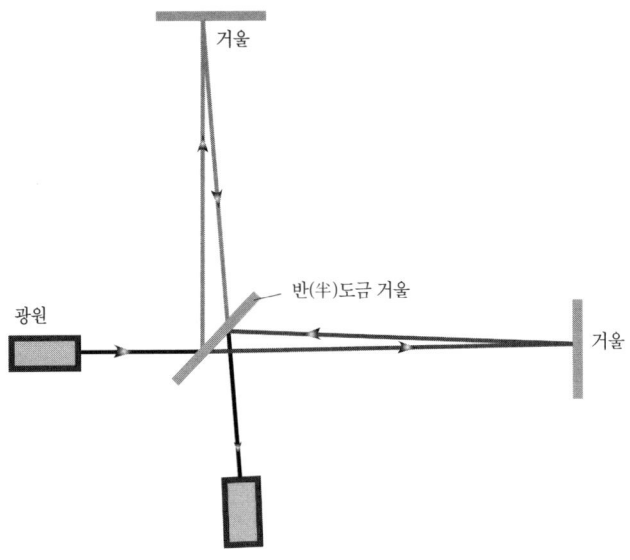

마이컬슨 간섭계의 구조. 마이컬슨은 빛의 속도가 지구의 운동 방향에 상관없이 일정함을 밝혔다.

그런데 예상했던 간섭현상은 나타나지 않았다. 그것은 '빛의 속도가 지구의 운동 방향에 관계없이 항상 일정하다'는 것을 뜻했다. 만약 우주 공간이 에테르로 가득 차 있고 빛이 이 에테르를 통해 전달된다면 에테르 속에서 운동하는 지구에서 측정한 빛의 속도는 방향에 따라 달라져야 할 것이었다. 그러나 수없이 반복된 실험에서도 빛은 지구의 운동과는 관계없이 모든 방향으로 항상 일정한 속도로 전파된다는 것이 확인되었다. 이것은 에테르가 존재하지 않는다는 것을 뜻했다.

마이컬슨은 실험 오차를 줄이기 위해 모든 주의를 기울였다. 실험 장치를 정밀하게 조립했고, 작은 흔들림에 의한 오차도 없애기 위해 실험 장치 전체를 수은에 띄웠다. 그럼에도 불구하고 마이컬슨은 에테르가 존재한다는 증거를 어디에서도 찾을 수 없었다. 참으로 충격적인 결과였다. 무엇이 잘못되었는지를 찾기 위해 마이컬슨은 화학자인 에드워드 몰리와 공동 연구를 시작했다.

그들은 7년 동안 같은 실험을 더욱 정밀하게 반복하고 나서 에테르는 존재하지 않는다는 결론을 내리지 않을 수 없었다. 마이컬슨은 광학과 관련된 많은 성공적인 실험을 통해 명성을 얻었는데, 그를 진정 위대한 과학자로 만들어준 것은 에테르를 찾지 못하고 끝난 이 실험이었다. 이제 물리학자들은 빛이 아무것도 없는 공간인 진공을 통해 전달된다는 것을 받아들이지 않을 수 없게 되었다.

어떤 학자들은 마이컬슨이 에테르의 존재를 증명하지 못한 것은 지구가 달리면서 에테르를 끌고 가기 때문이라고 주장하기도 했다. 그러나 천체 관측을 통해서도 에테르의 존재를 증명할 수 없었다. 별 중에는 서로의 중심을 돌고 있는 이중성이 있다. 이들이 우리 시선 방향에서 돌고 있다면 두 별 중의 하나는 우리 쪽으로 다가와야 하고, 다른 하나는 멀어져야 한다. 얼마 후에는 두 별의 운동 방향이 바뀔 것이다. 만약 다가오고 있는 별이 내는 빛의 속도는 더 빠르고, 멀어져 가는 별이 내는 빛의 속도는 더 느리다면 우리가 측정하는 이중성의 운동은 매우 불규칙해야 한다. 별까지의 거리가 멀기 때문에 속도가 조금만 차이가 나도 빛이 우리에게 도달하는 데 걸리는 시간 차이는 아주 클 것이기 때문이다. 따라서 우리가 보고 있는 다가오는 별은 일주일 전의 별이고, 우리가 관측하는 멀어져 가는 별은 일주일 후의 별일 것이다. 얼마 후에 두 별의 위치가 바뀌면 두 별에서 오는 빛의 순서는 거꾸로 될 것이다. 그러나 이중성의 관측에서 그런 현상이 관측된 적은 없었다.

속도를 측정하려면 일단 기준계가 있어야 한다. 기준계가 달라지면 속도는 다르게 측정된다. 길거리에 서서 측정한 날아가는 새의 속도와 빠르게 달리는 자동차 위에서 측정한 새의 속도가 다르다는 것은 경험을 통해 누구나 알고 있는 사실이다. 처음에 과학자들은 빛의 속도는 에테르에 대한 속도일 것이라고 생각했다. 그래서 에테르에 대해 움직이면서 관측하면 빛의 속도가 다르게 측정될 것이라고 생각했다. 그러나 그런 일은 일어나지 않았다. 빛의 속도는 관측자나 광원의 속도와는 관계없이 언제나 일정하게 측정되었다. 따라서 에테르의 존재는 부정되었다. 그렇다면 빛의 속도는 무엇에 대해서 측정한 속도여야 할까?

이 문제를 해결하기 위해 많은 사람들이 여러 가설을 제안했지만 빛의 속도와 관계된 모든 문제를 해결할 수는 없었다. 이 문제는 고전물리학의 두 축을 이루고 있던 뉴턴역학과 전자기학 사이의 불협화음이라고 할 수도 있다. 빛은 전자기파이고 빛의 속도는 맥스웰의 방정식으로 계산할 수 있기 때문이다. 빛의 속도가 뉴턴역학으로 설명할 수 없는 현상을 나타낸다는 것은 전자기학이 뉴턴역학과 어긋나기 시작했다는 것을 뜻했다. 이는 고전물리학의 위기가 아닐 수 없었다. 이 문제를 해결하여 물리학을 위기에서 구한 사람이 바로 아인슈타인이었다.

아인슈타인의 등장

앨버트 아인슈타인은 1879년에 독일 남부에 있는 울름이라는 도시에서 헤르만과 파울리네 아인슈타인 부부의 장남으로 태어났다. 비교적 부유한 집안에서 자라 좋은 교육을 받은 어머니는 모든 열정을 아들에게 쏟았다. 어린 아인슈타인은 너무 뚱뚱하고 말이 더뎌 가족을 불안하게 했다. 그러나 어머니는 말을 듣지 않는 아들을 달래가며 몇 시간이고 바이올린을 가르쳤다. 아인슈타인의 여동생 마야는 오빠가 어렸을 때 수학을 못해 선생님에게 많이 맞았다고 기억했지만, 아인슈타인의 성적은 어머니를 만족시킬 만큼은 좋았던 것으로 알려져 있다. 어머니는 아들의 성적을 자랑스럽게 생각했지만, 그의 독단적이고 강압적인 성격과 자신이 어리석다고 생각하거나 사람을 경멸하는 태도에 대해서는 근심스러워했다.

소년 아인슈타인은 아홉 살 때 유대교의 전통에 빠져 2년 정도 헌신적인 신앙생활을 했다. 열한 살이 막 지났을 때 그는 대중과학 총서를 선물로 받았다. 이 책들을 탐독한 아인슈타인은 『성서』의 내용이 사실일 수 없다고 생각하게 되었다. 훗날 아인슈타인은 열한 살 때의 이 경험이 모든 권위에 대한 의심으로 발전했으며, 모든 종류의 확신을 회의적으로 대하게 되었다고 회상했다. 그는 권위주의적인 독일 학교에서 선생님들과 자주 마찰을 일으켰다.

1894년에 아인슈타인의 부모는 전기회사를 시작하기 위해 딸을 데리고 이탈리아의 밀라노로 갔다가 다시 파비아로 이주했다. 그동안 아인슈타인은 학교에 다니기 위해 친척집에 남아 있었다. 그러던 어느 날 아인슈타인은 이탈리아에 있는 부모 앞에 나타나 독일 시민권을 포기하겠다고 했다. 그가 갑자기 이탈리아로 간 것은 독일 군대에 입대하는 것을 피하기 위해서였을 것이라고 짐작된다.

아인슈타인은 가족들의 권유를 받아들여 공부를 계속하려고 마음먹었다. 우리나라의 고등학교에 해당하는 김나지움의 졸업장이 없었던 아인슈타인은 졸업장을 요구하지 않는 스위스의 취리히 연방공과대학에 입학하기 위해 시험을 쳤다. 이 시험에서 수학과 물리학의 성적은 좋았지만 현대어, 동물학, 식물학 등 다른 과목 성적은 좋지 않았다.

아인슈타인은 교수의 권유로 스위스의 아르가우 간톤학교를 1년간 다

스위스 베른의 특허사무실 서기로
일하던 시절의 아인슈타인.

녔다. 아인슈타인은 아라우에 있던 이 학교에서 독일의 학교에서와는 전혀 다른 인상을 받았다. 아르가우 간톤학교는 19세기 말에 프로이센을 중심으로 고전어 교육보다는 수학 같은 실용적 학문을 강조하면서 일어났던 개혁운동의 영향을 받은 학교였다. 아인슈타인은 이 학교에서 뮌헨의 학교에서 느끼지 못했던 자유로운 분위기를 느꼈고 매우 만족스러운 학창시절을 보낼 수 있었다.

아라우에서의 교육은 아인슈타인의 사고 형성에 가장 중요한 부분을 차지하게 되었다. 아인슈타인은 비교적 자유로운 생각을 많이 할 수 있었던 스위스 간톤학교 시절인 16세 때에 이미 물체가 빛과 같은 속도로 달리면 어떤 현상이 나타날 것인가에 대한 생각에 골몰했다고 한다. 이것이 상대성이론과 관련된 그의 최초의 사고실험이었으며, 그 뒤 10여

년 동안 이 문제에 대해 계속 고민한 끝에 마침내 1905년 자신의 상대성이론을 얻어내게 된다. 결국 그의 상대성이론은 스위스 아라우에서의 자유로운 교육 환경에서 배태된 것이었다.

취리히 연방공과대학에 다니는 동안에도 아인슈타인은 대학의 권위주의적인 분위기를 싫어했다. 그는 한때 "나의 공부를 방해하는 유일한 것은 교육이다"라고 말하기도 했다. 그는 강의에 관심을 보이지 않았고 직접적인 실험에 매료되어 대부분의 시간을 물리실험실에서 보냈으며, 남는 시간은 집에서 키르히호프, 헬름홀츠, 헤르츠 등의 책을 읽으며 보냈다. 특히 그는 1894년에 아우구스트 푀플이 쓴 『맥스웰의 전기론 개론』을 통해 맥스웰의 전자기학을 배웠다. 이외에도 에른스트 마흐의 역학에 관한 책을 읽고 깊은 감명을 받았으며, 로렌츠와 볼츠만의 논문들도 공부했다.

아인슈타인은 유명한 수학자인 민코프스키 교수에게 수학을 배웠지만 수학을 좋아하지는 않아 민코프스키로부터 '게으른 강아지'라는 별명을 얻기도 했다. 이때부터 이미 아인슈타인은 물리학에서 수학의 역할을 상당히 낮게 평가했으며, 수학적 형식주의를 못마땅하게 생각했다.

아인슈타인은 물리학의 최근 이론을 강의해달라는 자신의 요청을 들어주지 않은 베버 교수를 교수님이라고 부르는 대신 그냥 베버 씨라고 불렀다. 이 일로 베버 교수는 아인슈타인이 대학원에 진학하려 할 때 추천서를 써주지 않았다. 그래서 아인슈타인은 대학을 졸업한 후 7년 동안 스위스의 베른에 있는 특허사무실에서 서기로 일해야 했다. 결과적으로 이는 그에게 대학의 권위와 제약에서 벗어나 자유롭게 여러 가지 생각을 정리할 수 있었던 기간이었다. 더구나 3급 기술 전문가 견습생으로 시작한 사무실 업무는 몇 시간 만에 하루 일과를 처리할 수 있을 정도로 적었기 때문에 그는 자신의 관심사를 공부할 시간을 충분히 확보할 수 있었다.

특허사무실 서기로 보낸 이 시기는 아인슈타인의 생애에서 가장 많은 결실을 맺고 천재성을 성숙시키는 매우 귀중한 시간이었다. 아인슈타인은 당시 밀레바 마리치와 결혼을 약속했지만 아버지의 반대로 하지 못하고 있었다. 1902년, 아버지 헤르만 아인슈타인은 임종하는 자리에서 두 사람의 결혼을 축하해주었다. 이미 두 사람이 딸 리젤을 낳은 후였다. 아인슈타인은 이 사실을 비밀에 부쳤기 때문에 역사학자들도 1980년대 말에 아인슈타인의 개인 서신이 공개되기 전까지는 그와 밀레바 사이에 딸이 있었다는 사실을 몰랐다. 밀레바는 고향인 세르비아에 가서 딸을 낳은 후 다른 집안에 입양시켰다.

앨버트 아인슈타인과 밀레바는 1903년에 결혼했고 첫아들인 한스 앨버트를 이듬해에 낳았다. 아버지의 역할과 특허사무실 서기 일을 해나가던 아인슈타인은 1905년에 세상을 깜짝 놀라게 할 논문을 『물리학 연대기』에 연속해서 발표했다.

첫 번째 논문은 브라운 운동이라고 알려진 현상을 분석하여 물질이 원자와 분자로 이루어졌다는 이론을 뒷받침하는 뛰어난 논증을 전개한 내용이었고, 두 번째 논문은 빛을 금속에 쪼였을 때 전자가 튀어 나오는 광전효과를 광양자의 개념을 도입하여 새롭게 분석한 논문이었다. 아인슈타인이 1921년에 노벨 물리학상을 받게 된 것은 바로 이 두 번째 논문 때문이었다. 세 번째 논문은 빛의 속도와 에테르의 문제를 한꺼번에 해결한 특수상대성이론이었다.

빛의 속도는 언제나 같다

상대론이라고 하면 아인슈타인의 전유물로 생각하기 쉬운데, 상대론은 아인슈타인 이전에도 있었다. 갈릴레오는 빠른 속도로 달리고 있는 지구에서 우리가 편안히 살아갈 수 있는 이유를 설명하기 위해, 등속도로 달리고 있는 기준계에서는 모든 물리법칙이 똑같이 성립해야 한다는 상대론을 제안했다. 갈릴레오의 상대론은 뉴턴역학의 중요한 원리가 되었다. 갈릴레오의 상대론에 의하면 등속도로 운동하는 계에서는 항상 같은 물리법칙이 성립하기 때문에 다른 계와 비교하지 않고는 자신이 달리고 있는지 아니면 정지해 있는지 알 수 없어야 한다.

빛이 에테르를 통해 전파되고 있다면 전 우주를 채우고 정지해 있는 에테르에 대하여 운동하는 사람은 빛의 속도를 측정함으로써 자신이 달리고 있는지 정지해 있는지 알 수 있어야 한다. 에테르에 대하여 운동하는 사람이 빛의 속도를 측정하면 관측자의 속도에 따라 빛의 속도가 다른 값으로 측정될 것이기 때문이다. 따라서 에테르가 존재한다면 갈릴레오의 상대론은 더 이상 맞지 않게 되는 것이다. 다시 말해 갈릴레오의 상대성이 옳다면 에테르는 존재할 수 없다.

마이컬슨이 했던 정교한 실험이 아니라 순수한 논리적 사고, 즉 사고실험을 통해 에테르의 존재를 부정한 인물이 바로 아인슈타인이다. 열여섯 살 때 그 생각을 했다는 아인슈타인의 회상은 사고실험이라는 말과 함께 널리 알려지게 되었다.

아인슈타인은 어린 시절 자신이 전개했던 논리를 발전시켜, 빛은 에테르라는 매질에 대해 빛의 속도로 운동하는 것이 아니라 모든 관측자에 대해 빛의 속도로 운동한다고 가정했다. 이것은 참으로 대담한 가정이었다. 물체의 속도가 측정하는 기준계의 속도에 따라 다르게 측정된다는 것은 당시의 상식이었다. 따라서 빛의 속도도 마찬가지일 것이라고 생각되었다. 그러나 빛의 속도는 누구에게나 항상 같은 값으로 측정된다는 것이 이미 실험적으로 확인되어 있었다. 아인슈타인은 빛의 속도가 운동 상태에 따라 다르다는 명제는 갈릴레오의 상대성원리에 어긋난다는 것을 사고실험을 통해 밝혀냈다.

아인슈타인은 빛의 속도도 관측자의 속도에 따라 달라져야 할 것이라는 상식을 버리고, 실험적으로 증명되고 논리적으로 타당한 빛의 속도는 누구에게나 일정하다는 결론을 택했다. 그렇게 하면 우리가 정지해 있든 움직이고 있든 똑같은 것을 경험해야 한다는 갈릴레오의 상대성원리는 그대로 성립하게 된다. 아인슈타인의 특수상대성이론은, 빛의 속도는 모든 관측자에게 일정하다는 광속 불변의 법칙과 등속도로 운동하는 계에서는 모두 같은 물리법칙이 성립돼야 한다는 두 가지 기둥 위에 세워진 이론이다.

그렇다고 해서 아인슈타인의 특수상대성이론이 갈릴레오의 상대론을 정당화한 것은 아니다. 갈릴레오의 상대론에 의하면 등속도로 운동하는 관성계에서는 같은 물리법칙이 성립되어야 함은 물론 물리량도 같은 값으로 측정되어야 했다. 그러나 특수상대성이론에서는 빛의 속도가 항상 일정한 값을 가져야 했다. 그러기 위해서는 다른 물리량은 기준계의 속도에 따라 달라져야 했다. 빛의 속도를 일정한 값으로 유지하기 위해 길이와 질량은 물론 시간마저도 희생되어야 했다. 기준계의 속도와 관계없이 물리량은 항상 같은 값으로 측정돼야 한다는 것은 사람들이 일상을 통해 알고 있는 상식이었다. 아인슈타인은 다시 한번 상식을 버리고 논리적 결과를 받아들인 것이다. 이러한 생각은 물리학에 완전히 새로운 기반을 제공했다.

특수상대성이론이 포함하고 있는 가장 놀라운 결과는 시간에 대한 우리의 생각이 틀렸다는 점이었다. 사람들은 시간은 누구에게나 보편적이고 따라서 절대적인 것이라고 생각했다. 아인슈타인은 이를 부정했다. 시간은 상대적이고 개인적인 것이어서 나의 시간이 다른 사람의 시간과 다를 수 있다는 것이었다. 관측자에 대해 상대적으로 운동하고 있는 시계는 정지해 있는 시계보다 천천히 간다. 이는 시간에 대한 고정 관념을 완전히 바꾸어놓는 생각이다. 아인슈타인이 볼 때 이것은 논리적으로 피해 갈 수 없는 것이었다. 우리가 이런 효과를 알아차리지 못하고 있는 것은 우리 일상에서 경험하는 속도에서는 이 효과가 아주 작기 때문이었다.

특수상대성이론은 다른 모든 물리 현상에도 시간의 경우와 비슷한 충격을 주었다. 특수상대성이론에 의하면 기준계의 속도에 따라 물체의 길이도 달라져야 한다. 시간에 대한 고정관념을 바꿀 것을 요구했던 특수상대성이론은 공간에 대한 고정관념도 바꿀 것을 요구했다. 시간과 공간이 보편적이고 절대적인 것이 아니라 상대적이고 주관적인 것이 돼버린 것이다.

특수상대성이론이 준 놀라움은 여기에서 끝나지 않는다. 관측자의 속도에 따라 질량도 달라져야 했다. 속도가 증가함에 따라 질량은 차츰 증가하고, 속도가 빛의 속도 가까이 이르면 질량은 무한대로 늘어난다는 것이다. 물론 느린 속도만 겪는 우리의 일상생활에서는 이런 효과가 아주 적어 우리는 그것을 느낄 수 없다.

빛의 속도와 상대성원리를 지켜내기 위한 희생은 여기서 끝나지 않는다. 질량은 에너지로 변해야 하고 에너지는 질량으로 변해야 했다. 에너지와 질량 사이의 관계를 나타내는 $E=mc^2$이라는 식은 특수상대성이론을 나타내는 대표적인 식이 되었다.

특수상대성이론의 이러한 결과들은 모두 실험을 통해 확인되었다. 빛의 속도와 비교할 수 있을 정도로 빠르게 움직이는 물체가 없었던 1910년대에는 특수상대성이론을 증명할 방법이 없었다. 그러나 세계 곳곳에 건설되고 있는 입자가속기 속에서는 입자들이 매우 빠르게 운동하기 때문에 상대론적 효과가 뚜렷이 나타난다. 따라서 가속기를 설계할 때는 상대론적 효과를 고려해야 한다. 이것은 특수상대성이론이 물리적 사실을 담고 있다는 것을 뜻한다.

중력은 어떻게 생길까

아인슈타인의 생각은 너무 혁신적이어서 물리학자들이 그 이론을 받아들이는 데는 시간이 걸렸다. 1905년에 특수상대성이론을 발표했지만 그가 베른 전문대학의 교수 자리를 얻은 것은 1908년이었다. 1905년부터 1908년 사이에 그는 여전히 베른의 특허사무실에 근무하면서 상대성이론을 발전시킬 만한 시간을 가질 수 있었다.

아인슈타인이 구상하고 있던 새로운 이론은 중력에 관한 것이었다. 뉴턴이 질량의 곱에 비례하고 거리의 제곱에 반비례하는 중력 이론을 제시한 것은 1687년의 일이었다. 뉴턴 이후 몇 세기 동안 뉴턴의 중력법칙이 우주를 지배했다. 과학자들은 중력의 문제는 모두 해결되었다고 생각했다.

역사적인 논문들을 발표한 1905년 이후 아인슈타인은 뉴턴의 중력 이론을 새롭게 바꾼 일반상대성이론을 정립하는 데 집중했다. 이 이론은 행성과 위성의 운동, 그리고 사과가 땅으로 떨어지는 운동을 근본적으로 다른 방식으로 설명했다.

특수상대성이론의 핵심은 거리와 시간이 절대적이 아니라는 것이다. 다시 말해 시간과 공간은 불가분의 관계를 맺고 있다는 것이다. 시간은 측정하는 사람의 위치에 따라 달라지고, 위치도 시간의 함수로 나타나게 되었다. 다시 말해 우주는 3차원 공간이고 시간은 이 3차원 공간과 항상 똑같이 흐르지는 않는다는 것이다.

시간이 절대적인 것이라면 시간은 우주가 탄생하기 전부터도 흐르고 있어야 했고, 우주가 사라진 후에도 흘러야 한다. 그러나 특수상대성이론에 의하면 시간도 상대적인 양이다. 우주와 함께 시간도 생겨났고, 우주가 사라지면 시간도 사라지게 된다. 따라서 우리는 3차원 공간이 아니라 4차원의 시공간에 살고 있다는 것이다.

뉴턴은 중력을 물체 사이에 작용하는 원격작용이라고 했다. 서로 접촉하지 않고 작용하는 힘이라는 것이다. 그러나 아인슈타인은 4차원 시공간이 중력의 원인이라는 것을 밝혀냈다.

예를 들어 시공간을 물렁물렁한 고무판이라고 가정하면 시공간이 중력을 작용하게 하는 방법을 쉽게 설명할 수 있다. 고무판에 아무것도 놓여 있지 않을 때는 고무판이 평평하다. 이것은 변형되지 않은 시공간을 나타낸다. 그러나 고무판에 무거운 볼링공을 얹어놓으면 공이 있는 자리가 움푹 들어갈 것이다. 이렇게 움푹 들어간 곳은 주위에 있는 다른 공들을 끌어들이는 작용을 할 것이다. 이것은 변형된 시공간 안에 있는 물질들이 서로 인력을 작용하는 방법과 비슷하다. 태양이 있으면 태양 주위의 시공간은 움푹 들어가 있다. 따라서 태양 주위의 모든 물체들은 태양으로 굴러떨어지려고 한다. 태양으로 끌려 들어가지 않으려면 빠른 속도로 태양 주위를 돌아야 한다는 것이다.

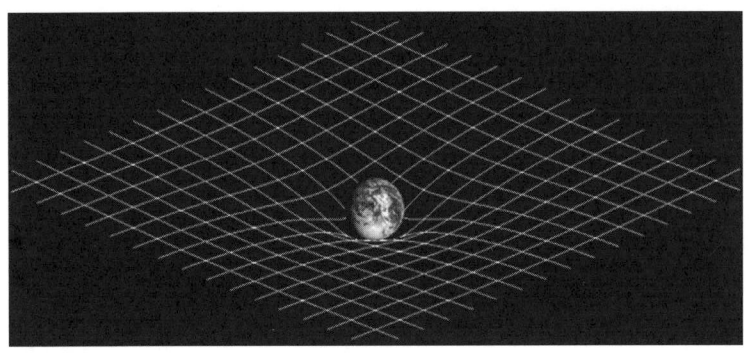

아인슈타인은 우리가 측정하는 중력 작용이 변형된 시공간과
물체 사이의 상호작용임을 밝혀냈다.

이때 물체 사이에 얼마나 큰 중력이 작용하는가는 휘어진 시공간의 곡률에 따라 달라진다. 다시 말해 시공간이 급하게 휘어져 있어 곡률이 크면 큰 중력이 작용하고, 완만하게 휘어져 있어 곡률이 작으면 작은 중력이 작용한다는 것이다. 이처럼 우리가 측정하는 중력 작용은 변형된 시공간과 물체 사이에 일어나는 상호작용이다.

뉴턴은 사과가 땅에 떨어지는 것은 지구와 사과 사이에 서로 잡아당기는 힘이 존재하기 때문이라고 했지만, 아인슈타인은 지구가 만들어놓은 시공간의 웅덩이 속으로 사과가 굴러떨어지는 것이라고 설명한 것이다.

이러한 새로운 중력 이론이 1915년에 발표된 일반상대성이론이다. 일반상대성이론은 질량이 공간을 어떻게 변형시키는지, 그러한 공간에서 물체가 어떻게 운동하는지를 다루고 있다.

아인슈타인이 이 새로운 중력 이론을 상세한 수학적 논증으로 바꾸는 데는 8년이나 걸렸다. 그동안 많은 좌절을 겪었지만, 1915년 그는 모든 것을 이겨내고 마침내 일반상대성이론을 완성했다. 아인슈타인은 모든 상황에서 중력을 계산해내고 설명할 수 있는 수식을 만든 것이다. 그 수

식은 이전의 것과 매우 달랐다.

만약 아인슈타인의 새로운 중력 이론이 뉴턴의 중력 이론을 단지 다른 방법으로 설명한 것이라면, 뉴턴의 이론을 버리고 아인슈타인의 새로운 이론을 받아들일 필요가 없을 것이다. 중력의 세기가 그리 크지 않을 경우, 뉴턴의 중력 이론과 아인슈타인의 중력 이론은 모두 정확하게 물체의 행동을 기술할 수 있다. 따라서 아인슈타인이 자신의 이론이 우월하다고 주장할 수 없다. 그러나 아인슈타인은 중력이 매우 큰 곳에서는 자신의 새로운 이론과 뉴턴의 이론이 서로 다른 결과를 나타낸다고 주장했다. 일반상대성이론이 옳다는 것을 증명하기 위해서는 중력이 강한 곳을 찾아내 실험을 해보는 수밖에 없었다.

수성은 태양에서 가까운 곳에서 태양 주위를 돌고 있다. 따라서 수성은 매우 큰 중력의 영향 아래에 있다고 할 수 있다. 과학자들은 오래전부터 수성이 이상한 운동을 하고 있다는 것을 알고 있었다. 수성은 타원 운동을 하고 있는데, 태양에 가장 가까이 다가가는 근일점의 위치가 1세기마다 574초씩 변해간다는 것이 밝혀졌던 것이다. 다른 행성들의 영향을 고려해도 531초의 위치 변화밖에는 설명해낼 수 없었다. 이것은 오랫동안 과학자들을 괴롭힌 문제였다. 아인슈타인은 자신의 새로운 중력 이론인 일반상대성이론을 이용해 43초의 문제를 해결하는 데 성공했다. 이는 대단한 성공이었다. 하지만 그것으로 일반상대성이론의 정당성이 완전히 증명된 것은 아니었다.

이미 알려진 사실을 증명하는 것만으로는 새로운 과학 이론이 사실로 인정받기 힘들다. 새로운 이론이 이미 알려진 사실을 설명할 수 있도록 꿰어맞춘 것일지도 모른다는 의심을 받기 때문이다. 새로운 이론이 정당성을 인정받기 위해서는 새로운 사실을 예측하고 그것이 실험적으로 증명되어야 한다. 아인슈타인은 이를 위해 중력과 빛의 상호작용을 이용했다.

중력은 빛에도 작용한다. 빛도 질량에 해당하는 양을 가지고 있으므로 빛에도 중력이 작용한다는 것은 뉴턴의 이론을 이용해도 설명할 수 있다. 그러나 중력이 강한 곳은 뉴턴의 중력 이론과 일반상대성이론에 의한 중력의 영향이 다르기 때문에 빛의 경로가 휘어지는 정도를 다르게 예측할 수 있다. 따라서 태양과 같이 중력이 매우 큰 천체 곁을 지나는 빛의 경로를 분석하면 일반상대성이론을 증명할 수 있었다.

뉴턴의 이론이 무너지다

일반상대성이론을 발표하기 전인 1912년 초에 아인슈타인은 에르빈 프로인틀리히와 빛의 경로를 측정하여 자신의 이론을 증명하는 문제에 대해 의논했다. 처음에 그들은 태양계에서 가장 질량이 큰 행성인 목성의 중력이 먼 별에서 오는 빛을 굽어 가게 할 만큼 크지 않을까 생각했다. 만약 목성의 중력이 빛의 경로를 휘게 한다면 목성이 없을 때의 별의 위치와 목성이 이 별들 앞을 지날 때 별들의 위치가 달라져 보일 것이다. 그러나 아인슈타인은 지구 질량의 300배 정도의 질량을 가지고 있는 목성이 빛의 경로를 휘게 만들 만큼 영향을 주지는 않는다는 것을 알게 되었다.

그들은 목성보다 1,000배나 되는 질량을 가지고 있는 태양의 중력이 먼 별에서 오는 빛에 상당한 영향을 미친다는 것을 알게 되었다. 태양이 없는 밤하늘의 사진을 찍어놓고, 태양이 이 별들 앞을 지나갈 때 이 별들의 사진을 찍어 비교해보면 태양에 의해 빛이 얼마나 휘어졌는지를 알 수 있을 것이다. 문제는 태양 주변에 있는 별은 관측이 불가능하다는 점이었다. 하지만 태양 주위에 있는 별들을 관측할 수 있는 방법이 전혀 없는 것은 아니었다. 개기일식 때는 달이 태양 빛을 완전히 가리므로 태양 주위의 별을 관찰할 수 있을 것이다. 아인슈타인과 프로인틀리히는 일식 때 별들의 사진을 찍기 위한 준비를 했다.

프로인틀리히는 1914년 8월 21일에 크리미아에서 일어날 일식 때 태양 부근의 별들을 촬영하기 위한 특별한 여행을 준비했다. 아인슈타인도 이 여행의 중요성을 잘 알고 있었으므로 여행 준비를 도왔다. 프로인틀리히는 1914년 7월 19일에 크리미아로 출발했다. 그러나 그가 일식을 관찰하기 전에 제1차 세계대전이 발발했고, 프로인틀리히는 간첩 혐의로 러시아의 포로가 되었다. 그는 포로 교환을 통해 9월 2일에 독일로 돌아올 수 있었지만 관측 여행은 완전한 실패로 돌아갔다.

프로인틀리히가 시도했던 것과 똑같은 관측 여행을 다시 시도한 사람은 영국의 아서 에딩턴이었다. 케임브리지 천체연구소 소장이었던 에딩턴은 종교적인 이유로 군에 입대하기를 거부하여 수용소에 갈 수밖에 없는 상황에 처했다.

그러자 천문학자였던 프랭크 다이슨이 에딩턴을 군에 보내는 대신 1919년 3월 29일에 있을 개기일식을 관측하는 임무를 맡기자고 정부에 제안하여 허락을 받았다. 에딩턴은 아인슈타인의 이론을 증명하는 실험을 하기에 가장 적합한 인물이었다. 에딩턴은 『수학적 상대성이론』이라는 책을 썼는데, 이 책은 모든 언어로 씌어진 상대론에 관한 책 중에서 가장 훌륭하다고 아인슈타인이 칭찬할 정도였다. 그는 지적인 재능과 함께 이 여행을 이끄는 데 필요한 확신, 그리고 건강한 신체도 가지고 있었다.

1919년 3월 8일에 에딩턴과 그의 팀은 리버풀을 출발했다. 에딩턴의

아인슈타인(왼쪽)과 함께한
에딩턴(오른쪽).

관측 팀은 두 그룹으로 나뉘어 한 그룹은 브라질의 소브럴로 향했고 에딩턴이 이끄는 두 번째 그룹은 서부 아프리카의 적도 기아나 해변으로부터 조금 떨어져 있는 프린시페섬으로 향했다. 만약 아마존의 날씨가 나빠 관측이 실패해도 아프리카 팀이 관측에 성공할 수 있기를 바란 것이다. 날씨는 이 여행을 실패하게 할 수도 있고 성공하게 할 수도 있었다. 일식이 가까워지자 소브럴과 프린시페 하늘에 구름이 모여들더니 천둥과 번개를 동반한 폭우가 쏟아졌다.

 프린시페에서는 달이 태양의 가장자리를 가리기 한 시간 전쯤에 폭우가 약해졌다. 하늘은 아직 구름으로 덮여 있었지만 태양이 부분적으로 가려지기 시작할 때인 1시 30분쯤에 구름 사이로 태양 빛을 조금씩 볼 수 있었다. 에딩턴의 관측 팀은 일식이 일어나는 동안 계속 사진을 찍었다. 프린시페 팀에서 찍은 16장의 사진 대부분은 구름이 별들을 가려 쓸모가 없었다. 그러나 그들은 구름이 없어지는 아주 짧은 순간에 중요한

아서 에딩턴이 관측한
1919년의 개기일식에서
태양의 중력에 의한 별들의 위치 변화는
아인슈타인의 예상과 일치했다.

의미를 띤 한 장의 사진을 찍을 수 있었다.

사진에 나타난 별들은 정상적인 위치로부터 1초 정도 위치가 달라진 것으로 보였다. 에딩턴은 이 결과를 통하여 태양 가까이에 있는 별들의 위치 변화가 1.61초 정도라는 것을 알 수 있었다. 여러 가지 원인에 의한 오차는 0.3초 정도라는 계산이 나왔다. 따라서 그가 얻은 태양의 중력에 의한 위치 변화는 1.61±0.3초였다. 아인슈타인은 이 값이 1.74초라고 예상했다. 이는 아인슈타인의 예상이 실제 측정값과 일치한다는 것을 뜻했다. 그러나 뉴턴의 중력이론에서는 이 값을 0.87초로 예측하고 있었다.

소브럴에서도 마지막 순간에 날씨가 좋아져 일식이 일어나는 동안 태양 주위의 별들 사진을 찍는 데 성공했다. 소브럴에서 찍은 사진을 분석한 결과 태양 부근에 있는 별들의 최대 위치 변화는 1.94초였다. 아인슈타인의 예상치보다 큰 값이지만 오차 한계 안에서 아인슈타인의 예상

현대과학의 문을 열어젖히다 209

과 일치했다. 이것은 프린시페 팀의 관측 결과를 확고하게 만드는 결과였다.

에딩턴은 이 관측 결과를 1919년 11월 6일 왕립천문학회와 왕립학회가 공동으로 주관한 모임에서 발표했다. 이 발표에서 그는 자신의 관측 결과는 물론 그 결과가 가리키는 놀라운 의미를 설명했다. 다음 날 『타임스』지는 이 내용을 머리기사로 다루었다.

"과학의 혁명—우주에 관한 새로운 이론—뉴턴의 이론이 무너졌다." 며칠 후 『뉴욕타임스』는 다음과 같이 선언했다.

"하늘에서 빛은 굽어진다. 아인슈타인 이론의 승리."

아인슈타인은 과학자로서는 처음으로 세계적인 스타가 되었다. 그는 우주를 지배하고 있는 힘을 새롭게 이해한 사람이었다.

아인슈타인의 우주

아인슈타인이 발표한 일반상대성이론은 중력을 새로이 이해하게 만들어주었다. 이제 아인슈타인은 새로운 중력 법칙이 우주에 대한 이해에 어떤 영향을 미치는지를 알고 싶어했다. 그래서 그는 1917년 2월에 「일반상대성이론의 우주론적 고찰」이라는 제목의 논문을 발표했다. 아인슈타인은 거대한 우주에서의 중력의 역할에 관심을 돌리기 시작했다. 그는 전체 우주의 성질과 우주를 구성하고 있는 물질의 상호작용을 이해하고 싶어 했다. 전체 우주의 구조와 그 안에서 일어나는 상호작용을 알아내기 위해서는 우주 안에 존재하는 물질의 분포를 알아야 한다. 아인슈타인은 단순한 가정을 통해 이 불가능해 보였던 우주의 물질 분포 문제를 해결할 수 있었다.

아인슈타인이 제안한 가정은 우주원리라고 알려져 있다. 즉 우주가 등방적이고 균일하다고 보는 것이다. 등방적이라는 것은 우주의 어느 방향을 보아도 똑같게 보인다는 것이며 우주가 균일하다는 것은 우리가 우주의 어디에 있든지 우주가 같게 보인다는 것이다.

물론 우주는 작은 규모에서는 균일하지도 않고 등방적이지도 않다. 우리는 태양계 내의 물질이 균일하게 분포되어 있지 않다는 것을 잘 알고 있다. 질량의 대부분이 좁은 영역인 태양에 집중되어 있고 나머지는 텅 빈 공간이다. 이런 불균일과 비등방성은 우리 은하에도 존재하고 은하들로 이루어진 은하단에도 존재한다. 따라서 우주의 등방성과 균일성을 이야기하기 위해서는 지름이 수천만 광년이나 되는 은하단보다도 더 큰 규모의 우주를 바라봐야 한다. 그러나 일단 우주의 균일성과 등방성을 인정하기만 하면 일반상대성이론을 이용해 우주의 구조를 설명할 수 있다.

아인슈타인은 일반상대성이론이 예측하는 우주의 구조를 보고 매우 실망했다. 일반상대성이론에 의하면 우주는 매우 불안정했던 것이다. 사실 이는 일반상대성이론만의 문제가 아니었다. 뉴턴의 중력이론도 이와 비슷한 문제를 가지고 있었다.

모든 물질 사이에는 서로 잡아당기는 중력이 작용한다. 우주의 가운데 있는 물질은 사방에서 힘이 작용하므로 가만히 있을 수 있겠지만 우주 가장자리에 있는 물질은 안쪽으로만 힘을 받게 되어 가만히 있을 수 없을 것이다. 그렇게 되면 모든 물질은 점차 우주의 중심으로 모여들게 되어 우주의 모든 물질이 큰 덩어리를 이루어야 한다. 뉴턴도 이 문제로 고민했지만, 우주는 무한해서 가장자리가 없다는 논리로 이 문제를 피해갔다.

문제가 모두 해결된 것은 아니었다. 우주에 밀도가 높은 곳이 생겨 약간의 힘의 불균형만 생겨도 그곳을 향해 작용하는 중력이 커져 물질을 그곳으로 모여들게 할 것이다. 따라서 중력이 작용하는 우주는 매우 불안정한 우주였다. 아인슈타인은 일반상대성이론의 우주에서도 이와 비슷한 불안정성이 존재한다는 것을 발견했다. 아인슈타인도 우주는 정적인 상태에 있으며 영원하다는 당시 사람들의 생각을 그대로 받아들이고 있었다. 그래서 그는 자신의 이론이 예측한 우주를 그대로 받아들일 수가 없었다.

일반상대성이론이 예측하는 우주는 팽창하거나 수축하고 있어야 했다. 그것은 하늘을 향해 던진 공은 중력이 작용하는 한 하늘을 향해 올라가고 있거나 떨어지고 있어야 하는 것과 마찬가지였다. 우주의 물질들에 의해 변형된 공간에서 물질들은 정지해 있을 수 없고 중심으로부터 멀어지거나 가까워지고 있어야 했다. 그러나 우주는 정적인 상태에 있다.

아인슈타인은 자신의 이론과 자신이 믿고 있던 우주를 조화시키기 위해 자신의 방정식에 우주상수를 첨가했다. 우주상수는 물질 사이에 작용하는 척력을 나타내는 상수다. 하늘을 향해 던진 공이 떨어지지도 않고 올라가지도 않는 상태로 있게 하기 위해서는 이 공에 중력과는 반대 방향의 힘이 작용해야 했다. 우주의 물질이 한곳으로 모이는 것을 방지해서 정적인 우주를 만드는 것이 이 우주상수였다. 이것은 일종의 반중력이었다.

우주상수는 일반상대성이론을 정적이고 영원한 우주와 조화시키는 것처럼 보이게 했기 때문에 많은 학자들이 이 우주상수를 받아들였다. 그러나 우주상수가 실제로 무엇을 의미하는지를 아는 사람은 없었다. 아인슈타인마저도 우주상수는 단지 물질의 안정적 분포를 만들기 위해 필요한 것이었다고 조심스럽게 인정했다. 다시 말해 우주상수는 안정적이고 영원한 우주를 얻어내기 위한 임시방편이었다.

아인슈타인은 우주상수가 일반상대성이론의 아름다움을 어느 정도 훼손한다고 생각했지만, 일반상대성이론이 영원하고 안정적인 우주와 부합하도록 하기 위해 이 정도의 아름다움은 희생해야 한다고 생각했다.

이후 1929년에 에드윈 허블은 우주가 팽창하고 있다는 것을 발견했다. 따라서 우주상수는 오류이며 필요 없다는 것이 증명되었다. 이는 아인슈타인의 우주가 틀렸다는 것을 뜻했지만, 일반상대성이론이 그 자체로 완전하다는 것을 증명했다.

허블이 우주가 팽창하고 있다는 것을 발견하기 전에 이미 러시아의 알렉산더 프리드만과 벨기에의 조르주 르메트르는 일반상대성이론을 기초로 하여 팽창하는 우주론을 제시했다. 아인슈타인은 그러한 우주론을 받아들이지 않았고, 학계에서도 그 주장에 관심을 보이지 않았다. 그러나 허블의 발견으로 프리드만과 르메트르의 우주가 옳고 아인슈타인의 우주가 틀렸으며 일반상대성이론이 옳다는 것이 증명되었다.

1920년대에 아인슈타인은 우주론 문제에 관심을 두지 않고 있었지만 허블의 관측 결과가 발표된 후 다시 이 문제에 관심을 가지기 시작했다. 1931년에 캘리포니아 공과대학을 방문한 아인슈타인은 허블의 초청으로 윌슨산 천문대를 방문했다. 그곳에서 그는 구경 100인치짜리 망원경과 그 관측 결과를 담은 많은 사진을 살펴봤다. 허블은 아인슈타인에게 적색편이를 나타내는 은하의 스펙트럼을 보여주었다. 이미 허블의 논문을 읽은 아인슈타인이 이제 그 자료들을 직접 볼 수 있게 된 것이다.

1931년 2월 3일, 아인슈타인은 윌슨산 천문대 도서관에 모인 기자들에게 자신의 정적인 우주를 부정하고 팽창하는 우주모델을 받아들이겠다고 선언했다. 한마디로 허블의 관측 결과를 받아들이고 르메트르와 프리드만이 옳았음을 인정한 것이다.

캘리포니아의 윌슨산 천문대 소장인 애덤스(왼쪽)와 허블(오른쪽)이
100인치 반사망원경의 모형을 점검하고 있다.

세계에서 가장 유명한 과학자 아인슈타인이 팽창하는 우주론을 지지하자 팽창우주론은 정설이 되었다. 아인슈타인은 자신의 정적인 우주 모델을 폐기했을 뿐만 아니라, 일반상대성이론의 방정식도 다시 검토했다. 그는 우주상수를 버리고 자신의 초기 상대성이론의 방정식으로 돌아왔다.

1990년대 이후의 관측에 따르면 우주의 팽창속도가 줄어들고 있는 것이 아니라 오히려 늘어나고 있다는 것이 발견된다. 이에 우주상수의 필요성이 다시 제기되고 있다. 우주 공간이 물질을 밀어내는 에너지를 갖고 있다는 것이다. 아직 이 에너지의 정체는 밝혀지지 않아 '암흑에너지'라고 불리고 있다. 암흑에너지는 아인슈타인의 우주상수와 똑같은 역할을 한다. 다만 아인슈타인의 우주상수는 우주가 질량 사이에 작용하는 인력에 의해 수축하는 것을 방지하는 역할만 했지만, 암흑에너지는 물질을 밀어내는 역할을 하고 있는 것이 다르다.

　새로운 중력 이론인 일반상대성이론이 나온 뒤 아인슈타인은 전자기 현상과 중력 현상을 포괄하는 통일장 이론을 만드는 데 착수했다. 아인슈타인은 만년까지 이 문제에 전념했지만 만족스러운 결과를 얻지는 못했다. 아인슈타인이 중력과 전자기력을 통일한 통일장 이론을 얻어내려 시도한 것은 그가 광양자 가설의 통계적 성격을 극복하려 했던 것과 관계가 있다.

　1917년, 아인슈타인은 레이저의 원리를 설명할 때 자주 등장하는 자발적 방출과 유도 방출에 관한 논의를 전개하면서 광양자의 방출이 통계적으로만 이해될 수 있다는 것을 알게 되었다. 당시 아인슈타인은 이것을 자신이 전개하고 있는 양자론의 커다란 약점으로서 아직 광양자에 관한 논의가 불완전하기 때문이라고 생각하고 이를 극복하기 위한 시도로서 통일장 이론을 생각했던 것이다.

　아인슈타인은 1932년 12월 12일 독일을 떠나 미국으로 향했다. 나치의 히틀러가 독일의 지도자로 취임하기 직전이었다. 미국으로 간 아인슈타인은 프린스턴 대학의 고등과학학술원에 정착했다. 고등과학학술원은 프린스턴 대학 안에 있었지만, 대학과는 아무런 관계가 없는 독립된 연구소였다.

　고등과학학술원은 1929년에 뉴저지의 밤베르거 백화점의 소유주였던 루이스 밤베르거와 그의 누이동생 펠릭스 홀드가 자신들의 재산을 털어 설립한 연구소다. 연구소의 실무를 맡은 인물은 뛰어난 교육개혁가인 에이브러햄 플렉스너였다.

　플렉스너는 엘리트 중의 엘리트들이 강의나 행정 업무의 짐을 지지 않고 오직 고차원의 순수한 사고에만 전념하는 연구소를 설립하자고 밤베르거에게 제안하고, 프린스턴이 그 연구소를 위한 가장 적절한 장소라고 추천했다. 아인슈타인은 플렉스너의 첫 번째 초청 대상이었다. 그는 1931년부터 아인슈타인을 초청하기 위한 작업을 시작하여 마침내 데려오는 데 성공했다.

아인슈타인은 프린스턴에서 과학적인 활동보다는 과학정책이나 평화운동 같은 정치적 차원의 일을 더 많이 했다. 1939년 8월, 아인슈타인은 나치가 원자폭탄을 만들지도 모른다고 경고하는 서한을 루스벨트 대통령에게 보냈다. 그의 건의에 따라 미국 정부는 1939년 10월 핵 문제에 관한 자문기관인 '우라늄 위원회'를 구성했고, 맨해튼 계획이라고 알려진 원자폭탄 개발계획을 추진했다.

원자폭탄이 개발된 뒤 아인슈타인은 강대국 사이에서 벌어지는 핵무기 개발 경쟁에 대해 우려를 표명했으며, 철학자 버트런드 러셀과 함께 핵의 위협으로부터 세계를 보호할 세계정부를 수립하려는 정치적인 움직임도 보였다. 그는 1950년 1월 31일 트루먼 대통령이 수소폭탄 개발을 결정했을 때도 이 계획에 강하게 반대했으며, 죽는 순간까지 세계 평화를 위해 많은 노력을 기울였다. 유대인이었던 아인슈타인은 시온주의를 지지했지만, 1952년 이스라엘의 제2대 대통령으로 취임해달라는 제안은 거절했다.

세상을 떠나기 하루 전날 아인슈타인은 통일장 이론의 최종본을 가져다 달라고 요구했다. 그리고는 약간의 계산을 했다. 그는 살아남기 위해 인위적으로 생명을 연장하는 것을 거절했다. 의료기구에 매달려 생명을 연장하는 것은 품위 없는 일이라고 생각했던 아인슈타인은 "나는 할 일을 했다. 이제는 떠날 시간이다"라고 비서인 헬렌 두카스에게 말했다.

1955년 4월 18일 오전 1시 15분, 아인슈타인은 세상을 떠났다. 그의 시신은 화장되었고 유골은 어딘가에 뿌려졌다. 그 장소를 아는 사람도 이제 모두 세상을 떠났다. 모든 것이 그가 바라던 대로 되었다. 그는 죽기 전에 자신은 묘비도, 기념비도, 성인의 뼈를 보러 오는 순례지가 될 수 있는 어떤 것도 남기고 싶지 않다고 말했다.

8 원자보다 작은 세계를 이해하다

슈뢰딩거의 '파동역학'

"양자역학은 인간이 해석할 수 있는
자연의 범위를 크게 확장시켰다."

양자화된 에너지

19세기의 과학자들은 흑체복사 문제로 어려움을 겪고 있었다. 절대온도 0도가 아닌 모든 물체는 전자기파 형태의 복사에너지를 방출한다. 물체가 방출하는 복사선의 파장과 세기는 물체의 온도에 따라 달라진다. 온도가 높은 물체는 파장이 짧은 전자기파를 주로 내고 온도가 낮은 물체는 파장이 긴 전자기파를 낸다. 물체가 내는 전자기파의 파장에 따른 세기가 온도에 따라 어떻게 달라지는지를 설명하는 것이 흑체복사의 문제였다.

흑체복사의 문제와 관련된 여러 가지 실험 법칙들이 제시되었고, 그것을 설명하려는 이론적인 분석도 진행되었다. 그러나 흑체복사의 문제를 성공적으로 설명하는 것은 불가능했다.

1900년 12월 14일, 베를린 대학의 이론물리학 교수 막스 플랑크는 독일 물리학회에서 에너지가 플랑크상수라는 특정한 상수와 진동수의 곱의 정수배로 흡수되거나 방출돼야 한다는 양자화 가설을 통해 흑체복사 문제를 해결했다고 발표했다. 고전물리학과는 전혀 다른 양자물리학이 탄생하는 순간이었다.

1858년 4월 23일, 북부 독일의 항구 도시인 킬에서 태어난 플랑크는 원래 뮌헨 대학에 들어갔지만 1878년에 베를린 대학으로 가서 헬름홀츠와 키르히호프의 강의를 들었다. 이후 뮌헨 대학으로 돌아온 플랑크는 1879년 6월에 「열역학의 제2법칙에 관하여」라는 논문을 제출하여 박사학위를 받았다. 플랑크는 뮌헨 대학에서 강사로 활동하면서 엔트로피, 열전현상, 전해질의 용해 등을 연구하여 열역학을 체계화했다. 1897년에는 연구 결과를 정리하여 『열역학 강의』를 출판했다.

플랑크는 에너지의 양자화
가설을 바탕으로 흑체복사에 관한
의문을 해결했으나, 그 자신은
에너지가 양자화되어 있다는
가설을 받아들이지 않았다.

  1889년, 베를린 대학 교수로 자리를 옮긴 플랑크는 당시 학계의 관심사였던 흑체복사 연구에 전력을 기울였다. 그는 처음에는 열역학적 방법으로 엔트로피와 에너지 관계를 이용하여 물체가 내는 복사선의 세기가 최대인 파장은 온도에 반비례한다는 빈의 법칙을 설명하려 했지만 제대로 되지 않았다. 그러다가 1900년에 마침내 실험 결과를 성공적으로 설명할 수 있는 양자가설을 발표했다. 이어서 그는 에너지의 최소 단위인 플랑크상수(h)를 도입했다. 이것은 매우 획기적인 제안이었다.

  흑체복사에 대한 연구는 1860년대로 거슬러 올라간다. 1860년에 키르히호프는 흑체복사 세기의 분포는 물질의 종류나 모양, 크기와 관계가 없고 오직 온도에 의해서만 달라진다는 키르히호프의 복사법칙을 발표했다. 1884년, 오스트리아의 물리학자 볼츠만은 자신의 스승이었던 슈테판이 1879년에 실험적으로 발견했던, 물체가 내는 복사에너지의 합은 온도의 네제곱에 비례한다는 내용을 전자기학의 법칙을 이용해 설

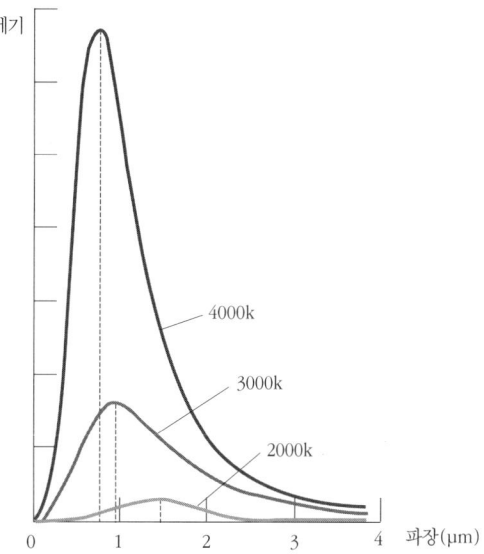

흑체복사. 절대온도 0도가 아닌 모든 물체는 전자기파 형태의 복사선을 낸다. 이때 나오는 전자기파의 파장분포는 온도에 따라 달라진다.

명했다. 슈테판이 발견하고 볼츠만이 설명한 이 법칙은 슈테판-볼츠만의 법칙이라고 불린다. 1893년, 베를린 대학의 사강사인 빌헬름 빈은 슈테판-볼츠만의 법칙을 보다 일반적인 방법으로 유도하는 한편, 흑체복사의 세기가 최대인 파장과 온도의 곱이 일정하다는 빈의 법칙을 발견했다.

　이러한 학자들의 노력에도 불구하고 물체가 내는 복사선의 세기를 나타내는 복사곡선은 성공적으로 설명되지 않았다. 플랑크는 열복사의 문제를 해결할 수 없었던 것은 물체가 임의의 크기의 에너지를 방출하거나 흡수할 수 있다고 가정했기 때문이라고 생각했다. 어떤 물체가 특정한 파장의 전자기파를 낼 때 그 전자기파의 에너지는 연속적으로 변하는 모든 값을 가질 수 있다고 생각했던 것이다.

플랑크는 어떤 물체가 특정 전자기파를 낼 때 이 전자기파가 가질 수 있는 에너지는 플랑크상수에 진동수를 곱한 값의 정수배만 가능하다고 가정했다. 플랑크상수는 에너지의 최소 단위를 나타내는 상수다. 다시 말해 전자기파가 가지는 에너지는 hv의 정수배만 가능하다는 것이었다. 그것은 전자기파의 에너지가 hv의 크기를 가지는 불연속적인 알갱이 형태로 주고받을 수 있다는 것을 뜻했다. 파장이 짧아서 진동수가 큰 전자기파는 큰 에너지를 가지는 에너지 덩어리로 볼 수 있고 파장이 길어 진동수가 작은 전자기파는 작은 에너지 덩어리로 취급할 수 있다는 것이었다.

양자라는 말은 이런 에너지의 덩어리 또는 에너지의 단위를 뜻한다. 따라서 양자화되었다는 말은 연속적인 값을 가질 수 없다는 것을 뜻한다. 양자화 가설이란 에너지가 이렇게 불연속적인 양으로 주고받을 수 있다는 것을 뜻하고 양자물리학이란 양자화되어 있는 물리량을 다루는 물리학이라고 할 수 있다. 에너지가 양자화되어 있으면 에너지의 흡수와 방출에 큰 영향을 미친다. 에너지의 최소 단위는 아주 작아서 우리가 살아가는 세상에서는 별 영향을 주지 못하지만, 원자나 전자 같은 작은 세계에서는 에너지가 연속적 또는 불연속적인 값을 갖느냐에 따라 상호작용하는 방법이 달라질 수밖에 없다.

플랑크는 에너지의 양자화 가설을 바탕으로 흑체복사를 모두 해결했지만 그 자신은 에너지가 양자화되어 있다는 혁명적인 생각을 그리 좋아하지 않았다. 플랑크는 꼭 필요한 경우가 아니면 양자화된 에너지의 개념을 사용하지 않기를 바랐으며, 양자화된 물리량을 다루기 위해 만들어진 양자물리학을 끝까지 거부했다.

빛은 입자인가 파동인가

플랑크가 좋아하지 않았던 것과는 관계없이 그가 제안한 양자화 가설은 여러 가지 문제를 해결하는 데 이용되기 시작했다. 1905년, 아인슈타인은 광전효과를 설명하기 위해 광양자 가설을 제기함으로써 양자론의 발전에 큰 획을 그었다.

아인슈타인의 광양자 가설은 1900년에 플랑크가 제안한 양자화 가설을 더욱 발전시킨 것이었지만 거기에는 단순한 발전 이상의 의미가 있었다. 플랑크가 제안한 양자화 가설은 고전물리학과 구분되는 새로운 양자론의 탄생을 알리는 출발점이었다. 그런데 보수적 성향이 강했던 플랑크는 복사선의 에너지가 플랑크상수와 진동수의 곱의 정수배로 표시된다는 것은 1, 2, 3, 4배라는 식의 정수배뿐만 아니라 1.5, 2.5, 3.5 등의 구간의 의미로 해석할 수도 있다고 생각했다.

1905년에 아인슈타인은 광전효과를 설명하기 위해 빛을 입자로 보는 광양자 가설을 제기했다. 광전효과는 금속에 여러 가지 빛을 비출 때 튀어나오는 전자의 운동에너지와 비춰준 빛의 진동수와의 관계를 설명하는 실험을 말한다. 빛을 파동으로 보면 빛의 파장에 관계없이 강하게 비춰주기만 하면 전자를 금속에서 떼어내기에 충분한 에너지가 전달되어 전자가 튀어나와야 한다. 그러나 실험에 의하면 금속에 파장이 긴 빛을 아무리 강하게 비추어도 전자가 튀어나오지 않았다. 반면에 진동수가 큰 빛은 약하게 비춰주어도 전자가 튀어나왔다. 그리고 같은 빛을 비춰주었을 때 튀어나온 전자가 가지는 운동에너지는 모두 같았다. 빛을 강하게 비춰주면 튀어나오는 전자의 개수는 늘어났지만 전자 하나가 가지는 에너지는 늘어나지 않았던 것이다. 이런 현상은 빛을 파동이라고 생각해서는 설명할 수 없었다.

아인슈타인은 이 문제를 설명하기 위해 빛을 에너지 알갱이, 즉 광양자라고 가정하고 논의를 전개해갔다. 플랑크의 생각보다는 훨씬 진전된 것이었다. 플랑크가 사용한 정수배라는 의미는 구간의 의미로도 해석될 수 있는 여지가 있어 반드시 에너지 알갱이의 존재를 가정하지는 않아도 되었지만, 아인슈타인의 광양자는 분명히 불연속적인 에너지 알갱이의 존재를 전제로 한 것이었다. 아인슈타인의 광양자 가설은 당시로서는 매우 혁신적이었기 때문에 로렌츠나 플랑크 같은 사람들도 아인슈타인의 주장을 그대로 받아들이기 힘들었다.

보어의 원자 모델

에너지가 양자화되어 있어 불연속적인 값만을 가진다는 양자화 가설은 보어에 의해 다시 한번 증명되었다. 1885년, 코펜하겐에서 태어난 닐스 보어는 가멜홀름 라틴어 학교를 졸업한 후 코펜하겐 대학에 입학하여 물리학을 전공했다. 1909년에 석사학위를 받은 그는 2년 후 전자에 대한 이론적 연구로 박사학위를 받았다. 이때는 원자의 구조를 이해하기 위한 연구가 본격적으로 시작된 시기였다. 10여 년 전에 톰슨이 전자를 발견했고, 어네스트 러더퍼드는 원자가 원자핵을 가지고 있다는 것을 발견하여 전자들이 원자핵 주위를 돌고 있는 러더퍼드의 원자 모델이 제시되어 있었다.

박사학위를 받은 후 영국으로 가서 톰슨에게 지도를 받기도 하고 러더퍼드와도 함께 연구를 했던 보어는 1913년에 원자의 구조를 다룬 논문을 세 편 출간했다. 이 논문들은 물리학의 진로를 바꿔놓는 데 중요한

보어의 원자 모델은 원자 구조를
이해하는 데 크게 기여했다.

역할을 했다.

원자 중앙에 자리 잡은 원자핵 주위를 전자들이 돌고 있는 러더퍼드의 원자 모델에는 결정적인 단점이 있었다. 원자핵을 돌고 있는 전자들이 전자기파를 내고 에너지를 잃어 원자핵으로 끌려가지 않는 것을 설명할 수 없었던 것이다. 전하를 띤 입자가 가속운동을 하면 전자기파의 형태로 에너지를 내고 에너지를 잃어야 한다. 따라서 러더퍼드의 원자 모형은 원자의 안정성을 설명하는 데 실패하고 있었다.

보어는 뉴턴역학과 맥스웰 방정식을 기초로 한 고전물리학으로는 원자의 안정성을 설명할 수 없다고 생각하고 양자화된 물리량으로 눈을 돌렸다. 1912년, 보어는 수소 원자가 방출하는 스펙트럼을 성공적으로 설명할 수 있는 이론을 만들어내는 데 성공했다. 보어는 원자핵 주위를 돌고 있는 전자들은 안정한 궤도를 가지고 있고 이 궤도에서 운동하는 동안에는 에너지를 방출하거나 흡수하지 않지만, 한 궤도에서 다른 궤도로 바꿀 때만 에너지를 방출하거나 흡수한다고 가정했다. 보어는 각 운동량이 플랑크상수의 정수배가 되는 궤도에서만 전자들이 안정한 상태에서 운동할 수 있다고 가정했다. 그러자 궤도의 반지름과 이 궤도에서 운동하는 전자들의 에너지를 계산할 수 있었다. 따라서 전자가 한 궤도에서 다른 궤도로 이동할 때 어떤 에너지를 흡수하거나 방출할 수 있는지 알게 되었다. 이 결과는 이미 알려져 있던 수소 스펙트럼과 일치했다. 수소 스펙트럼이 몇 개의 계열을 이루고 있다는 것은 실험을 통해 잘 알려져 있었다. 보어의 원자 모델은 수소 스펙트럼이 이렇게 계열을 이루고 있는 것을 설명하는 데도 성공적이었다.

높은 궤도에 있던 전자들이 가장 에너지가 낮은 바닥 상태로 떨어질 때는 전자기파들이 자외선에 해당하는 라이만 계열을 형성한다. 1궤도와 2궤도 사이의 에너지 차이가 가장 크기 때문에 1궤도로 떨어질 때는 큰 에너지를 가진 전자기파가 나왔던 것이다. 전자가 높은 궤도에서 2궤도로 떨어질 때 방출하는 전자기파는 가시광선에 해당하는 발머 계열을 형성했다. 3궤도로 떨어질 때는 적외선에 해당하는 파션 계열을 이룬다. 보어의 원자 모델은 원자의 구조를 새롭게 이해하는 데 크게 기여했다. 또한 그의 원자 모형은 엑스선 스펙트럼을 설명하는 데도 이용되었다. 영국의 물리학자 헨리 모즐리는 보어의 원자 모형을 바탕으로 원소들이 내는 특성 엑스선을 연구하여 주기율표를 정확하게 새로 배열했다.

그러나 보어의 원자 모형은 원자가 내는 스펙트럼의 종류를 설명해내는 데는 어느 정도 성공했지만 스펙트럼의 상대적인 세기라든지 하나의 스펙트럼이 전기장이나 자기장 안에서 여러 개의 스펙트럼으로 분산되는 것을 설명해내지는 못했다. 보어의 이론은 1913년부터 1925년까지 다양한 형태로 발전해갔지만 문제점도 점점 부각되었다.

보어의 원자 모델이 가지고 있는 이러한 문제점을 해결하는 데 핵심적인 역할을 한 사람 역시 보어였다. 1916년 영국에서 돌아온 보어는 코펜하겐 대학에 이론물리학 연구소를 설립하는 데 참여하여 코펜하겐을 물리학의 새로운 중심지로 만들었다. 1920년대 말, 보어는 상보성 원리를 제안하여 양자물리학 성립에 크게 공헌했다. 상보성 원리란 원자를 구성하는 입자의 세계를 파동 또는 입자라는 전혀 다른 모습으로 측정할 수 있지만 원자의 세계에서 일어나는 현상을 기술하기 위해서는 두 모델 모두가 필요하다는 것이었다.

드브로이의 물질파 이론

보어가 제시한 상보성 원리에서는 드브로이의 물질파 이론이 중요한 역할을 했다. 프랑스 귀족 집안의 둘째 아들로 태어난 루이 드브로이는 물리학자였던 형으로부터 플랑크와 아인슈타인에 대해 들은 후 물리학에 흥미를 가지게 되어 18세 때부터 소르본 대학에서 이론물리학을 공부했다. 드브로이는 1924년에 제출한 논문에서 이미 과학 학술지에 발표했던 전자파동이론을 전개했다.

아인슈타인은 이미 1905년에 빛은 입자와 마찬가지로 움직인다는 광양자 가설을 발표했다. 아인슈타인의 이런 생각은 1923년에 실시된 콤프턴 실험으로 증명되었다. 드브로이는 반대로 전자와 같은 입자가 파동의 성질을 가진다고 주장한 것이다.

1923년에 드브로이가 처음 물질파 이론을 제안했을 때는 전자의 입자적 성질은 잘 알려져 있었지만 전자가 파동으로 행동한다는 실험적 증거는 없었다. 따라서 전자와 같은 입자가 파동처럼 행동한다는 물질파 이론은 그의 직관에 의한 것이었다고 할 수 있다. 처음 물질파 이론이 제기되었을 때 다른 과학자들은 관심을 갖지 않았다. 그러나 그의 논문을 읽은 아인슈타인은 이 새로운 생각을 적극 지지했다. 파동이라고 생각했던 빛이 입자의 성질을 가진다는 광양자설과 입자라고 생각했던 전자가 파동의 성질을 가진다는 물질파 이론은 어떤 면에서 일맥상통한다고 할 수 있다.

1900년에서 1930년까지의 30년 동안은 뉴턴역학으로 대표되는 고전물리학이 퇴장하고 양자물리학으로 대표되는 현대물리학이 등장한 시기였다. 지금까지 살펴본 바와 같이 이 시기에 등장한 중요한 개념은 에너지를 비롯한 물리량이 연속된 양이 아니라 불연속적인 양이라는 것과 입자와 파동이 서로 다른 물리적 대상물이 가지는 성질이 아니라 같은 대상물이 가지는 두 가지 측면이라는 것이다. 그리고 원자보다 작은 세계에서 일어나는 현상을 제대로 기술하기 위해서는 입자와 파동의 두 가지 측면을 모두 고려해야 한다는 것이었다.

이것은 고전물리학과는 전혀 다른 개념들이었다. 이는 고전물리학을 적당히 수정해서 다룰 수 있는 문제가 아니었다. 뉴턴역학에서는 모든 물리량을 연속적인 양으로 보았다. 따라서 불연속적인 물리량을 다룰 수 있는 방법이 없었다. 불연속적인 물리량을 다룰 수 있는 새로운 물리학이 등장해야 할 시점에 이른 것이었다.

불연속적인 물리량을 다루는 양자물리학은 하이젠베르크를 중심으로 한 행렬역학과 슈뢰딩거를 중심으로 한 파동역학의 두 갈래로 발전했다. 후에 두 가지 양자역학은 동일한 내용을 담고 있다는 것이 증명되었다. 현재 오스트리아의 슈뢰딩거가 발전시킨 파동역학이 양자물리학의 주된 흐름이 되어 있다.

슈뢰딩거와 파동양자역학

에르빈 슈뢰딩거는 1887년 8월 12일에 오스트리아의 빈에서 태어났다. 그는 개신교 신자인 어머니를 따라 목사에게 세례를 받았지만, 다윈의 열렬한 추종자였다. 집에서 가정교사에게 지도를 받은 슈뢰딩거는 열한 살 때 빈의 베토벤 광장에 있는 인문학교에 입학하여 그리스와 로마의 고전을 배웠고, 1906년에는 빈 대학에 입학하여 물리학을 공부하기 시작했다.

빈 대학의 물리학과는 도플러효과를 발견한 크리스티안 도플러가 학과장을 맡은 이래 슈테판-볼츠만의 법칙을 발견한 슈테판이 1863년부터 학과장을 맡았고 슈테판 후임으로는 볼츠만이 이끌었다. 볼츠만의 영향으로 빈 대학 물리학과는 통계물리학의 전통을 굳게 이어오고 있었다. 불행하게도 슈뢰딩거가 입학한 해에 볼츠만이 자살했기 때문에 슈뢰딩거는 볼츠만의 지도를 받을 기회가 없었다.

1914년 3월에 슈뢰딩거는 『물리학 연보』에 「탄성적으로 결합된 질점계의 동역학에 관하여」라는 논문을 발표했다. 이 논문은 제1차 세계대전 이전에 슈뢰딩거가 발표한 가장 우수한 논문으로 젊은 슈뢰딩거의 관심사를 잘 나타내고 있다.

제1차 세계대전이 발발하자 슈뢰딩거는 포병장교로 이탈리아 전선에 배치되었다가 1917년 봄에 다시 빈으로 배치되어 연구를 계속할 수 있게 되었다. 슈뢰딩거는 이 시기에 빈의 근교에 있는 장교학교에서 기상학과 물리학을 가르치며 연구를 했다.

슈뢰딩거는 전선에 있는 동안 아인슈타인의 일반상대성이론을 처음으로 접했다. 빈으로 돌아온 슈뢰딩거는 대학의 다른 물리학자들도 이

슈뢰딩거는 파동역학을 완성하여 양자물리학의 성립에 핵심적인 역할을 했다. 그러나 양자역학에 대한 코펜하겐 해석에는 비판적이었다.

이론에 관심을 가지고 있는 것을 알게 되었고, 자신도 상대론 연구에 뛰어들었다. 그는 일반상대론을 광학의 하위헌스의 원리와 역학의 해밀턴 방정식에 연결시키려고 시도했다.

슈뢰딩거는 전쟁이 끝난 후 동양과 서양의 다양한 철학에 관심을 두기도 했다. 동양철학, 특히 인도철학에 대한 관심은 나중에 파동역학을 창안하는 데 영향을 주었다. 1918년에서 1920년까지 슈뢰딩거는 빈 대학에 머물면서 색채이론에 대한 논문을 썼다. 1920년에는 슈트르가르트 대학에 잠시 머물면서 좀머펠트의 고전 양자론을 수정하는 작업을 했는데 이것이 그가 양자론 연구에 본격적으로 뛰어드는 계기가 되었다. 1921년에 슈뢰딩거는 취리히 대학의 물리학 교수가 되었다. 취리히 대학 초기에는 과중한 강의 부담으로 연구 활동을 제대로 할 수 없었지만 이후 그곳에서 파동역학을 완성했다.

1922년 12월 9일에 있었던 교수 취임 강연에서 슈뢰딩거는 자신의 스승이었던 엑스너의 견해를 소개했다. 슈뢰딩거에게 많은 영향을 미친 엑스너는 개개의 분자적 사건은 역학 법칙을 따르지 않고 완전히 무질서하게 일어나기 때문에 어떤 역학적 설명도 가능하지 않다고 생각하고 오로지 통계적으로만 다룰 수 있을 뿐이라고 믿었던 사람이다. 다시 말해 입자 하나하나는 역학 법칙을 따르지 않고 전체적으로 통계적 관점에서 보았을 때만 역학 법칙이 성립한다고 생각한 것이다. 이 당시 슈뢰딩거는 파동·입자의 이중성 문제를 심각하게 생각하고 있었으며 에너지와 운동량에 관한 법칙들이 분자 단위에서는 파기되어야 하는 것이 아닌가 하고 고민하고 있었다. 엑스너와 마찬가지로 자연법칙은 오로지 통계적으로만 성립할 가능성이 있다고 생각한 것이다.

슈뢰딩거는 1924년에 보어를 중심으로 한 코펜하겐의 학자들이 원자 세계에서는 에너지와 운동량이 통계적으로만 보존된다고 제안하고 아인슈타인의 광양자 가설을 대신할 새로운 복사이론을 제시했을 때 이를 긍정적으로 받아들였다. 슈뢰딩거는 이 새로운 복사이론의 통계적 성격이 분자 단위에서는 개별적으로 역학 법칙이 성립하지 않는다고 주장했던 엑스너의 주장과 통한다고 생각했다. 분자나 원자의 행동은 뉴턴역학의 기계론적 인과론으로 설명할 수 없다는 비인과성을 받아들이고 통계적 자연법칙을 받아들였던 슈뢰딩거가 후에 양자역학의 결과를 확률적으로 해석한 코펜하겐 해석을 받아들이지 않았던 것은 의외의 일이었다.

1924년에 발표한 드브로이의 물질파 이론을 접한 슈뢰딩거는 드브로이의 물질파가 가진 중요성을 알아차렸다. 이를 바탕으로 1926년 슈뢰딩거는 마침내 파동역학을 완성했다. 그가 드브로이의 물질파 개념으로부터 파동방정식을 이끌어낸 과정은 자세히 알려져 있지 않다. 슈뢰딩거 자신이 그 과정을 자세히 설명하지 않았을 뿐만 아니라 당시의 상황을 알려주는 자료들이 남아 있지 않기 때문이다. 하지만 처음에 상대론적 파동방정식을 만들려고 시도했다가 실패했던 것만은 확실하다. 그는 상대론적 파동방정식이 실험 결과와 일치하지 않아 이를 포기하고 비상대론적인 파동방정식을 만들어 1926년 1월에 발표했다.

슈뢰딩거 방정식은 주어진 조건하에서 입자의 운동 상태를 나타내는 물리량을 포함하고 있는 파동함수를 구할 수 있는 미분방정식이다. 따라서 주어진 조건 아래 풀어낸 슈뢰딩거 방정식의 해인 파동함수는 전자에 대한 모든 정보를 포함하고 있다. 슈뢰딩거 이전에 이미 하이젠베르크를 비롯한 괴팅겐의 물리학자들이 양자적 상태를 행렬을 이용하여 나타내는 행렬역학을 발전시키고 있었다. 그러나 행렬역학은 전자가 한 상태로부터 다른 상태로 순간적이고 불연속적으로 변하는 양자도약의 개념을 포함하고 있었다. 양자도약은 보어의 원자 모델에서 전자가 한 에너지 준위에서 다른 에너지 준위로 순간적으로 건너뛰면서 에너지를 흡수하거나 내놓은 것과 같이 순간적이고 불연속적으로 상태가 변하는 것을 말한다.

슈뢰딩거는 원자 내의 전자가 정상적인 에너지 준위들 사이에서 도약하듯이 순간적으로 상태가 바뀐다는 양자도약을 마땅치 않게 생각했다. 자연에서의 상태의 변화는 연속적으로 일어나야 한다고 생각했기 때문이었다. 슈뢰딩거는 양자도약이라는 이상한 개념을 포함하고 있는 하이젠베르크의 행렬역학을 연속적인 자신의 파동역학으로 대체하려고 시도했다. 슈뢰딩거는 자신의 파동함수는 전자의 밀도를 나타낸다고 주장했다.

실험적으로 증명된 양자도약을 사실로 받아들이고 있던 막스 보른은 슈뢰딩거의 파동함수를 통계적이고 확률적으로 해석했다. 다시 말해 슈뢰딩거의 방정식을 풀어서 얻은 파동함수가 실제로 전자의 밀도를 나타내는 것이 아니라 전자가 가질 수 있는 가능한 상태의 확률을 나타낸다고 해석한 것이다. 슈뢰딩거는 아인슈타인과 함께 이런 확률론적 해석에 비판적이었다. 그러나 슈뢰딩거는 자연법칙의 통계적 성질을 철저하게 부정했던 아인슈타인과는 달리 통계적이고 확률적인 해석보다는 순간적으로 상태가 바뀌는 양자도약에 대해 더욱 비판적이었다.

슈뢰딩거의 파동역학과 드브로이의 물질파 이론은 벨연구소의 연구원이던 클린턴 데이비슨의 전자 산란 실험과 조지 톰슨의 전자 회절 실험을 통해 증명되었다. 데이비슨은 1926년 여름 영국 과학진흥협회 학술회의에서 보른의 강연을 듣고 드브로이의 물질파 이론과 슈뢰딩거의 파동역학을 알게 되었다. 1927년, 데이비슨과 그의 동료 레스터 저머는 니켈 단결정을 이용한 전자 산란 실험을 통해 전자가 가지는 파동의 성질을 확인하는 데 성공했다. 이들의 실험으로 드브로이의 물질파 이론의 사실성이 입증되어 드브로이는 1929년에 노벨 물리학상을 수상했다.

코펜하겐 해석

양자역학의 해석이 중요한 문제로 떠올랐다. 과학은 직관적 사실에 근거를 두어야 한다고 생각하던 많은 사람들은 감각을 통해 경험하는 현상들과는 전혀 다른 현상을 다루는 양자역학을 쉽게 받아들일 수 없었다. 1927년 9월 알렉산더 볼타 서거 100주년을 기념하기 위해 열린 학회에서 보어는 양자역학의 핵심은 고전 이론과는 달리 불연속성을 주장하는 양자가설이라고 강조하고, 양자역학이 그때까지의 물리적 개념을 새롭게 바꿀 것이라고 주장했다. 1927년 10월에 브뤼셀에서 열린 제5회 솔베이 회의나 1930년의 제6회 솔베이 회의에서도 보어는 상보성 개념에 기초를 둔 양자역학의 해석을 물리학자들이 받아들이도록 설득했다.

이런 과정을 거쳐 보어, 하이젠베르크, 보른, 디랙, 파울리, 폰 노이만 등이 중심이 되어 양자역학을 해석한 내용을 코펜하겐 해석이라고 한다. 코펜하겐 해석은 양자물리학의 핵심적인 내용을 이루고 있다. 따라서 이 해석에 대한 많은 반론과 새로운 해석이 있었음에도 불구하고 코펜하겐 해석은 양자역학 그 자체라고 할 수 있다. 코펜하겐 해석의 중요한 내용은 다음과 같다.

첫째, 양자역학에서 나타나는 입자의 상태는 파동함수에 의해 결정되며, 파동함수의 제곱은 측정값에 대한 확률밀도함수다. 예를 들어 어떤 조건 하에서 슈뢰딩거 방정식을 풀었을 때 가능한 에너지 상태가 ε_1와 ε_2이고, 이런 에너지 상태를 나타내는 파동함수가 각각 Ψ_1과 Ψ_2라면 이 입자가 ε_1의 에너지를 가질 확률은 $|\Psi_1|^2$이고 ε_2의 에너지를 가질 확률은 $|\Psi_2|^2$이라는 것이다. 따라서 우리가 양자역학을 통해 알 수 있는 것은 입자의 정확한 상태가 아니라 입자가 가질 수 있는 상태의 확률분포뿐이다.

둘째, 모든 물리량은 관측이 가능할 때만 의미를 가진다. 물리적 대상이 가지는 물리량은 관측 행위와 독립적인 객관적인 값이 아니라 관측 행위의 영향을 받는 값이다. 다시 말해 물리량과 측정 작용은 분리할 수 없다는 것이다. 양자 세계와는 다른 큰 세계에서 살아온 경험을 통해 우리는 물리량은 우리가 측정하는 것과는 관계없이 특정한 값을 가진다고 알고 있다. 그러나 양자 세계에서는 그렇지 않다는 것이다. 예를 들어 전자 하나는 우리가 측정하지 않을 때는 스핀 업 상태와 스핀 다운 상태가 중첩된 상태로 존재한다. 그러나 우리가 측정하는 순간 전자의 상태는 스핀 업이나 스핀 다운 중의 한 상태로 고정되어버린다. 이것은 측정 작용이 전자의 상태에 영향을 준다는 것을 의미한다.

셋째, 서로 관계를 가지는 물리량들은 하이젠베르크가 제안한 불확정성 원리에 의해 동시에 정확하게 측정하는 것이 불가능하다. 위치와 운동량, 시간과 에너지와 같이 서로 연관되어 있는 물리량을 동시에 정확하게 측정하는 것은 불가능하다는 불확정성 원리는 자연물이 가지고 있는 파동의 성질 때문에 나타나는 것으로 측정 기술이나 감각적 오류에 기인한 것이 아니다. 양자역학의 발전에 중요한 공헌을 했던 아인슈타인은 불확정성 원리를 끝까지 받아들이지 않았다. 그러나 불확정성 원리는 많은 실험을 통해 사실로 확인되었다.

넷째, 양자역학에서 나타나는 계는 입자와 파동의 상보성을 가지고 있다. 빛이 파동과 입자의 상보성을 가진다는 것은 빛이 입자로 기술되기도 하고 파동으로 기술될 수도 있지만 동시에 두 가지 성질을 관측할 수는 없다는 뜻이다. 빛이 간섭무늬를 만들어 낼 때는 빛이 파동으로 행동하지만 광전효과를 일으킬 때는 입자로 행동한다. 따라서 빛은 입자라고 할 수도 있고 파동이라고 할 수도 있다. 그러나 동시에 두 가지 성질을 나타내지는 않는다는 것이다. 처음에는 빛에서 이러한 상보성이 발견되었지만 후에 전자와 같은 입자들도 상보성을 가진다는 것이 확인되었다. 보어는 상보성을 모든 자연물의 일반적인 성질이라고 주장했다.

다섯째, 양자도약이 가능하다. 양자역학적으로 허용된 상태들은 불연속적인 특정한 물리량만 가질 수 있다. 따라서 한 상태에서 다른 상태로 변하기 위해서는 한 상태에서 사라지고 동시에 다른 상태에서 나타나야 한다. 예를 들어 어떤 입자의 양자역학적으로 가능한 에너지가 100과 200이라고 가정하자. 이제 이 입자의 에너지가 100에서 200으로 변한다고 생각해보자. 고전역학에 의하면 에너지는 연속적인 양이므로 100에서부터 조금씩 증가하여 200에 도달해야 한다. 그러나 양자역학에 의하면 이 입자는 100의 에너지 상태에서 200의 에너지 상태로 건너뛰어야 한다. 다시 말해 100인 에너지 상태에서 사라지고 동시에 200인 에너지 상태에 나타나야 한다. 이렇게 어떤 물리량이 불연속적인 간격을 건너뛰는 것이 양자도약이다.

이러한 코펜하겐 해석에 대해서는 많은 논란이 있었다. 아인슈타인과 마찬가지로 슈뢰딩거도 양자역학의 정통으로 자리 잡아가고 있던 코펜하겐 해석에 대해 비판적이었다. 아인슈타인은 파동함수가 물리적 실체를 기술하는데 완전하지 않다고 주장했다. 그는 특히 양자역학의 확률적 해석과 불확정성의 원리를 받아들일 수 없다고 했다. 아인슈타인은 그의 친구 막스 보른에게 보낸 편지에서 "양자물리학은 확실히 인상적입니다. 그러나 내 생각에 그것은 아직 사실이 아닌 것 같습니다. 이 이론은 많은 것을 이야기하고 있지만 신의 비밀에 가까이 다가간 것 같지는 않습니다. 나는 신이 주사위놀이를 하고 있지 않다고 확신합니다"라는 말로 양자역학에 대한 불만을 나타냈다.

양자역학의 중심이 되는 슈뢰딩거 방정식을 제안한 슈뢰딩거도 관측 작용이 대상물의 물리량에 영향을 미친다는 코펜하겐 해석에 강한 비판적인 입장을 취했다. 그가 제기한 반론은 '슈뢰딩거 고양이의 역설'이라는 이름으로 널리 알려져 있다. 슈뢰딩거는 양자도약에 대해서도 비판적이었다. 슈뢰딩거는 "만약 이 저주스러운 양자도약이 사실이라면 나는 양자이론에 관계하게 된 것을 후회할 것입니다"라고 말하기도 했다.

양자역학에 대한 코펜하겐 해석은 일상적인 경험을 바탕으로 해서는 이해하기 힘든 내용이다. 어떤 물리학자는 "양자물리학은 이상하다. 양자물리학이 이상하다고 생각하지 않는 사람은 양자물리학을 모르는 사람이다"라고 말하기도 했다. 상식적으로 이해하기 힘든 코펜하겐 해석을 많은 사람들이 받아들인 것은 실험 결과를 잘 설명할 수 있었기 때문이다. 양자물리학이 이상하다고 생각하고 받아들이지 않으려고 했던 사람들은 자연법칙은 우리가 합리적으로 이해할 수 있는 것이어야 한다고 생각했던 사람들이었고, 이상함에도 불구하고 그것을 받아들인 사람들은 합리성보다는 실험결과를 더욱 중요하게 생각한 사람들이었다.

슈뢰딩거는 아인슈타인과 마찬가지로 양자역학의 정통으로 자리 잡아가고 있는 코펜하겐 해석에 대해 비판적이었다. 아인슈타인은 파동함수가 물리적 실체를 기술하는 데 완전하지 않다고 주장했다. 아인슈타인의 비판에 자극을 받은 슈뢰딩거는 관측자의 측정 행위가 대상물의 물리량에 영향을 미친다는 코펜하겐 해석에 강한 비판을 제기했다.

슈뢰딩거의 고양이

양자론의 문제는 수학적인 논증의 문제가 아니라 수학적으로 표현된 파동함수가 원자에서 실제로 어떤 일을 나타내는지를 해석하는 데 있다는 것이 명백해졌다. 코펜하겐 해석의 등장은 이런 필요성을 잘 나타내고 있다. 하이젠베르크는 이런 상황을 설명하기 위해 이중 슬릿에 의한 간섭실험을 예로 들었다. 이 실험에서는 1차 광원에서 나온 빛이 두 개의 슬릿을 통과하면서 만들어낸 2차 파동이 스크린에서 만나 간섭무늬를 만들게 된다.

이것을 광자가 입자라는 가정 아래 다시 설명해보자. 하나의 광자는 첫 번째 슬릿이나 두 번째 슬릿 중의 하나를 통과하게 될 것이다. 첫 번째 슬릿을 통과했다면 이 광자가 스크린의 어떤 특정한 지점에 도달할 확률은 두 번째 슬릿이 열려 있거나 닫혀 있는 것에 영향을 받지 않을 것이다. 두 번째 슬릿을 닫아놓고 이 실험을 여러 번 하면 첫 번째 슬릿을 통과한 광자가 스크린의 특정한 지점에 도달할 확률분포를 얻을 수 있다. 두 번째 슬릿에 대해서도 마찬가지의 확률분포를 구할 수 있을 것이다. 두 슬릿을 열어놓고 실험하여 얻은 확률분포는 두 슬릿을 따로 열어놓고 실험한 확률분포를 합한 것과 같아야 한다.

그러나 실제로 이 실험을 해보면 두 개의 확률분포를 합한 것과는 다른 간섭무늬가 나타나는 것을 확인할 수 있다. 이는 광자가 첫 번째나 두 번째 슬릿 중의 하나를 통과해야 한다는 우리의 생각과는 다른 현상이 일어나고 있다는 것을 뜻한다.

광자가 두 개의 슬릿 중 어느 쪽을 통과하는지를 알기 위한 측정 장치를 설치하면 처음에 관측된 간섭무늬는 더 이상 나타나지 않는다. 이것은 관측하지 않는 동안 어떤 일이 일어났는지 알 수 있는 방법이 없다는 것과 관측 행위가 결과에 영향을 준다는 증거다. 따라서 어떤 일이 일어난다는 것은 관찰이라는 행위와 따로 떼어 생각할 수 없다는 것이다.

그렇다면 광자나 전자 같은 미시세계에서 나타나는 이러한 관찰 의존적인 자연의 모습이 거시세계에서는 어떻게 적용될까?

양자역학에 대한 코펜하겐 해석에 깊은 회의를 품은 슈뢰딩거는 이 문제를 제기하기 위해 '상자 안의 고양이'라고 불리는 사고실험을 제안했다. 슈뢰딩거는 고양이와 방사성 원소, 그리고 방사선 검출기를 넣고 봉한 상자를 상상했다. 방사선 검출기가 방사선을 검출하면 독가스가 나와 고양이는 죽도록 되어 있다. 방사성 원소의 반감기가 1분이라면 고양이가 1분 동안에 죽을 확률은 1/2이다. 물론 살아 있을 확률도 1/2이다. 코펜하겐 해석에 의하면 상자를 열어 관측을 하기 전까지는 1분 후에 고양이가 살아 있는지 죽었는지 말할 수 없다. 다만 고양이의 상태는 살아 있는 것을 나타내는 확률파와 죽은 상태를 나타내는 확률파의 중첩으로 나타낼 수 있을 뿐이다. 다시 말해 1/2은 죽었고 1/2은 죽은 상태로밖에는 기술할 수 없다.

어떤 사람이 나서서 상자를 열고 고양이의 상태를 확인하는 순간 고양이는 이런 확률적인 상태에서 살았거나 죽은 하나의 상태로 결정된다. 그러나 이 사람과 통신을 하지 못한 다른 사람들에게는 아직도 고양이는 반은 죽었고 반은 살아 있는 확률의 중첩 상태다.

상자 속의 고양이 비유에 의하면 고양이와 같은 거시세계의 존재조차도 객관성을 가질 수 없다. 코펜하겐 해석에 의하면 관찰되는 대상과 관찰자 사이에 분명한 경계가 존재한다. 관찰이 진행되고 그 결과가 전파됨에 따라 그 경계도 확장된다. 슈뢰딩거는 객관적인 상태가 존재하는 것이 확실한 고양이의 상태를 이렇게 잘못 기술하게 된 것은 고양이의 문제가 아니라 양자물리학의 문제라고 지적했다.

그러나 하인즈 페이겔스 같은 학자는 이러한 해석에는 해결되지 못한 점이 있다고 주장했다. 전자와 같은 미시적인 상태에서 발견되는 객관성의 결여를 일상세계에 적용할 필요가 없다는 것이다. 그는 관찰이 무엇을 뜻하는지 새롭게 인식함으로써 이 문제를 해결할 수 있다고 주장했다.

양자역학에 대한 이러한 비판과 반론에도 불구하고 1950년대 이후 양자역학은 새로운 응용분야를 찾아 수학적 기법을 발전시키는 방향으로 전개되었고, 원자보다 작은 세계에서 일어나는 여러 가지 현상을 성공적으로 설명해냈다. 물리학의 중심이 실용성을 우선시하는 미국으로 옮겨감에 따라 양자역학의 해석 문제는 물리학 외적인 문제로 치부되기 시작했다. 대부분의 물리학 강의에서는 양자역학의 문제를 수학적으로 다루는 방법만 가르쳤다.

이렇게 하여 실제로는 받아들이기 어려운 점이 많았던 양자물리학에 대한 코펜하겐 해석은 양자물리학에 대한 최종적인 해석으로 굳어졌다. 양자물리학은 이제 해석의 문제에서 벗어나 원자보다 작은 세계의 일들을 얼마나 성공적으로 다룰 수 있는가 하는 문제에만 집중하게 되었다. 그 결과 양자물리학은 20세기의 핵심적인 이론으로 자리 잡아 인간이 해석할 수 있는 자연의 범위를 크게 확장시켰고 20세기의 가장 성공적인 물리학으로 인정받게 되었다.

파동역학을 완성하여 양자물리학이 성립하는 데 핵심적인 역할을 한 슈뢰딩거가 오히려 양자역학의 해석에 비판적이었던 것은 흥미로운 사실이다. 이는 광양자설을 주장하여 양자물리학의 새로운 지평을 연 아인슈타인이 양자물리학의 확률적 해석을 끝까지 받아들이지 않았던 것과 함께 20세기 과학사에서 가장 관심을 끈 사건이었다고 할 수 있다. 그럼에도 불구하고 슈뢰딩거는 슈뢰딩거 방정식과 함께 양자물리학의 기초를 마련한 인물로 오래 기억될 것이다.

9 우주의 기원을 밝히다

가모브의 '빅뱅' 이론

"우주는 언제 어떻게 창조되었는가.
과학자들은 그 문제가
인간의 능력 밖에 있다고 생각했다."

우주의 나이

과학은 18세기와 19세기를 거치며 큰 발전을 이루었다. 교회가 과학적 논의를 제약한 일도 옛일이 되어간다. 이제 과학자들은 거의 모든 문제를 아무런 제약 없이 연구하고 토론할 수 있었다. 그러나 한 가지 중요한 문제에 대해서는 토론하는 것을 꺼려했다. 그 문제는 인간의 능력 밖에 있기 때문에 인간의 노력으로 접근할 수 없다고 생각했기 때문이다. 바로 우주가 언제 어떻게 창조되었는가 하는 의문이었다.

과학자들은 우주의 창조를 초자연적인 현상으로 인정하려 했다. 우주 창조에 관한 한 『성경』은 여전히 확실한 권위를 가지고 있었으며, 압도적으로 많은 학자들이 신이 우주를 창조했다는 주장을 받아들였다.

그래서 우주의 나이를 알아내려는 시도는 『성경』 분석에서부터 시작되었다. 학자들은 『성경』에 기록되어 있는 「창세기」부터 아담, 선지자, 여러 왕 등의 족보와 개인들의 탄생 사이의 시간을 더해서 우주가 창조된 시점을 알아내려 했다. 그런데 계산하는 사람에 따라 창조의 날짜는 3,000년이 넘는 차이를 보였다. 가장 정밀한 계산은 1624년 아르마의 대주교가 된 제임스 어셔의 계산이었다.

어셔는 필사와 번역 과정에서 생긴 오차를 줄이기 위해 가장 오래된 『성경』을 찾기도 했고, 『구약성서』의 연대기를 실제 역사와 연결시키기 위해 많은 노력을 했다. 결국 그는 느부갓네살의 죽음이 『구약성서』 「열왕기 하」에 언급되어 있는 것을 발견하여 『성경』에 기록된 역사의 실제 날짜를 추정할 수 있었다. 많은 계산과 역사적 연구를 거친 어셔는 창조의 날짜가 기원전 4004년 10월 22일이며, 시각은 오후 6시라고 발표했다. 어셔 주교의 날짜 계산은 1710년 영국 국교회에서 공식적으로 인정받았으며 그 후 킹 제임스 번역본 주석에 기록되어 20세기까지 남아 있었다. 과학자와 철학자들 중에도 19세기까지 어셔의 날짜 계산을 받아들이는 사람이 많았다.

19세기에 이르자 과학계에서는 기원전 4004년을 창조의 날짜로 잡는 것에 대해 의문을 제기하기 시작했다. 많은 과학자들이 지구의 나이가 100만 년 또는 심지어 10억 년도 더 됐을 것이라고 예상하며, 과학적 방법을 통해 지구의 나이를 알아내려는 노력을 시작했다. 지질학자들은 퇴적암의 퇴적 비율을 분석해 지구가 적어도 몇 백만 년은 되었다고 추정했고, 1897년에 톰슨은 지구가 처음 형성되었을 때 뜨겁게 용해되어 있었다고 가정하고 그것이 현재의 온도로 식는 데는 적어도 2,000만 년이 필요했을 것이라고 주장했다.

몇 년 후 존 졸리는 바다가 처음에는 순수한 물로 시작했다고 가정하고 현재의 염도만큼 소금이 녹으려면 얼마나 걸릴지를 계산하여 대략 1,000만 년이라는 시간을 추정했다.

20세기 초에 물리학자들은 방사능이 지구의 나이를 추정하는 데 사용될 수 있다는 것을 밝혀냈다. 1905년, 과학자들은 방사능 연대 측정법을 이용하여 지구의 나이를 5억 년으로 계산해냈다. 방사능 연대 측정법이 정밀해지면서 1907년에는 지구의 연대가 10억 년이 넘도록 끌어올려졌다. 지구의 나이를 측정하려는 이러한 시도들은 엄청나게 어려운 과학적 과제였지만, 측정이 정밀해질수록 지구의 나이는 점점 늘어난다는 것이 명백해졌다.

과학자들은 지구의 나이가 새롭게 측정할 때마다 늘어나는 것을 보면서, 우주에 대한 인식도 바꾸기 시작했다. 19세기 이전의 과학자들은 일반적으로 우주가 갑작스런 사건에 의해 창조되었다는 격변설을 받아들였다.

19세기 말 지구를 더욱 자세히 연구하고 바위 표본들의 연대를 정밀하게 측정한 과학자들은, 균일하고 지속적인 변화가 현재의 우주를 만들었다는 균일설을 받아들이게 되었다. 균일설을 믿는 사람들은 산이 하룻밤 사이에 나타나지 않았으며 수백만 년 동안 1년에 수 밀리미터의 비율로 조금씩 상승했다고 확신했다. 균일설에 의하면 지구의 나이가 10억 년이 넘었다. 따라서 균일설을 믿는 과학자들은 우주가 당시의 인식보다 훨씬 오래되었고, 아마도 무한대의 나이를 가질지도 모른다고 생각했다. 영원한 우주는 과학자들의 무거운 짐을 덜어주었다. 만약 우주가 영원히 존재한다면 그것이 언제, 어떻게, 왜 창조되었는지 또는 누가 그것을 창조했는지 설명할 필요가 없기 때문이었다.

20세기 초의 과학자들은 우주가 영원하다는 주장에 만족스러워했다. 그러나 영원한 우주라는 생각은 상당히 빈약한 증거들에 기초를 두고 있었다. 비록 지구의 나이가 수십억 년이나 된다는 증거들이 발견되었지만 그것으로부터 우주가 영원히 존재한다는 결론을 이끌어낸 것은 분명히 논리의 비약이었다. 어쩌면 '영원한 우주'는 과학적 증거보다는 논리적 비약 위에 만들어진 생각이기 때문에 과학적 이론이라기보다는 신화라고 하는 편이 어울릴 것이다.

팽창하는 우주

아인슈타인이 일반상대성이론을 바탕으로 우주의 구조를 연구하기 시작했을 때 그가 생각한 우주는 부분적으로는 여러 가지 일이 일어나고 있지만 전체적으로는 항상 같은 모양을 하고 있으며 시작과 끝이 없는 영원하고 정적인 세계였다. 일반상대성이론이 나타내는 우주가 이러한 정적인 우주를 증명하지 못하게 되었을 때 아인슈타인은 우주상수를 도입하여 자신이 받아들이던 우주를 지키려 했다. 모든 종류의 상식과 권위를 인정하지 않고 그것에 반하는 이론을 주장하는 것을 조금도 주저하지 않았던 아인슈타인이었지만 우주에 관한 문제에서만은 철저하게 상식과 타협했던 것이다.

그러나 일반상대성이론을 바탕으로 팽창하는 우주를 주장하는 사람들이 나타났다. 1888년에 러시아의 상트페테르부르크에서 태어난 알렉산더 프리드만은 조국의 정치적 혼란 속에서 자라났다. 그는 어려서부터 차르 정부의 압제에 대항해서 일어난 시위에 참가한 젊은 행동가였다. 프리드만은 1906년에 수학을 공부하기 위해 상트페테르부르크 대학에 입학했다. 프리드만은 제1차 세계대전과 1917년의 혁명과 내전이 진행되는 동안 대학을 떠나 있어야 했다. 그 후 대학으로 돌아온 그는 몇 년이나 늦게 아인슈타인의 상대성이론을 접하게 되었다. 이 이론에 큰 흥미를 느낀 그는 수학적 접근을 통해 우주상수가 배제된 우주를 이끌어 냈다. 프리드만은 1922년에 우주에 대한 자신의 결과를 『물리학잡지』에 발표했다. 우주상수가 없는 프리드만의 우주 모델은 역동적이고 진화하는 우주 모형이었다.

우주가 가지는 역동성은 우주가 결국은 붕괴로 끝난다는 것을 의미했다. 따라서 대부분의 우주학자들은 이는 생각할 수 없는 우주 모델이라고 생각했다. 그러나 프리드만은 이러한 역동성은 초기의 팽창으로 시작된 우주와 관계 있을 것이라고 생각했다. 그는 자신의 우주 모델이 중력과 상호작용할 수 있는 세 가지 방법을 제시했다.

첫 번째 가능성은 주어진 공간 안에 많은 별들이 포함되어 있어 우주의 평균 밀도가 높은 경우였다. 그런 경우에는 우주가 팽창을 멈추고 우주가 붕괴할 때까지 한 점을 향해 수축하게 될 것이다. 프리드만 모델의 두 번째 가능성은 별들의 평균 밀도가 작아 별들 사이의 중력이 우주의 팽창을 극복하지 못하는 경우였다. 그렇게 되면 우주는 영원히 팽창할 것이다. 세 번째 가능성은 평균 밀도가 두 극단의 중간 값을 가질 경우였다. 이 경우에는 중력이 팽창 속도를 줄어들게 하겠지만 팽창을 멈추게 하지는 못할 것이다.

아인슈타인은 프리드만이 얻은 결과가 물리적으로 틀렸을 뿐만 아니라 수학적으로도 결함이 있다고 생각했다. 그래서 프리드만의 논문을 발표한 잡지사에 오류를 지적하는 편지를 보냈다. 그러나 프리드만의 계산은 정확했다. 프리드만의 모델은 실재를 나타내는가 하는 논란의 여지와는 관계없이 수학적으로는 정당했다. 프리드만은 아인슈타인에게 자신의 계산에 오류가 있다는 지적을 취소하라고 요구했고, 아인슈타인은 그 요구를 받아들여 사과편지를 썼다.

아인슈타인은 프리드만의 동적인 우주가 수학적으로 옳다는 것을 인정하기는 했지만, 그것이 물리적으로 옳다고 생각하지는 않았다. 아인슈타인의 반대에도 불구하고 프리드만은 역동적인 자신의 우주 모델을 발전시켜갔다. 그러나 그는 1925년 갑자기 장티푸스에 걸려 젊은 나이에 세상을 뜨고 말았다. 러시아의 이름 없는 학자였던 그의 우주 모델은 곧 사람들로부터 잊혀졌다.

프리드만이 죽고 몇 년 후에 팽창하는 우주 모델이 다시 등장했다. 이번에는 벨기에의 신부이자 천문학자인 조르주 르메트르에 의해서였다. 1894년에 태어나 르메트르는 루뱅 대학에서 공학으로 학위를 받았으나 독일군이 벨기에를 침공하자 학업을 중단해야 했다. 전쟁이 끝난 후 그는 루뱅 대학에서 다시 공부를 시작했는데, 이번에는 공학이 아니라 이론물리학이었다. 1920년에는 메헬렌 대교구의 신학교에 입학했다. 그는 1923년에 신부 서품을 받은 후 나머지 생애 동안 신부와 물리학자라는 얼핏 모순되어 보이는 직업을 병행했다. 그는 "진리에 이르는 길은 두 가지가 있다. 나는 두 길을 모두 가기로 결심했다"라고 말했다.

1925년에 루뱅 대학의 교수가 된 르메트르는 아인슈타인의 일반상대성이론을 바탕으로 한 자신의 우주 모델을 발전시키기 시작했다. 르메트르는 프리드만의 우주 모델을 몰랐지만, 프리드만과 똑같은 과정을 거쳐 팽창하는 우주 모델을 다시 발견했다.

르메트르는 만약 우주가 실제로 팽창하고 있다면 어제의 우주는 오늘의 우주보다 작았을 것이고, 지난해에는 더 작았을 것이라고 생각했다. 따라서 충분히 먼 과거로 간다면 전 우주는 아주 작은 공간에 모이게 될 것이라고 생각했다.

르메트르는 우주는 작은 곳으로부터 바깥쪽으로 폭발하면서 시작되었고, 시간이 지남에 따라 우리가 살고 있는 우주로 진화해왔다고 결론지었다. 그리고 그는 우주가 앞으로도 계속 진화해갈 것이라고 믿었다.

르메트르는 우주에 원자의 방사성 붕괴 과정을 도입했다. 그는 우주가 초기에 하나의 커다란 원자였으며 이 원자가 방사성 붕괴를 하면서 오늘날의 우주가 시작되었다고 주장했다. 이 주장은 우리가 빅뱅이론이라고 부르고 있는 우주 모델과 가장 비슷한 최초의 우주 모델이었다. 그는 아인슈타인의 일반상대성이론에서 출발하여 팽창하는 우주 모델을 만들어냈고, 이를 방사성 붕괴와 같이 알려진 현상들과 연결한 것이다.

르메트르는 자신의 논문 「원시원자 가설」을 발표한 직후 아인슈타인을 만났다. 1927년에 브뤼셀에서 열린 솔베이 회의에 참석한 르메트르는 아인슈타인에게 창조되고 팽창하는 자신의 우주 모델을 설명했다. 아인슈타인은 이미 프리드만에게서 그런 이야기를 들었다고 했다. 르메트르가 프리드만에 대해 들은 것은 그때가 처음이었다.

아인슈타인은 르메트르에게 계산은 정확하지만 당신의 우주 모델에 물리적 의미는 없다고 말함으로써 르메트르의 우주 모델을 무시했다. 아인슈타인이 무시했다는 것은 과학계가 무시했다는 것을 뜻했다. 이 사건 때문에 크게 실망한 르메트르는 더 이상 자신의 모델을 발전시키지 않기로 했다.

우주 팽창의 증거

천문학 연구에서 가장 중요한 것은 우주에서의 거리를 측정하는 방법이다. 거리를 측정할 수 없으면 우주의 구조에 대해 우리가 이야기할 수 있는 것은 아무것도 없다. 우주에서의 거리를 측정하는 최초의 방법은 연주시차를 이용하는 것이었다. 지름이 1억 5천만 킬로미터인 궤도를 도는 지구에서 우주를 관측하고 있기 때문에 별들의 위치가 달라져 보이는 것이 연주시차다. 그러나 지구 궤도 반지름에 비해 별까지의 거리가 너무 멀어 연주시차를 이용하여 측정할 수 있는 별까지의 거리는 약 300광년 정도로 한정되었다. 따라서 연주시차는 광대한 우주의 거리를 측정하기에 적당하지 않았다.

우주의 거리를 측정하는 두 번째 방법은 변광성을 이용하는 것이다. 변광성에는 두 별이 공통의 중심을 돌면서 서로 가려서 밝기가 변하는 것처럼 보이는 식변광성과 실제로 별의 밝기가 변하는 세페이드형 변광성이 있다.

1877년에 하버드 대학 천문대의 대장이 된 에드워드 피커링은 모든 천체의 사진을 찍는 어려운 작업을 시작했다. 하버드 천문대는 10년 동안 50만 장의 하늘 사진을 찍었다. 피커링의 가장 큰 어려움은 이 사진들을 분석하는 일이었다. 피커링은 여성들로 구성된 사진 분석팀을 운영했는데, 이 팀에서 일한 여성 중 헨리에타 리비트라는 인물이 있었다. 리비트는 1892년에 하버드 대학의 래드클리프 칼리지를 졸업했다. 그녀는 이후 2년 동안 자신의 청각을 잃게 한 중증 뇌막염을 치료하느라 집에서 시간을 보냈다. 건강을 회복한 그녀는 사진 건판을 조사하여 변광성을 찾아내고 그것을 목록에 기록하는 하버드 대학 천문대의 자원봉사자가 되었다.

다양한 형태의 변광성 중에서 리비트는 세페이드 변광성에 특히 관심을 기울였다. 여러 달 동안 세페이드 변광성을 측정하고 목록을 만든 그녀는 무엇이 변광성의 밝기 변화의 주기를 결정하는지를 알아내려 했다. 그녀는 주기와 밝기 사이에 어떤 관계가 있는지 알고 싶었다.

리비트는 이 문제를 해결하기 위해 소마젤란 성운에서 발견된 변광성들을 이용했다. 소마젤란 성운은 남반구의 하늘에서만 볼 수 있기 때문에 리비트는 페루에 있는 하버드의 남부 관측소에서 찍은 사진을 분석해야 했다. 리비트는 소마젤란 성운에서 25개의 세페이드 변광성을 찾아냈다. 그녀는 이 25개의 세페이드 변광성들은 모두 지구로부터 대략 같은 거리에 있다고 가정했다.

리비트는 소마젤란 성운에서 찾아낸 25개 세페이드 변광성의 겉보기밝기 대 주기의 그래프를 그렸다. 그 결과는 긴 주기를 띠고 있는 세페이드 변광성들이 더 밝다는 것을 보여주었다. 1912년에 리비트는 이런 내용을 「소마젤란 성운의 25개 변광성의 주기」라는 제목으로 발표했다. 그러나 리비트의 방법으로는 별까지의 상대적인 거리만을 측정할 수 있었다.

세페이드 변광성의 밝기와 주기의 관계를 알아낸 헨리에타 리비트. 그 결과 별까지의 상대적인 거리를 측정할 수 있게 되었다.

   세페이드 변광성까지의 실제 거리 측정은 미국의 할로 새플리와 덴마크의 에이나르 헤르츠스프룽과 같은 천문학자들의 노력으로 가능해졌다. 그들은 연주시차법을 포함한 여러 기술들을 결합하여 한 세페이드 변광성까지의 실제 거리를 측정할 수 있었다. 그것으로 인해 리비트의 연구는 우주의 실제 거리를 알려주는 것으로 변환되었고 세페이드 변광성들은 우주의 거리를 재는 표준 척도가 되었다.

   리비트의 발견을 최대한 이용한 천문학자는 당대의 가장 뛰어난 천문학자였던 에드윈 파월 허블이었다. 1919년부터 윌슨산 천문대에서 일하게 된 허블은 1923년 10월 4일 안드로메다 성운에서 세페이드 변광성을 발견하여 안드로메다 성운까지의 거리가 지구로부터 적어도 90만 광년이라는 것을 밝혀냈다. 이는 안드로메다가 우리 은하 내에 있는 것이 아니라 우리 은하 밖에 있는 독립된 은하라는 것을 뜻했다. 허블의 관측은 성운이 우리 은하 내에 있는 천체인지, 아니면 우리 은하 밖에 있는 또

허블의 관측 결과는 은하들이 거리의 함수에 의해 결정되는 특정한 속도로 멀어지고 있다는 것을 나타냈다. 곧 우주가 팽창하고 있다는 최초의 관측 증거였다.

다른 은하인지 하는 해묵은 논쟁을 종식시켰다.

 성운까지의 거리를 측정해 그중 많은 성운이 독립된 은하라는 것을 증명한 허블은 천문학계에서 최고의 권위를 인정받았다. 그 당시 은하들의 스펙트럼을 관측한 학자들에 의해 은하들 중에는 적색편이를 나타내는 은하들이 훨씬 많다는 것이 알려져 있었지만 그 이유는 알려져 있지 않았다. 허블은 자신이 이 문제를 풀어야 한다는 사명감을 느꼈다. 허블은 곧 조수였던 밀턴 휴메이슨과 함께 구경 100인치짜리 망원경을 이용하여 이 일에 착수했다. 1929년에 허블과 휴메이슨은 46개 은하의 적색편이와 거리를 측정했다. 불행하게도 이 측정의 반은 오차가 너무 컸다. 조심스러운 허블은 그가 확신할 수 있었던 은하들의 측정값만 취하여 한 축은 속도를, 그리고 다른 축은 거리를 나타내는 그래프 위에 나타내보았다.

그래프의 점들은 은하의 속도가 거리에 비례해서 증가한다는 것을 나타내고 있었다. 만약 허블이 얻은 관측 결과가 옳다면 그것이 주는 충격은 놀라운 것이었다. 이는 은하들이 임의의 방향으로 아무렇게나 달리고 있는 것이 아니라 거리의 함수에 의해 결정되는 특정한 속도로 멀어지고 있다는 것을 뜻했다. 이는 곧 우리 우주가 팽창하고 있다는 것을 나타냈다.

이 결과가 가리키는 더 중요한 내용은 과거의 어느 시점에 우주의 모든 은하들이 아주 작은 지역에 모여 있었다는 것이다. 이는 우리가 빅뱅이라고 부르는 사건을 암시하는 최초의 관측 증거였다. 또한 창조의 순간이 있었을지도 모른다는 가설을 암시하는, 최초로 발견된 단서였다.

그 후 2년 동안 허블과 휴메이슨은 더 많은 은하를 관측하기 위하여 망원경과 함께 고통스런 밤을 보냈다. 그 결과 그들은 1931년에는 1929년의 논문에 보고했던 은하보다 20배 먼 거리에 있는 은하들을 그래프에 포함시킬 수 있었다. 이번에는 점들이 대부분 허블의 직선 위에 정렬해 있었다. 따라서 이 자료가 함축하고 있는 의미를 부정할 수 없게 되었다. 우주는 실제로 팽창하고 있었던 것이다. 은하의 속도와 거리 사이의 비례 관계를 허블 법칙이라고 부른다.

가모브의 빅뱅 우주

허블의 발견으로 우주가 팽창하고 있다는 것은 정설이 되었다. 그러나 우주의 팽창을 설명하는 이론은 여러 가지가 제시되었다. 그중 대표적인 것이 빅뱅 우주 모델과 정상우주 모델이었다. 빅뱅 우주 모델은 조지 가모브와 그의 학생이던 랄프 앨퍼가 제시했다.

1904년에 러시아의 오데사에서 태어난 가모브는 어릴 때부터 과학에 흥미를 가졌다. 가모브는 오데사 노보로시아 대학에서 야심 많은 젊은 물리학자로 이름을 날렸고 1923년에는 초기 빅뱅이론을 발전시키고 있던 알렉산더 프리드만과 연구하기 위해 레닌그라드로 갔다. 하지만 그는 곧 원자핵 물리학 분야에서 두각을 나타냈다. 구소련의 기관지 『프라우다』가 그를 찬양하는 시를 헌정하기도 할 정도였다. 그러나 가모브는 마르크스와 레닌의 변증법적 유물론을 과학 이론이 정당한지 아닌지를 판단하는 잣대로 사용하는 소련을 싫어했다. 그는 과학적 진리를 결정하는 데 정치적 이념을 사용하는 것을 무척 어리석은 일이라고 생각했다. 그는 과학에 대한 소련의 태도와 공산주의자들의 사상을 경멸했다.

소련에서 탈출하려는 여러 번의 시도 끝에 미국으로 망명하는 데 성공한 가모브는 조지 워싱턴 대학에서 10여 년 동안 빅뱅 우주 모델을 발전시키는 연구를 했다. 가모브는 특히 빅뱅 과정에서 있었던 원자핵 합성에 흥미가 많았다. 가모브는 원자핵 물리학과 빅뱅이론을 이용하여 당시 관측되는 우주의 조성을 설명하려고 시도했다.

우주에는 1만 개의 수소원자에 대해 대략 1천 개 정도의 헬륨원자와 6개의 산소원자, 1개의 탄소원자가 존재한다. 다른 원소들은 모두 합쳐도 탄소원자의 수보다 적다. 가모브는 우리 우주에 수소와 헬륨이 많은 것은 빅뱅의 초기 단계에 그 원인이 있을 것이라고 생각했다. 그는 상대적으로 적은 양이지만 생명체에게는 필수적인 다른 무거운 원소들도 빅뱅과 관련이 있는지도 알고 싶었다.

당시에는 별 내부에서 핵융합을 통해 수소가 더 무거운 원소로 변환될 수 있다는 것이 알려져 있었다. 가모브는 별 내부 핵융합으로는 우주에 존재하는 수소의 양을 설명할 수 없다고 생각했다.

가모브는 우주가 시작된 빅뱅 초기에 열핵폭발을 가정하여 우주에 퍼져 있는 화학물질의 분포를 설명하려 했다.

태양은 매초 5.8×10^8톤의 헬륨을 생산한다. 태양은 5×10^{26}톤의 헬륨을 가지고 있다. 태양이 그 정도의 헬륨을 생산하는 데는 270억 년이 걸렸다. 그래서 가모브는 대부분의 헬륨은 태양이 형성될 때부터 이미 포함되어 있었을 것이라고 생각했다. 그렇다면 대부분의 헬륨은 우주가 시작되던 빅뱅 당시 만들어졌을 것이다.

별 내부의 핵융합이 가지는 또 다른 한계는 헬륨보다 무거운 원소를 만들어낼 수 없다는 것이었다. 물리학자들은 철이나 금과 같은 원소가 만들어지는 별 내부의 핵융합 과정을 찾아내는 데 실패했다. 별들은 가장 가벼운 원소인 수소로부터 수소보다 조금 더 무거운 헬륨을 생산해낼 수 있는 능력이 없어 보였다.

가모브가 원소의 창조를 빅뱅이론으로 설명하려는 연구를 시작한 것은 1940년대 초였다. 그 당시는 제2차 세계대전 막바지여서 대부분의 원자핵 관련 분야 과학자들이 원자폭탄의 설계와 제작을 위해 로스앨러모스에서 진행되고 있던 맨해튼 계획에 비밀리에 차출되어 있었다. 그러나 가모브는 소련 출신이라는 이유로 차출되지 않아 자신의 연구를 계속할 수 있었다.

빅뱅 원자핵 합성을 연구하던 가모브는 관측되고 있는 우주에서 출발하여 시계를 거꾸로 돌려보았다. 가모브의 수축하는 우주는 창조의 순간에 가까워지자 밀도가 엄청나게 커졌다. 모든 핵반응의 결과는 거의 온도와 밀도에 의해 결정되기 때문에 초기 우주의 조건을 찾아내는 것은 매우 중요한 일이었다.

가모브는 초기 우주의 높은 온도는 모든 물질을 가장 기본적인 형태로 분리해놓을 것이라고 가정하고, 이 우주 초기는 당시에 알려졌던 가장 기본적인 입자들인 전자, 양성자, 중성자들로 이루어져 있었을 것이라고 가정했다. 그는 이 입자들이 섞여 있는 상태를 웹스터 사전에서 우연히 발견한 단어인 '일름'이라고 불렀다. 가모브는 이 뜨겁고 밀도가 높은 수프에서 시작하여 시계를 앞으로 돌리며 매 순간 어떻게 기본적인 입자들이 결합하여 오늘날 존재하는 원자핵을 형성하는지를 알아보려 했다.

1945년에 가모브는 랠프 앨퍼라는 뛰어난 학생을 만나 공동연구를 시작했다. 가모브는 앨퍼에게 초기 우주에 있었던 원자핵 합성 문제를 연구하도록 했다. 그는 앨퍼에게 초기 조건을 제시해주었고 자신이 그때까지 연구한 내용을 기초로 하여 핵심적인 문제를 설명했다.

그들은 이전의 공허한 빅뱅이론에 탄탄한 물리학을 적용하여 초기 우주의 조건과 사건에 관한 수학적 모델을 만들려 했다. 또한 초기 조건을 추정하고 거기에 원자핵 물리학을 적용하여 시간이 지남에 따라 우주가 어떻게 진화하는지를 알아보려 했으며, 원자핵 합성이 어떻게 진행되었는지를 탐구했다.

시간이 지남에 따라 앨퍼는 빅뱅 후 몇 분 만에 헬륨이 형성되었음을 설명하는 정확한 모델을 만들 수 있다는 확신을 품었다. 앨퍼는 빅뱅 원자핵 합성이 끝날 즈음에는 대략 10개의 수소 원자핵에 1개꼴로 헬륨 원자핵이 만들어졌을 것이라고 예측했다. 이는 천문학자들이 현재 우주에서 측정한 것과 일치하는 값이었다. 다시 말해 빅뱅이 오늘날 우리가 관측하는 수소와 헬륨의 비율을 설명할 수 있게 된 것이다. 앨퍼는 아직 다른 원자핵들의 합성에 대해서는 모델을 만들려 하지 않았다. 그러나 수소와 헬륨의 형성을 추정한 것만으로도 대단한 성과였다. 이 두 원소가 우주의 모든 원자의 99.99퍼센트를 차지하고 있기 때문이다.

가모브와 앨퍼는 자신들의 계산 결과를 「화학원소의 기원」이라는 제목의 논문으로 정리하여 『피지컬 리뷰』지에 보냈다. 이 논문은 1948년 4월 1일에 출간되었다.

별 내부에서 일어나고 있는 핵반응을 설명한 물리학자 한스 베테는 가모브와 절친한 사이였다. 가모브는 베테가 자신들의 연구에 아무런 기여를 하지 않았지만, 그의 이름을 지은이 명단에 포함시켰다. 사람들이 앨퍼, 베테, 그리고 가모브의 이름으로 쓴 논문을 보면서 그리스어의 알파, 베타, 감마를 떠올리는 즐거움을 주고 싶었기 때문이었다. 이 논문은 아직도 '알파베타감마' 논문이라고 불린다. 앨퍼는 논문의 내용을 정리하여 1948년 봄에 자신의 박사학위 논문으로 제출했다. 박사학위 논문 발표는 공개적으로 진행되었다. 앨퍼는 신문기자들을 포함하여 300명이나 되는 관중들 앞에서 논문을 발표했다.

앨퍼가 발표한 내용은 다음 날 미국 전역에서 발행되는 신문의 머리기사를 장식했다. 1848년 4월 14일에 『워싱턴포스트』지는 "세상이 5분 만에 만들어졌다"라고 선언했다. 4월 26일에는 『뉴스위크』가 같은 이야기를 다뤘다. 그들은 다른 여러 원자들의 창조를 포함하기 위해 시간을 조금 늘렸다. "이론에 의하면 모든 원소들은 원시 액체로부터 1시간 내에 만들어졌다고 한다. 그런 후에 원소들이 섞여 별이나 행성 그리고 생명체를 이루는 물질이 되었다." 알파베타감마 논문의 빅뱅이론은 우주론에 관한 논쟁을 새로운 국면으로 돌려놓았다.

이 논문은 빅뱅 후에 일어났던 핵반응 과정을 계산하는 것이 가능하다는 것을 보여주었다. 빅뱅이론의 지지자들은 현재도 팽창하고 있는 우주와 우주에 존재하는 수소와 헬륨의 양이 빅뱅의 증거라고 주장했다. 빅뱅이론의 반대자들은 가모브와 앨퍼의 계산과 관측된 헬륨의 양이 일치하는 것은 우연의 일치일 뿐이라고 했다. 그들은 가모브와 앨퍼가 수소와 헬륨보다 무거운 원소가 우주에 존재하는 것을 설명하지 못한다는 것을 지적했다.

가모브와 앨퍼는 무거운 원소의 문제는 후에 다룰 생각이었다. 그러나 그들은 곧 자신들의 연구가 막다른 골목에 도달했다는 사실을 알게 되었다. 빅뱅의 열기 속에서 헬륨보다 더 무거운 원소가 합성될 수 없다는 것을 알게 되었기 때문이었다. 무거운 원자핵의 합성 문제는 그대로 남겨 놓은 채 가모브와 앨퍼는 로버트 허먼을 새로운 연구원으로 받아들여 빅뱅이론의 다른 면을 연구하기 시작했다.

앨퍼와 허먼은 빅뱅 모델에 의한 우주 초기로 돌아가 다시 연구를 시작했다. 최초의 우주는 완전한 혼돈상태였다. 물질에 어떤 중요한 진화가 일어나기에는 에너지가 너무 많았다. 다음 몇 분 동안은 헬륨과 다른 가벼운 원소가 합성되기에 적당한 온도였다. 이 시기가 알파베타감마 논문에서 다룬 시기였다. 그 후에 우주는 더 이상의 핵융합이 일어나기에는 너무 온도가 낮아졌다. 따라서 더 이상 무거운 원소가 형성될 수 없었다. 핵융합이 일어나기에는 너무 온도가 낮았지만 우주의 온도는 아직 대략 섭씨 100만 도가 넘었다. 이 온도에서는 모든 물질이 플라스마 상태에 있게 된다.

창조의 순간에서부터 한 시간이 지난 후의 우주는 간단한 원자핵과 전자들로 이루어진 플라스마 수프 상태였다. 음전하로 대전된 전자들은 양전하로 대전된 원자핵과 전기력으로 결합하려 하지만 그들은 원자핵 주위의 궤도에 정착하기에는 속도가 너무 빨랐다. 대신에 전자와 원자핵은 서로 튕겨내는 일을 반복했고 플라스마 상태는 유지되었다. 우주는 또 하나의 구성성분을 가지고 있었다. 우주를 가득 메운 빛이었다. 그러나 우주의 탄생을 지켜보는 것은 그리 좋은 경험이 되지 못할 것이다. 초기 우주에서는 아무것도 볼 수 없을 것이기 때문이다. 빛은 전자와 같이 전하를 띤 입자와 쉽게 상호작용을 한다. 따라서 빛은 플라스마를 이루는 입자들에 의해 계속적으로 산란됐을 것이고, 우주는 불투명했을 것이다. 반복적인 산란에 의해 플라스마는 안개와 같이 움직일 것이다. 짙은 안개 속에서는 바로 앞에 있는 자동차도 볼 수 없다. 왜냐하면 빛이 안개를 이루는 작은 물방울에 의해 수없이 산란되어 우리 눈에 도달하기 전에 여러 번 방향을 바꾸기 때문이다.

앨퍼와 허먼은 우주의 초기 역사에 관한 이론을 발전시키는 일을 계속했다. 그리고 시간이 지나 우주가 팽창함에 따라 플라스마와 빛의 바다에 어떤 일이 일어나는지를 계산했다. 그들은 우주가 팽창됨에 따라 우주와 그 속에 있는 플라스마는 계속 식어갔을 것이라고 생각했다. 결국 우주의 온도가 플라스마가 존재하기에는 너무 낮아지는 시점이 있었

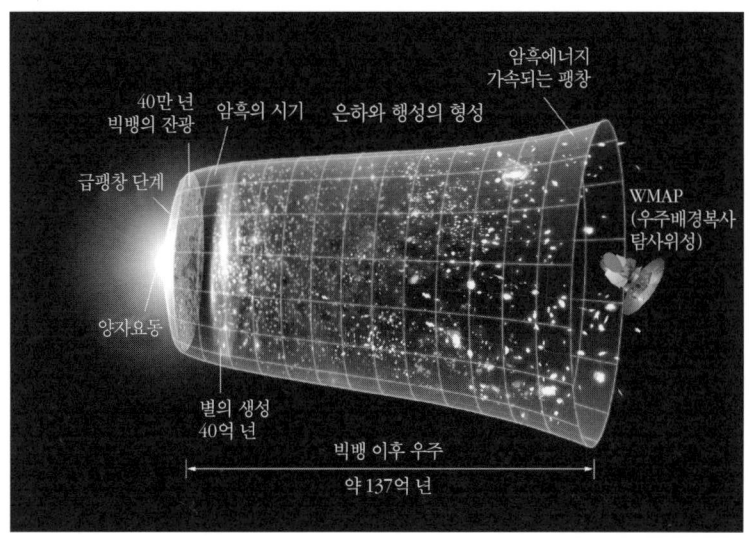

최초의 대폭발 이후 팽창하는 우주.

을 것이다. 이 시점에서 전자들은 원자핵과 결합하여 안정된 중성 원자인 수소와 헬륨을 형성할 것이다. 플라스마에서 수소와 헬륨 원자로의 전환은 대략 섭씨 3,000도에서 일어났을 것이다. 두 사람은 우주가 식어 이 온도에 이르는 데는 약 30만 년이 걸렸을 것이라고 예측했다.

원자의 결합이 끝난 우주에는 기체 상태의 중성 입자가 가득해졌다. 이것은 우주에 가득 찬 빛의 행동을 극적으로 바꾸어놓았다. 빛은 기체 속의 중성 입자들과는 상호작용하지 않는다. 따라서 빅뱅 모델에 의하면 중성 원자가 합성되는 순간 빛은 아무런 방해를 받지 않고 공간 여행을 시작했다. 우주안개가 갑자기 사라졌기 때문이었다.

앨퍼와 허먼이 재결합 이후의 우주가 갖는 의미를 이해하게 되자 그들의 마음속에 있던 안개도 걷혔다. 만약 빅뱅 모델이 옳다면, 그리고 앨퍼와 허먼의 물리학이 옳다면 원자의 결합 순간에 존재했던 빛은 오늘날에도 우주를 떠돌고 있어야 했다. 이 빛은 빅뱅의 유산이 될 것이다. 알파베타감마 논문이 출판된 후 몇 달 만에 완성된 앨퍼와 허먼의 이 연구는 빅뱅 후 5분 동안에 일어난, 수소가 헬륨으로 변환하는 것을 계산한 것보다 훨씬 중요한 업적이었다.

가모브와 앨퍼가 초기 계산을 할 때 그들은 알아내고자 하는 해답을 이미 알고 있었다. 그것은 관측된 헬륨의 양이었다. 따라서 계산 결과가 관측 결과와 일치한다고 해도 그들의 비판자들은 가모브와 앨퍼가 그들의 계산이 올바른 해답이 나오도록 식을 꿰맞추었을 것이라고 주장했다. 이와는 반대로 창조 후 30만 년에 남겨진 빛은 오직 빅뱅이론에 근거한 예측이었다. 이 빛을 검출하면 우주가 실제로 빅뱅에서 시작되었다는 강력한 증거가 될 것이었다.

앨퍼와 허먼은 재결합의 순간에 방출된 빛의 파장은 대략 0.1밀리미터 정도였을 것이라고 예측했다. 이 파장은 플라스마 안개가 걷힐 때의 우주 온도인 섭씨 3,000도에서의 파장이었다. 그러나 모든 빛의 파장은 재결합 이후 우주가 팽창하면서 늘어났을 것이다. 이는 후퇴하는 것으로 관측되는 은하의 스펙트럼이 거리가 멀수록 빛의 파장이 길어지고 붉게 보이는 현상인 적색편이를 보이는 것과 비슷하다. 은하의 적색편이는 허블과 같은 과학자들이 이미 관측했다. 앨퍼와 허먼은 늘어난 빅뱅 빛의 파장은 현재 대략 1밀리미터 정도 될 것이라고 예측했다. 이 파장은 인간의 눈에는 보이지 않는 마이크로파 영역에 속한다. 그러나 우주배경복사를 관측하려고 시도하는 사람은 아무도 없었다. 빅뱅 우주 모델은 당분간 잊혀질 수밖에 없었다.

호일의 정상우주

빅뱅 우주 모델을 제안한 가모브 팀의 가장 강력한 경쟁자는 정상우주론을 제안한 영국의 프레드 호일을 중심으로 한 연구 팀이었다. 1915년 6월 영국의 빙글리에서 태어난 호일은 가장 공격적으로 빅뱅 모델을 비판했는데, 별 내부에서의 원소 합성 과정을 이해할 수 있도록 하여 오히려 빅뱅 우주론에 도움을 주기도 한 과학자다.

호일은 제2차 세계대전 중이던 1942년 해군본부에서 근무하다 함께 정상우주론을 만든 토마스 골드와 허먼 본디를 만났다. 그들은 빅뱅이론에 대해 매우 비판적이었다. 우주의 나이가 우주에 있는 별들의 나이보다 젊다는 것 때문이기도 했고, 아무도 빅뱅 이전에 어떤 일이 있었는지 말할 수 없다는 것 때문이기도 했다. 그러나 세 사람은 모두 허블의 관측이 우주의 팽창을 의미한다는 데는 동의했다.

1946년에 이 세 사람은 팽창하고 있지만 전체적인 모습은 영원하고 근본적으로는 변화하지 않는 우주 모델을 제시했다. 이 우주론은 팽창한다는 점을 제외하면 모든 면에서 빅뱅 우주와 반대되는 성질을 가지고 있었다.

빅뱅 우주론은 우주가 과거에는 더 작았고 온도와 밀도가 높았다고 가정했지만, 정상우주론에서 우주는 팽창하기는 하지만 전체적으로는 변하지 않는 채 영원히 존재했다. 우주가 팽창하기만 한다면 빅뱅 모델이 제안한 것과 같이 우주는 시간이 흐름에 따라 밀도가 작아질 것이다. 따라서 그들은 우주가 팽창함에 따라 넓어지는 은하 사이의 공간에 새로운 물질이 창조되어 팽창으로 인한 밀도의 감소를 보상한다고 했다.

세 사람은 1949년에 이러한 생각을 담은 두 편의 논문을 발표했다.

빅뱅 우주론을 비판했던 호일은 우주가 팽창하고는 있지만 전체적인 모습이 근본적으로 변화하지 않는다는 정상우주 모델을 제시했다.

한 편은 골드와 본디가 쓴 것으로 정상우주 모델을 철학적 용어로 설명한 것이었고, 다른 한편은 호일이 좀더 자세하게 수학적으로 쓴 논문이었다.

호일은 정상우주 모델이 실제 우주를 나타낸다는 것을 관측을 통해 증명하고 싶었다. 만약 정상우주 모델이 옳다면 천문학자들은 우주 여기 저기에서 이 아기 은하를 볼 수 있어야 했다. 빅뱅 모델이 옳다면 오늘날 아기 우주를 볼 수 있는 방법은 우주의 아주 먼 곳을 관측할 수 있는 강력한 망원경을 사용하는 방법밖에 없었다. 아주 먼 곳에 있는 은하가 낸 빛이 우리에게 도달하는 데는 오랜 시간이 걸릴 것이기 때문에 우리는 은하가 아기였던 먼 과거의 은하를 볼 수 있다는 것이다.

1940년대에는 아기 은하와 성숙한 은하를 구별할 수 있을 만큼 성능좋은 망원경이 없었다. 빅뱅 우주와 정상우주 중의 하나를 선택하게 해줄 정확한 관측이나 결정적인 증거가 없는 채로 두 경쟁 그룹은 가시 돋힌 말들과 함께 과학적 논쟁을 벌였다.

'빅뱅'이라는 단어가 만들어진 것도 이 과정에서였다. 호일은 어느 라디오 방송에서 우주론에 대해 이야기하다 빅뱅 우주론을 조롱하는 뜻에서 '빅뱅' 이론이라고 불렀다. 호일이 빅뱅이라는 단어를 말할 때의 목소리는 경멸에 가득 찬 어조였다. 그럼에도 불구하고 빅뱅 모델의 지지자들이나 비판자들 모두 점차 이 단어를 사용하기 시작했다. 빅뱅 모델의 가장 강력한 비판자가 이 이론에 멋진 이름을 붙여준 것이다.

빅뱅의 증거들

1948년부터 1953년까지 가모브, 앨퍼, 허먼 등이 빅뱅 우주론을 발전시켰지만, 1953년이 지나자 이에 대한 논의는 학계에서 급격하게 사라졌다. 이들 세 사람은 자신들의 연구 결과에 대한 세상의 무관심을 탓하면서 1953년에 그때까지의 연구를 종합하는 마지막 논문을 출판한 후 연구 프로그램을 끝냈다. 가모브는 관심사를 DNA의 화학과 연관된 새로운 연구 분야로 옮겼고, 앨퍼는 대학을 떠나 제너럴 일렉트릭사의 연구원이 되었으며, 허먼은 제너럴 모터스 연구소에 취직했다.

가모브, 앨퍼 그리고 허먼의 좌절은 빅뱅 우주론이 직면한 상태를 상징적으로 보여준다. 고무적이었던 몇 년이 지난 후 빅뱅 우주론은 어려움에 봉착했다. 첫째로 은하의 적색편이를 바탕으로 계산한 빅뱅 우주의 나이가 별들의 나이보다 적다는 것이었다. 두 번째로는 빅뱅으로부터 원자들을 만들어내려는 시도가 헬륨에서 멈춰버렸다는 것이다. 이는 우주가 산소, 탄소, 질소 같은 무거운 원소를 포함하면 안 된다는 것을 의미했으므로 당황스런 결과였다.

천문학과 관측 기술이 발전하면서 우주에 관해 더 많은 것이 알려지자 빅뱅 우주론이 다시 등장했다. 이번의 주역은 가모브와 그의 동료들이 아니었다. 우주의 나이와 별들의 나이에 관한 문제를 해결한 것은 월터 바데였다. 바데는 안드로메다 은하까지의 거리가 모든 사람들이 생각했던 것보다 멀다는 것을 밝혀내 우주의 나이가 훨씬 길 수도 있다고 주장했다. 우리 은하 밖에서 세페이드 변광성을 발견한 첫 번째 인물인 허블은 그것을 이용하여 안드로메다 은하까지의 거리를 측정했다.

1940년대가 되자 대부분의 별들을 두 가지 유형으로 구분할 수 있다는 것이 밝혀졌다. 나이가 많은 별들은 유형 II에 속하는 별들이었다. 이 별들이 소멸한 후 그 부스러기들은 새롭고 젊은 유형 I 별들의 성분이 되었다. 유형 I에 속하는 별들은 유형 II에 속하는 별들보다 온도가 높고, 더 밝았으며, 더 푸른빛을 냈다.

바데는 세페이드 변광성도 두 가지 유형으로 나누어질 것이라고 가정했다. 바데는 이것이 안드로메다 은하까지의 거리를 잘못 추정하게 된 원인이라고 생각하고, 안드로메다까지의 거리가 허블의 결과보다 두 배나 먼 거리인 약 200만 광년이라고 주장했다.

만약 바데의 연구가 단지 안드로메다까지의 거리를 재조정하는 데 그쳤다면 천문학의 역사에서 작은 사건에 불과했을 것이다. 그런데 안드로메다까지의 거리는 다른 은하까지의 거리를 예측하는 데 사용되고 있었다. 따라서 안드로메다까지의 거리가 두 배가 된다는 것은 다른 모든 은하까지의 거리도 두 배로 늘어난다는 것을 뜻했다. 이는 우주의 나이도 두 배로 늘어난다는 것을 의미했다. 이로써 빅뱅 우주론의 치명적인 결함 가운데 하나가 해결되었다.

빅뱅 우주가 직면했던 또 다른 어려움은 우주에 존재하는 무거운 원소들의 합성을 설명하는 것이었다. 별에서 무거운 원소들이 합성되었을 것이라고 주장하는 과학자는 많았다. 그러나 합성 과정을 설명한 사람은 아무도 없었다. 이것은 빅뱅 우주뿐만 아니라 정상우주론에게도 커다란 장애였다. 이 문제를 해결한 사람이 호일이었다. 그는 자신의 우주론을 증명하기 위해 이 문제에 매달렸고 결국 해결했다. 호일은 별 내부에서의 연속적인 핵융합 반응에 의해 수소는 헬륨으로 변환되고 헬륨은 탄소로, 그리고 탄소는 모든 무거운 원소로 변환돼야 한다고 생각했다. 그러나 헬륨을 탄소로 변환시키는 과정을 설명할 수 없었다.

1953년에 호일은 캘리포니아 공과대학에서 안식년을 보내도록 초청되었다. 그곳에서 그는 원자핵 물리학 실험 분야에서 세계적인 명성을 얻고 있던 윌리엄 파울러를 만나 이 문제를 함께 연구하여 탄소 합성의 과정을 찾아냈다. 결국 호일은 헬륨이 베릴륨으로 변환되고 그것이 다시 탄소로 변환되는 과정을 밝혀낸 것이다.

탄소의 합성에 대한 설명으로 우주의 모든 무거운 원소를 만들어내는 핵반응을 설명할 수 있었다. 언뜻 보기에는 원자핵 합성의 문제 해결에 관한 한 두 경쟁적인 우주론이 비긴 것 같았다. 그러나 실제로는 이 문제의 해결로 빅뱅 모델이 더 강력하고 설득력 있는 이론이 되었다. 빅뱅 우주론은 수소와 헬륨의 존재비와 함께 무거운 원소의 합성 과정도 설명할 수 있게 되었지만, 정상우주론은 수소와 헬륨의 양에 대해서는 아무런 설명도 할 수 없었기 때문이다.

빅뱅 우주론이 증명되는 과정에서 미국의 벨연구소가 매우 중요한 역할을 했다. 천문학에 대한 벨연구소의 공헌은 크게 두 가지를 들 수 있다. 하나는 전파천문학을 시작한 점이고 다른 하나는 가모브, 앨퍼, 그리고 허먼이 예측했던 우주배경복사를 발견한 것이다.

전파망원경의 선구가 된 이 안테나는 잰스키가 단파 수신을 연구하는 데 썼다.

　전파천문학은 벨연구소의 젊은 연구원이던 칼 잰스키에 의해 시작되었다. 1930년에 무선통신용 안테나를 만든 잰스키는 여러 방향에서 오는 전파의 세기를 측정하고 있었다. 그는 안테나를 대형 스피커에 연결했다. 그러자 자연 전파원에 의해 발생하는 쉿 소리와 딱딱거리는 소리, 그리고 여러 잡음을 들을 수 있었다. 대부분의 연구자들은 알려지지 않은 전파원을 무시했다. 통신에 큰 영향을 주지 않았기 때문이었다.

　잰스키는 이 잡음들의 근원을 찾아내기로 마음먹었다. 그는 몇 달 동안 여러 잡음을 분석했다. 그는 점차 이 소리들이 하늘의 특정한 부분에서 오며 24시간마다 최고점에 이른다는 것을 알게 되었다. 그는 이 전파가 우리 은하 중심 방향에서 오고 있다는 것을 발견했다. 이는 우리 은하가 전파를 발산하고 있다는 것을 뜻했다. 스물여섯 살의 잰스키는 외계에서 오는 전파를 찾아내고 검출해낸 첫 번째 지구인이 되었다. 잰스키는 이 결과를 「명백한 외계 기원에 의한 전기적 장애」라는 논문으로 발표했다. 이렇게 해서 전파천문학이 시작되었다.

우주의 기원을 밝히다　269

전파천문학은 우주로 향한 새로운 창문을 열었고, 새로운 천체를 발견했으며, 우주의 은하 분포를 새롭게 파악하도록 만들었다. 전파망원경으로 본 우주에서는 먼 곳에서만 아기 은하들이 발견되었다. 이것은 빅뱅 우주론에 유리한 또 다른 증거가 되었다. 그러나 전파천문학의 아버지인 잰스키는 살아 있는 동안에 전파망원경을 발명하고 처음으로 전파를 이용하여 하늘을 관측한 공로를 제대로 인정받지 못했다. 전파천문학이 새로운 분야로 자리를 잡은 것은 그가 죽고 10여 년이 지난 후의 일이었다. 그러나 1973년에 국제천문학회는 잰스키의 공적을 기념하기 위하여 전파의 세기를 나타내는 단위로 그의 이름을 사용하기로 결정했다.

우주에서 들려오는 잡음

빅뱅 우주론의 결정적인 증거를 발견한 사람들은 잰스키와 마찬가지로 벨연구소의 연구원으로 근무하던 아노 펜지어스와 로버트 윌슨이었다. 펜지어스와 윌슨은 크로포드 힐 근처에 있는 나팔 모양의 전파 안테나 때문에 벨연구소에 매력을 느꼈다.

그 안테나는 1960년에 발사된 에코 풍선 위성의 신호를 잡아낼 수 있도록 설계되었다. 에코 위성은 지름 66센티미터의 구체 안에 담겨 발사되었다. 그러나 일단 지구 궤도에 올라간 후에는 지름이 30미터나 되는 커다란 은색의 구로 부풀어, 지상에 있는 발신기와 수신기 사이의 신호를 수동적으로 반사했다. 그러나 에코 프로젝트가 취소되는 바람에 이 나팔 모양의 안테나는 전파천문학을 위해 자유롭게 사용할 수 있게 되었다.

펜지어스와 윌슨은 벨연구소로부터 그들의 시간 중 일부를 하늘의 다양한 전파원을 찾아내는 데 쓸 수 있도록 허가를 받았다. 그러나 그들은 진지한 조사를 시작하기 전에 우선 전파망원경을 충분히 이해하고 모든 특성을 알아야 했다. 특히 안테나가 받아들이는 잡음들의 차이를 아는 것이 중요했다. 전파천문학에서는 먼 곳에 있는 은하로부터 오는 전파 신호가 매우 약하기 때문에 잡음 문제가 더욱 심각했다. 잡음의 근원은 크게 두 가지로 나눌 수 있다. 멀리 있는 도시나 근처에 있는 전기기구와 같이 망원경의 특성이나 성능과는 관계없는 잡음이 있었고 다른 망원경 자체가 만들어내는 잡음이 있었다. 이런 잡음들 중에 그들을 가장 어렵게 만든 것은 모든 방향으로부터 항상 들려오는 희미한 잡음이었다.

두 사람은 이 잡음을 없애기 위해 모든 부품을 알루미늄 포일로 감쌌고, 나팔 모양의 안테나 안쪽에 둥지를 튼 한 쌍의 비둘기에도 신경을 썼다. 망원경을 닦아내고 배선을 새로 하고 확인하는 몇 년 동안의 작업을 거치자 잡음은 낮아졌다. 그러나 끊임없이 잡히는 희미한 잡음의 원인은 도저히 알 수 없었다.

1963년 말쯤에 펜지어스는 몬트리올에서 열린 천문학회에 참석했고 그곳에서 우연히 매사추세츠 공과대학의 버나드 버크에게 잡음 문제를 이야기했다. 몇 달이 지난 후 버크가 흥분하여 펜지어스에게 전화를 걸었다. 그는 프린스턴 대학의 우주학자인 로버트 디키와 제임스 피블스의 연구를 담은 논문의 초안을 받았던 것이다. 그 논문은 프린스턴 팀이 빅뱅 모델을 연구해왔고 오늘날 수 밀리미터의 파장을 가진 전파로 나타나는 우주 마이크로파 배경복사가 어디에나 있어야 한다는 것을 알게 되었다고 설명하고 있었다.

디키와 피블스는 자신들이 가모브, 앨퍼, 그리고 허먼이 15년 전에 지나간 길을 다시 밟고 있다는 사실을 몰랐다. 독립적으로, 그리고 뒤늦게

벨 연구소의 안테나 앞에 서 있는 윌슨(왼쪽)과 펜지어스(오른쪽).
두 사람은 우주배경복사의 존재를 밝힘으로써 빅뱅 우주론의 결정적인 증거를 발견했다.

그들은 우주 마이크로파 배경복사를 다시 가정하고 있었다. 디키와 피블스는 펜지어스와 윌슨이 벨 연구소에서 우주 마이크로파 배경복사를 감지했다는 것도 역시 모르고 있었다.

버크는 펜지어스에게 디키와 피블스의 예측을 이야기해주었다. 결국 펜지어스는 전파망원경을 오염시켰던 잡음의 원인을 이해하게 되었고, 그것이 얼마나 중요한 것인지도 알게 되었다. 펜지어스는 디키에게 전화를 걸어, 그가 프린스턴 논문에서 설명한 우주 마이크로파 배경복사를 찾아냈다고 말해주었다. 디키는 자신들의 예상을 검증하기 위해 프린스턴에 우주 마이크로파 배경복사 검출장치를 제작하는 문제를 협의하기 위해 마련한 점심식사 회의 도중에 펜지어스의 전화를 받았다. 다음 날 디키와 그의 팀은 펜지어스와 윌슨을 방문했다. 전파망원경에 대한 조사와 자료에 대한 검토는 그들의 발견을 확인해주었다.

이렇게 하여 가모브, 앨퍼, 그리고 허먼이 최초로 예측했던 우주배경복사가 마침내 발견되었다. 1965년 여름에 펜지어스와 윌슨은 그 결과를 천문학회지에 발표했다. 빅뱅 우주 모델은 우주 마이크로파 배경복사의 존재와 그것의 오늘날 파장을 정확하게 예상했다. 반대로 정상우주 모델은 우주 마이크로파 배경복사에 대해 아무런 언급이 없었고, 우주가 마이크로파로 가득 차 있다는 것을 상상하지도 못했다.

결과적으로 우주 마이크로파 배경복사 발견은 수백억 년 전에 일어난 빅뱅에 의해 우주가 시작되었다는 것을 증명하는 결정적인 증거였다. 빅뱅 모델에 공헌했던 아인슈타인, 프리드만 그리고 허블은 이미 세상을 떠났기 때문에 그 증명을 볼 수 없었다. 역사에서 가장 위대한 이 우주론적 토론의 결말을 지켜본 빅뱅 이론의 창시자는 빅뱅 이론의 기초를 놓은 조르주 르메트르였다.

가모브, 앨퍼, 그리고 허먼은 우주 마이크로파 배경복사를 발견했다는 소식을 듣고 기쁨과 실망이 교차되는 묘한 기분에 빠졌다. 디키와 피블스보다 훨씬 전에 우주배경복사를 예측한 그들의 노력은 전혀 인정받지 못했기 때문이었다. 펜지어스와 윌슨의 발견을 다룬 거의 모든 학술적 논문이나 대중적 기사에 가모브, 앨퍼, 그리고 허먼의 이름은 언급되지 않았다.

시간이 흐른 뒤 펜지어스는 1948년에 이미 가모브와 앨퍼 그리고 허먼이 우주 마이크로파 배경복사의 존재를 예측했다는 이야기를 듣고 가모브에게 더 많은 정보를 요청하는 편지를 보냈다. 가모브는 펜지어스에게 자신의 초기 연구의 결과물들을 보내주었다. 1978년, 윌슨과 공동으로 노벨 물리학상을 받은 펜지어스는 노벨상 수상기념 강의에서 가모브, 앨퍼 그리고 허먼의 공헌을 인정함으로써 과학사의 기록을 바로잡았다.

우주배경복사의 존재가 확인된 후 그 분포를 조사하여 초기 우주의 상태를 알아내고 이를 바탕으로 오늘날 우리가 관측하는 은하와 은하단과 같은 구조가 만들어지는 과정을 이해하려는 노력이 전개되었다. 이는 빅뱅 우주론을 완성시키는 마지막 단계였다. 우주배경복사의 분포를 알아내려는 노력은 1989년 11월에 발사된 COBE 위성과 2001년 6월에 발사된 WMAP 탐사위성의 활약으로 큰 성과를 거두었다. 이 관측위성들의 활약으로 초기 우주에 오늘날 우주의 복잡한 구조를 만들어낼 씨앗이 잉태되어 있었다는 것이 확인되었다.

입자물리학에 대한 이해가 깊어짐에 따라 빅뱅 직후에 일어난 일들에 대해서도 예전보다 많은 것이 밝혀졌다. 하지만 이 부분에 대해 우리는 아직 아는 것보다 모르는 것이 많다. 그러므로 빅뱅이론은 완성되었다기보다는 완성되는 과정에 있다고 보는 편이 정확할 것이다. 그러나 가모브, 앨퍼 그리고 허먼이 주장했던 빅뱅 우주에 대한 큰 틀은 앞으로도 바뀔 것 같지 않다. 그들은 140억 년의 우주 역사를 밝혀낸 주인공으로 영원히 남을 것이다.

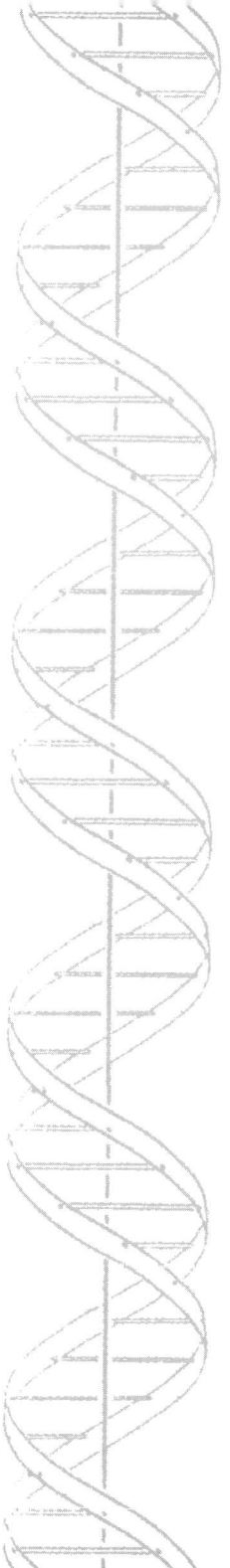

10 유전정보의 비밀을 풀다

왓슨과 크릭의
「핵산의 분자구조 – DNA의 구조」

"인간은 유전형질이 전달되고 발현되는 과정에 개입할 수 있게 되었다."

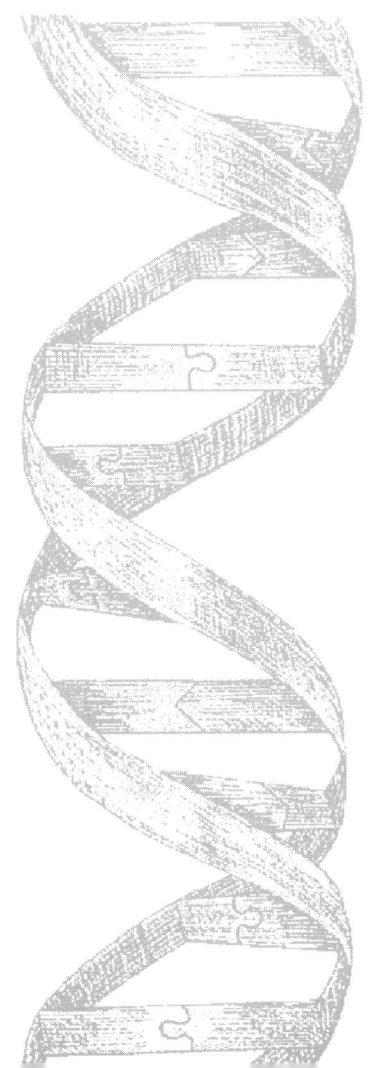

유전 물질의 발견

인류는 현미경의 도움으로 생명체의 단위인 세포에 대하여 많은 것을 알게 되었다. 세포에서 이루어지는 에너지 대사와 물질대사가 생명체가 생명 현상을 유지하는 데 어떻게 기여하는지 알게 된 것이다. 그러나 생물학자들은 이에 만족하지 않고 생명 현상을 세포보다 작은 단위에서 밝히려고 노력했다. 이렇게 세포의 각 기관에서 일어나는 물리화학적 변화에 주목하여 이러한 반응이 어떻게 생명 현상과 관계되는지를 이해하려는 노력이 분자생물학이다. 분자생물학은 생명 현상을 물질의 물리화학 반응을 기초로 이해하려는 시도라고 할 수 있다. 분자생물학의 이러한 시도는 여러 분야에서 큰 성공을 거두었다.

신경세포를 통해 전기적 신호가 전달되는 과정이라든가, 근육의 이완과 수축을 지배하는 화학반응의 과정을 이해하게 된 것도 분자생물학의 성과였다. 분자생물학의 성과 가운데 가장 두드러진 것은 유전의 메커니즘을 밝힌 일이다. 어버이의 형질이 자손에게 전달되고 그 형질이 발현되는 과정은 인류의 오랜 궁금증 가운데 하나였지만 이 문제를 체계적으로 연구하기 시작한 것은 그리 오래된 일이 아니다. 멘델이 완두콩을 이용하여 유전에 관한 독립의 법칙과 분리의 법칙을 발견한 것은 1866년의 일이었다. 그러나 멘델의 발견은 1900년에 다른 학자들이 재발견할 때까지 사람들의 관심을 끌지 못했다.

유전 현상을 연구하기 시작하던 초기에는 유전정보를 포함하고 있는 물질이 무엇인지 밝혀지지 않고 있었다. 세포를 연구한 학자들은 세포핵에서 염색체를 발견하고 이 염색체가 유전과 관계 있을 것이라고 생각했다. 학자들은 세포핵이 단백질로 이루어졌다고 알려져 있었으므로 유전정보를 포함하는 물질도 단백질일 것이라고 생각하고 있었다. 단백질은 매우 다양한 구조를 가지고 있어서 복잡한 유전 정보를 포함하기에 적당하다고 생각했던 것이다.

세포핵 속의 염색체에서 단백질이 아닌 물질을 최초로 추출한 사람은 스위스의 생화학자 프리드리히 미셔였다. 미셔는 1874년에 고름 안의 백혈구를 연구하여 핵 안에서 그가 뉴클레인이라고 이름 붙인 물질을 추출해냈다.

1880년 독일의 생화학자 알브레히트 코셀은 뉴클레인이 단백질 부분과 비단백질 부분(핵산)으로 구성되어 있다는 것을 밝혀내고, 뉴클레인에는 아데닌·구아닌·시토신·티민·우라실 등 5종류의 염기가 있다고 주장했다.

1889년 독일의 리하르트 알트만은 뉴클레인이 염기·인산·당으로 이루어진 복합체라는 것을 밝혀내고 이것을 핵산이라고 부를 것을 제안했다.

또한 코셀의 제자인 미국의 피버스 레빈은 핵산에는 수산기가 있는 디옥시리보스와 수소원자가 붙은 리보스 두 종류가 있다는 것을 밝혀냈다. 바로 DNA와 RNA였다.

이러한 연구에도 불구하고 당시 과학자들은 핵산이 유전정보를 전달하는 물질인지 확신하지 못했다. 대부분의 과학자들은 핵산이 소수의 구성물질을 포함한 단순한 화합물이어서 복잡한 유전정보를 가지고 있지 않을 것이라고 생각했다.

핵산에는 RNA와 DNA가 있다는 것을 밝힌 레빈은 핵산은 분자량이 불과 1500 정도인 작은 분자이기 때문에 유전정보를 포함하고 있는 물질일 가능성이 적다고 주장했다. 1938년에 스웨덴의 유전학자 카스페르손은 DNA가 분자량이 50만에서 100만에 달하는 아주 거대한 분자라는 것을 밝혀내어 DNA가 유전물질일 가능성을 강하게 시사했다. 그런데 DNA가 유전물질이라는 사실을 확실하게 증명한 사람은 그리피스와 에이버리라고 할 수 있다.

영국의 의사였던 프레더릭 그리피스는 폐렴을 일으키는 폐렴쌍구균의 성질을 연구하고 있었다. 폐렴균에는 부드러운 군체를 형성하는 협막을 가진 S형 폐렴균과 거친 군체를 형성하는 협막이 없는 R형 폐렴균이 있다. S형 폐렴균은 생쥐에게 폐렴을 일으키지만 R형 폐렴균은 폐렴을 일으키지 않았다. 협막이 없는 R형 폐렴균은 생쥐의 면역체계에 의해 불활성화되기 때문이었다.

그리피스는 열을 가해 죽인 S형 폐렴균을 생쥐에게 주입하면 생쥐가 죽지 않지만, 죽인 S형 폐렴균과 살아 있는 R형 폐렴균을 함께 주입하면 생쥐가 죽는다는 것을 발견했다. 이는 R형 폐렴균이 죽은 S형 폐렴균이 가지고 있던 어떤 물질의 영향을 받아 형질이 전환되었다는 것을 뜻했다.

미국의 오스월드 에이버리는 다른 동료들과 함께 이 현상을 체계적으로 연구하여 DNA가 유전물질이라는 직접적인 증거를 밝혀냈다. 에이버리는 S형 폐렴균에서 DNA를 추출하여 R형 폐렴균에 주입하였을 때 R형 폐렴균이 S형 폐렴균으로 형질이 전환되는 것을 발견했다. 에이버리는 이런 현상이 생기는 것은 S형 폐렴균의 DNA가 가지고 있던 유전정보가 R형 폐렴균에 전달되었기 때문이라고 설명하고 DNA가 유전물질이라고 주장했다.

에이버리의 실험에도 불구하고 DNA가 유전물질이라는 주장은 널리 받아들여지지 않았다.

오스월드 에이버리는 DNA가 유전물질이라는 증거를 밝혀냈다.

　이후 1952년에 카네기 유전학 실험실의 앨프레드 허시와 마사 체이스가 발표한 보고서는 훨씬 설득력이 있었다. 허시와 체이스는 바이러스를 이용한 실험을 통해 DNA가 유전 물질이라는 것을 밝혀냈다. 단백질과 DNA로 이루어진 바이러스는 세포보다 작은 생명체로서 스스로 증식하지 못하고 다른 세포 속에서만 증식할 수 있다. 그런데 핵산에는 인(P)이 포함되어 있고, 단백질에는 황(S)이 포함되어 있다. 허시와 그의 동료는 바이러스가 다른 세포 속에서 증식할 때 단백질과 핵산 중에서 어느 부분이 세포 속으로 침투해 새로운 바이러스를 형성하는지 조사했다.

　허시는 바이러스의 핵산과 단백질을 각각 P^{32}와 S^{35}의 방사성 동위원소를 이용하여 표시한 후 다른 세포 속에서 증식된 바이러스 속에 어느 원소가 들어 있는지 조사했다. 허시는 이 실험을 통해 인(P)을 포함한 DNA만이 세포 내로 침입하여 바이러스 증식에 참여한다는 것을 확인할 수 있었다. 이는 DNA가 유전정보를 가지고 있는 물질이라는 것을 결

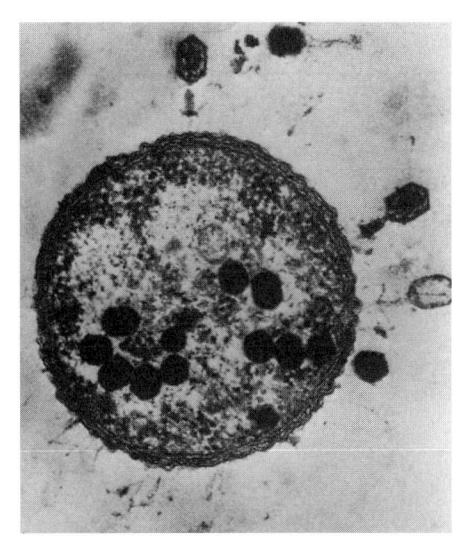

대장균 세포에 침투한
바이러스의 모습.

정적으로 증명하는 실험이었다. 일단 DNA가 유전정보를 가지고 있는 물질이라는 것이 밝혀지자 과학자들은 DNA의 정확한 구조를 알아내는 실험을 시작했다. 엑스선 회절법을 이용하여 DNA의 구조를 밝혀내는 데 성공한 사람이 바로 제임스 윗슨과 프랜시스 크릭이었다.

DNA의 구조를 발견하다

DNA 구조를 밝혀낸 제임스 윗슨은 시카고 태생으로 인디애나 대학에서 동물학으로 박사학위를 받았다. 그는 이후 코펜하겐에서 세균학과 미생물학을 1년 정도 연구했다. 이때 영국의 생물학자 모리스 윌킨스의 DNA의 엑스선 회절 연구에 관한 강연을 들은 일이 그가 진로를 바꾸는 계기가 됐다. 그 강연에서 윌킨스는 단백질이 아닌 DNA가 유전정보를 전달하는 것이 확실하다는 것을 강조했으며, 매우 조악하기는 했지만

DNA의 구조를 규명한 제임스 윗슨(왼쪽)과 프랜시스 크릭(오른쪽).

DNA의 엑스선 회절 사진을 보여주었다. 이 엑스선 회절 사진에 나타난 DNA는 매우 규칙적이고 질서 정연한 구조를 보여주고 있었다.

윗슨은 곧 케임브리지 대학의 캐번디시 연구소로 옮겼다. 그는 바로 이곳에서 크릭을 만났다. 당시 크릭은 엑스선 기술을 이용하여 단백질의 구조를 규명하는 연구로 박사학위 논문을 제출하기 위해 마지막 정리를 하고 있었다. 크릭은 영국 태생으로 런던의 유니버시티 칼리지를 졸업한 후 박사과정에 진학했지만 제2차 세계대전으로 학업을 중단하고 군복무를 했다. 그는 전쟁 막바지에 양자물리학의 창시자 가운데 한 사람인 에르빈 슈뢰딩거가 쓴 『생명이란 무엇인가?』라는 책을 읽은 것이 계기가 되어 생물학에 관심을 가지기 시작했고, 케임브리지에서 단백질 구조에 관한 연구를 하게 되었다.

1951년에 처음으로 케임브리지에서 만난 왓슨과 크릭은 곧 DNA의 구조를 규명해보자는 데 의견이 일치했다. 두 사람은 그 분야에 대해 아는 것이 거의 없었으나 위대한 과학적 업적을 이루어내겠다는 대단한 열정을 품고 있었다. 빨리 성과를 내고 싶어 했던 그들은 자신들만의 독특한 실험을 하는 대신 다양한 분야에서 개념을 빌려오고 다른 사람들의 연구 결과들을 모아 지적 구조물을 만들어갔다.

당시에는 이미 DNA의 구조에 관심을 가지고 연구를 시작한 사람들이 많이 있었다. 미국 캘리포니아 공과대학의 라이너스 폴링이 대표적인 인물이었다. 폴링은 1930년대부터 생화학 물질에 관심을 가지기 시작했다. 그는 처음에는 헤모글로빈을 연구했고 후에는 단백질 구조에 매달렸다. 폴링은 단백질을 구성하는 아미노산들이 질서정연한 주기적 구조로 배열되어 있다는 것을 밝혀내기도 했다. 폴링도 DNA가 유전정보를 가지고 있는 유전물질이라고 생각하고 DNA 구조에 대해 연구하기 시작했다.

폴링은 당시 세계적으로 유명한 과학자였기 때문에 그가 DNA의 구조를 연구하기 시작했다는 소식은 왓슨과 크릭에게도 전해졌다. 그러나 폴링의 연구는 좀처럼 진척되지 않았다. 폴링에게는 관심을 기울여야 하는 다른 연구과제와 업무들이 많았다. 폴링의 연구 상황에 관심을 기울인 왓슨과 크릭은 자신들의 연구에 박차를 가했다. 폴링은 무명의 과학자인 왓슨과 크릭이 그런 연구를 하고 있다는 사실조차 모르고 있었다.

왓슨과 크릭이 폴링의 연구가 어떻게 진행되고 있는지 관심을 기울이고 있는 사이 가까운 곳에 있던 킹스 칼리지의 여성 과학자 로잘린드 프랭클린이 DNA 구조를 밝히는 연구에서 한 발 앞서 나가고 있었다. 뛰어난 엑스선 결정학자인 모리스 윌킨스가 이끄는 연구팀의 일원이었던 프

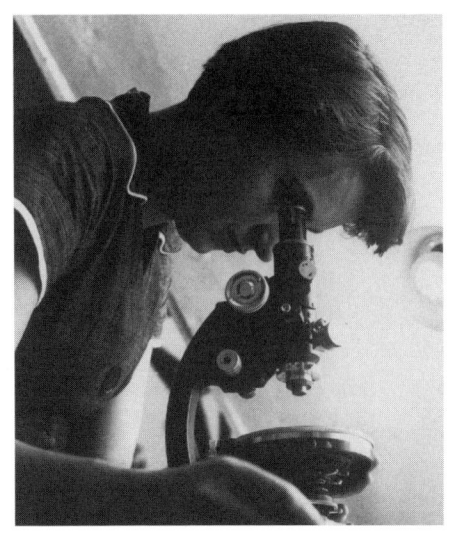

로잘린드 프랭클린은 나선 구조를 반대했지만, 그가 수집한 자료는 이를 증명하고 있었다.

랭클린은 케임브리지 대학을 졸업하고 프랑스에서 엑스선 회절을 이용한 결정학을 익힌 후 킹스 칼리지에서 연구를 시작했다. 그러나 불행하게도 프랭클린은 윌킨스와 원만하게 지내지 못했다. 그들은 동료 연구자라기보다는 경쟁자 같은 관계를 유지했다.

 DNA의 구조를 밝혀내기 위한 연구를 시작한 왓슨과 크릭은 그때까지 알려졌던 사실들을 토대로 DNA가 염기, 당, 인산으로 이루어진 뉴클레오티드가 길게 연결된 사슬 모양의 구조일 것이라고 확신하고 있었다. 그들은 윌킨스와 벌인 토론을 통해 DNA 분자가 매우 가늘다는 것도 알고 있었다. 이는 DNA 구조가 몇 개의 사슬로 이루어졌다는 것을 뜻했다. 그들은 몇 개의 사슬이 어떻게 연결되어 있는지, 뉴클레오티드에는 어떤 염기들이 포함되어 있는지, 그리고 뉴클레오티드들은 어떻게 연결되어 있으며, 염기들은 안쪽을 향하고 있는지 아니면 밖을 향하고 있는지를 밝혀내야 했다.

이 과정에서 킹스 칼리지의 윌킨스와 프랭클린은 자신들도 모르는 사이에 왓슨과 크릭의 연구에 큰 도움을 주었다. 윌킨스는 DNA가 나선 구조를 하고 있는 게 틀림없다는 이야기를 해주었고 엑스선 회절 사진을 보여주기도 했다. 그러나 그는 프랭클린과의 불화로 고민하고 있었다.

프랭클린은 DNA에서 네 가지 염기와 뉴클레오티드의 사슬, 인산과 당, 수분의 존재를 엑스선 회절을 통해 확인했으며, DNA는 최대 네 개의 사슬을 가진 나선 구조로 되어 있고, 염기는 사슬과 연결되어 있으며, 전체 구조의 안쪽에 위치한다는 것을 밝혀냈다.

이러한 정보를 바탕으로 왓슨과 크릭은 DNA의 삼중나선 구조 모형을 만들었다. 프랭클린은 이중나선 구조 또는 사중나선 구조일 것이라고 했지만, 이들은 특별한 증거도 없이 삼중나선 구조를 선택했다. 왓슨과 크릭은 자신들이 만든 구조 모형을 윌킨스와 프랭클린에게 보여주었는데, 프랭클린은 이들이 만든 모형의 잘못된 점을 날카롭게 지적했다.

이 일로 캐번디시와 킹스 칼리지는 윤리 논쟁을 벌이게 되었다. 같은 재단으로부터 후원을 받는 두 연구팀이 같은 연구를 한다는 것은 낭비라고 생각한 케임브리지와 킹스 칼리지의 관계자들은 DNA 구조에 대한 연구를 킹스 칼리지의 윌킨스와 프랭클린에게 맡기기로 했다. 캐번디시 연구소장이었던 윌리엄 브래그는 왓슨과 크릭에게 연구에서 손을 떼고 DNA 모형도 킹스 칼리지에 넘기라고 지시했다.

두 사람은 공식적으로 DNA의 구조에 대한 연구를 중단했지만 DNA 구조에 대한 토론은 계속했다. 1951년 겨울, 크릭은 헤모글로빈의 특성 연구에 매달려야 했고, 왓슨은 담배 모자이크 바이러스를 연구해야 했다. 이들의 연구는 DNA 연구와 무관하지 않았다. 이 연구를 통해 두 사람은 DNA 구조의 연구를 위한 기초적인 내용을 자세하게 익힐 수 있었다.

1952년 초에 프랭클린은 DNA의 가장 선명한 엑스선 회절 사진을 찍는 데 성공했다. 이 사진에는 DNA의 나선형 구조가 결정적으로 드러나 있었다. '사진 51번'이라는 라벨이 붙은 가장 선명한 사진에는 나선형이 분명히 나타나 있다. 윌킨스를 싫어한 프랭클린은 이 사진을 찍은 후에도 윌킨스의 나선 구조를 반대했다. 프랭클린은 이 사진을 윌킨스에게 보여주지 않았다. 그러나 8개월 후인 1953년 1월에 프랭클린의 연구원이었던 고즐링이 그 사진을 윌킨스에게 전했다. 윌킨스는 그 사진을 보관했다.

한편 1952년에 미국의 폴링 연구팀이나 왓슨과 크릭은 별다른 진전을 이루지 못하고 있었다. 폴링의 아들 피터 폴링이 케임브리지에 와 있었기 때문에 왓슨과 크릭은 폴링의 진척 사항을 잘 알 수 있었다. 미국의 폴링은 아직도 삼중나선 구조에 매달려 있었다. 이때쯤 왓슨과 크릭은 DNA가 이중나선 구조라는 생각을 굳히고 있었지만, 자신들의 생각을 증명할 자료가 없었다.

왓슨은 이중나선 구조를 증명할 만한 자료를 구할 생각으로 킹스 칼리지를 자주 방문했다. 1953년 1월 30일에도 왓슨은 킹스 칼리지를 방문했다가, 프랭클린의 방문이 조금 열려 있는 것을 보고 방으로 들어갔다. 왓슨은 그녀에게 미국의 폴링의 연구에 대해 궁금하지 않느냐고 물었지만 불청객을 불쾌하게 생각하고 있던 프랭클린은 아무런 대답을 하지 않았다. 그러자 왓슨은 DNA의 구조가 이중나선 구조일 거라는 이야기를 하기 시작했다. 프랭클린은 이 이야기에 대해 격렬한 반응을 보였다. 그녀는 나선 구조는 전혀 증명되지 않았다고 반박하며 크게 화를 냈다.

이에 대한 후세 학자들의 해석은 다양하다. 프랭클린이 엑스선 회절 사진을 제대로 해석할 수 없었다는 의견에서부터 그녀 역시 나선 구조

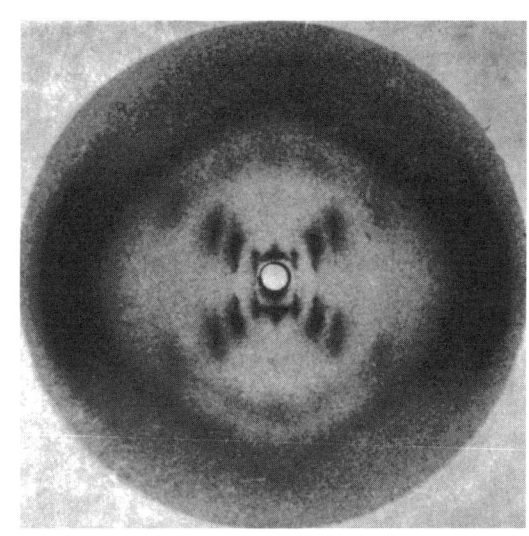

윗슨과 크릭은 프랭클린이
찍은 이 엑스선 회절 사진을
바탕으로 DNA의
구조를 규명했다.

를 인정하고 있었지만 신중을 기하기 위해 또는 윌킨스의 주장을 반박하기 위해 나선 구조를 반대했다는 의견도 있지만 정확한 사실은 알 수 없다. 어쨌든 당시 프랭클린은 나선 구조를 반대했지만, 그녀가 수집한 자료는 나선 구조를 증명하고 있었다.

프랭클린의 방에서 쫓겨난 윗슨은 윌킨스의 방으로 갔고, 두 사람은 함께 프랭클린에 대해 불만을 토로했다. 그러다가 윌킨스는 보관하고 있던 프랭클린의 엑스선 회절 사진을 윗슨에게 보여주었다. 당시 킹스 칼리지에는 엑스선 회절 사진이 많이 있었기 때문에 윌킨스는 이 사진에 특별한 의미를 부여하지 않고 있었다. 그에게 이 사진은 많은 사진들 중 상태가 좋은 사진일 뿐이었다. 하지만 이 사진은 윗슨으로 하여금 이중나선 구조를 확신하게 해주었다.

이렇게 해서 1953년 1월 30일에 있었던 윗슨의 킹스 칼리지 방문은 과학사의 유명한 사건이 되었다. 윗슨은 그의 저서 『이중나선』에서 이날의 사건에 대해 자세히 설명했고, 많은 과학사 학자들도 이날의 사건을 즐겨 다뤘다. DNA 구조의 규명과 같은 위대한 작업을 극적인 사건으로 만들고 싶어 하는 사람들에게 이날의 사건은 좋은 이야깃거리가 되기에 충분했던 것이다.

프랭클린이 보여준 엑스선 회절 사진으로 자신들의 생각을 확신하게 된 윗슨과 크릭은 즉시 브래그 소장을 면담하고 DNA 구조에 대한 연구를 재개할 수 있도록 허가해줄 것을 요청했다. 브래그 소장은 킹스 칼리지와의 신사협정보다도 미국과의 경쟁을 더욱 중요하게 생각했다. 더구나 미국에서 DNA 구조를 연구하고 있던 폴링은 브래그 자신의 개인적 경쟁자이기도 했다. 그래서 그는 윗슨과 크릭의 연구를 허가했을 뿐만 아니라 전폭적으로 지원해주겠다는 약속까지 했다.

윗슨과 크릭은 킹스 칼리지에서 얻은 엑스선 회절 사진을 바탕으로 DNA 모형을 제작하기 시작했다. 프랭클린은 이 사실을 전혀 모르고 있었다. 윗슨과 크릭은 1953년 2월 4일에 모형을 만들기 시작했다. 그달 중순이 되자 기본적인 이중나선 구조 모형이 만들어졌다. 이때쯤 윗슨과 크릭은 자신들이 모형 제작을 시작했다는 것을 숨긴 채, 윌킨스에게 자신들이 모형을 만들 수 있도록 허락해달라고 간청하여 동의를 받아냈다. 이것으로 킹스 칼리지와의 윤리적인 문제도 해결되었다.

그러나 염기의 배열과 결합의 문제가 남아 있었다. 윗슨과 크릭이 모든 문제를 해결한 것은 1953년 2월 28일이었다. 이 과정에서 킹스 칼리지로부터 입수한 프랭클린의 자료는 중요한 정보가 되었다. 그들은 곧 부품을 주문하고 모형 제작을 시작하여 3월 7일에 모형을 완성했다.

이 소식은 곧 킹스 칼리지에 전해졌고 윌킨스와 프랭클린은 그 사실을 담담하게 받아들였다. 윗슨과 크릭은 윌킨스에게 이 발견을 공동명의로 하자고 제안했지만 윌킨스는 거절했다. 그 대신 이 연구에 기여한 자신들의 공을 인정받을 수 있는 논문을 윗슨과 크릭의 논문과 함께 발표하게 해달라고 요청했다. 프랭클린은 DNA 구조의 문제보다 함께 일하고 싶지 않은 사람들이 있는 킹스 칼리지를 떠나는 데 더 큰 관심이 있었다. 그리하여 20세기 생물학의 가장 중요한 세 편의 논문이 1953년 4월 25일 자 『네이처』 171호에 발표되었고 프랭클린은 킹스 칼리지를 떠났다.

윗슨과 크릭이 쓴 「핵산의 분자 구조 – DNA의 구조」라는 짧은 논문은 900단어 길이였고, 첨부된 그림도 하나뿐이었다. 오빠를 만나러 왔던 윗슨의 여동생 엘리자베스가 논문을 타자로 쳐줬고, 크릭의 부인이 이중나선형 구조의 그림을 그린 이 논문은 다음과 같은 말로 시작되어 끝을 맺고 있다.

우리는 DNA 구조를 제시하고자 한다. 이 구조는 생물학적으로 상당히 흥미로운 새로운 형태다. (…) 여기에 제시된 이중나선 구조의 특별한 결합이야말로 유전물질의 전달 메커니즘이라는 사실에 주목하지 않을 수 없다.

이 논문과 함께 윌킨스와 조지 스토크스가 쓴 「핵산의 분자구조 – 디옥시리펜토스 핵산의 분자구조」라는 제목의 논문과 프랭클린과 고즐링의 이름으로 된 「핵산 분자의 구조, 나트륨 티모뉴크리트의 분자구조」가 『네이처』에 실렸다. 킹스 칼리지에서 수집한 자료와 문제의 엑스선 회절사진이 실린 이 두 논문은 모두 윗슨과 크릭의 모형을 정당화해주었다.

이렇게 해서 DNA의 구조가 규명되었다. 후에 윗슨과 크릭이 프랭클린의 엑스선 회절 사진을 이용한 것을 두고 윤리적 논쟁을 벌인 과학자

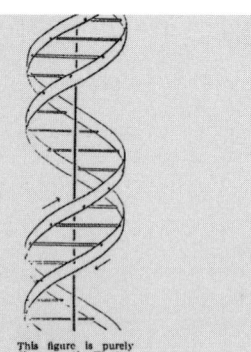

윗슨과 크릭은 『네이처』에 실린 논문 「핵산의 분자구조-DNA의 구조」에서 처음으로 DNA의 이중나선 구조를 설명했다.

들이 있었다. 그러나 이의를 제기해야 할 당사자인 윌킨스와 프랭클린은 아무런 이의를 제기하지 않았으며, 오히려 함께 논문을 발표해 윗슨과 크릭의 결과를 증명해주기까지 했다.

    DNA는 유전학의 핵심물질이다. 따라서 DNA 구조의 규명은 유전학의 새로운 시대를 여는 일이었다. 직접 실험을 하지도 않았고 이 분야의 전문가도 아니었던 윗슨과 크릭은 집념과 집중력 하나로 연구를 시작한 지 불과 3년 만에 이런 큰일을 해냈다. 이들은 DNA 구조를 규명한 업적을 인정받아 1962년에 노벨상을 수상했다.

나선 구조를 증명하는 엑스선 사진을 찍고도 DNA는 나선 구조가 아니라고 주장했던 로잘린드 프랭클린은 왓슨과 크릭이 노벨상을 받기 전인 1958년에 암으로 세상을 떠났다. 많은 사람들은 프랭클린이 그때까지 살아 있었다면 그녀가 노벨상을 공동 수상했을 것이라고 말한다. 왓슨도 프랭클린이 죽지 않았다면 그녀가 공동 수상자가 되었을 것이라는 사실을 인정했다.

후에 왓슨이 쓴 책 『이중나선』은 세계적인 베스트셀러가 되었다. 왓슨은 이 책에서 자신들이 규명한 DNA 구조에 대한 설명은 물론 발명과 관련된 사적인 이야기들도 털어놓았다. 특히 그는 이 책에서 프랭클린을 명석하면서도 매우 차갑고 독단적인 인물로 묘사했다.

유전자란 무엇인가

DNA와 RNA는 근본적으로 인산, 염기, 당의 구조로 되어 있으며 구조가 비슷하다. DNA는 오탄당인 데옥시리보스, 인산, 염기(아데닌, 구아닌, 시토신, 티민 중의 하나)로 구성되어 있고, RNA는 오탄당인 리보스와 인산, 염기(아데닌, 구아닌, 시토신, 우라실 중의 하나)로 이루어져 있다. DNA를 이루는 기본 단위, 즉 당·염기·인산으로 이루어진 구조를 뉴클레오티드라고 한다. DNA 분자는 뉴클레오티드가 연속적으로 결합된 고분자 화합물이다.

DNA는 수많은 뉴클레오티드가 사슬 모양으로 길게 연결되어 있는데 당과 인산의 반복이 DNA의 골격을 이루고 염기는 가지처럼 뻗어 나와 있다. 가지처럼 뻗어 나와 있는 염기는 다른 DNA에서 나온 염기들과 결합하게 된다. 이때 뉴클레오티드와 뉴클레오티드 사이의 결합은 공유결합으로서 결합력이 매우 강해서 특정한 효소의 작용이 없으면 끊어지지 않는다. 그러나 염기와 염기 사이의 결합은 수소결합으로 결합력이 매우 약해서 물리화학적 방법으로 쉽게 단절된다. 윗슨과 크릭이 밝혀낸 바에 의하면 DNA는 두 가닥의 사슬이 서로 얽혀 있는 이중나선 구조를 하고 있다.

핵산 = 뉴클레오티드+뉴클레오티드+뉴클레오티드+……
뉴클레오티드 = 오탄당+인산+염기

그런데 두 골격에서 나온 염기는 상대편 DNA의 골격에서 나온 염기와 무조건 결합하는 것이 아니라 아데닌은 티민과 결합하고 구아닌은 시토신과만 결합한다. 상대편 DNA 골격에 매달린 염기의 순서는 이쪽 DNA의 염기순서의 복사판 같다. 따라서 나선 구조가 풀려서 각각의 기둥에 새로운 뉴클레오티드가 차례로 붙어서 새로운 DNA를 만들면 새로 생겨난 DNA 분자는 원래의 DNA의 정확한 복제가 되는 것이다.
  어버이의 유전형질이 이러한 복제과정을 거쳐 자손에게 전달된 후 DNA에 담겨 있는 유전정보가 발현되는 과정에 대하여도 많은 연구가 진행되었다. 과학자들은 우선 DNA가 가지고 있는 유전정보가 어떤 것이냐 하는 데 대하여 많은 관심을 가지고 연구했는데 유전자가 가지고 있는 정보의 내용은 단백질을 구성하는 아미노산의 결합 순서일 것으로 이해되고 있다.
  아미노산의 종류는 20여 가지가 있으므로 20여 가지의 정보를 전달하기 위해서는 적어도 염기 세 개의 조합($4^3=64$)이 필요하다. 실제로 실

이중나선 구조를 보여주는
DNA 분자 모형.

험에 의해 구아닌·아데닌·아데닌(GAA)의 배열은 글루탐산을 지정하는 암호이고 구아닌·구아닌·아데닌(GGA)의 배열은 글리신이라는 아미노산의 지정암호라는 것이 밝혀졌다.

생물체는 수많은 종류의 단백질로 이루어져 있다. 가장 단순한 대장균에도 2천 종 이상의 단백질이 형성되고, 사람에게는 수만 종의 효소, 구조 단백질, 호르몬, 운반 단백질, 면역 단백질, 리셉터 등이 있다. 이러한 수많은 단백질도 겨우 20종류의 아미노산으로 이루어진다. 그 수많은 단백질이 20가지의 아미노산과 DNA에 기록된 정보의 결합으로 만들어지는 것이다.

유전정보는 3개의 비트로 이루어진 디지털 신호라고 할 수 있다. 우리가 현재 사용하는 컴퓨터는 0과 1만을 신호로 하는 바이너리 디지털 신호를 사용한다. 이런 신호체계에서는 3개의 비트로 나타낼 수 있는 정보가 8가지뿐이다. 그러나 유전정보를 나타내는 염기는 네 가지가 있다. 따라서 하나의 염기로 4개의 정보를 나타낼 수 있고 두 개의 염기로는 16가지 정보를, 그리고 3개의 염기로는 64가지의 정보를 나타낼 수 있다. 따라서 세 개의 비트로 이루어진 유전 정보는 20개의 아미노산을 지정하기에 충분하다.

많은 연구 결과, 유전정보 속에는 아미노산의 결합 순서뿐 아니라 단백질 합성의 시작과 끝을 지시하는 정보도 있으며, 정보가 잘못 전달되는 것을 방지하기 위한 여러 가지 장치도 포함하고 있다는 것이 밝혀졌다. 또한 DNA에는 단백질을 지정하는 코드 배열이 처음부터 끝까지 하나로 연결되어 있는 것이 아니라 사이사이에 의미 없는 비코드 배열이 끼어들어 있다는 것도 알게 되었다. 이렇게 비코드 배열에 의해 분할된 코드 배열을 엑손이라 하고, 사이사이에 끼어든 코드 배열을 인트론이라고 한다. 이처럼 인트론과 엑손이 존재하는 이유는 아직 정확하게 밝혀지지 않았지만 인트론 부분이 단백질의 한 단위를 나누는 경계가 아닐까 하는 가설이 제시되기도 했다.

한 생물의 유전 정보를 모두 포함하는 염색체 세트를 게놈이라고 한다. 전체 게놈 중에 한 개만이 존재하는 DNA 배열을 단일배열이라 하고, 복수의 상동 염기 배열이 있는 경우를 반복배열이라고 한다. 코드 배열의 대부분은 단일배열이지만 하나의 게놈에 수십 카피의 반복배열이 있는 경우도 있다. 배열이 하나면 단백질 합성의 수요를 감당하지 못하기 때문이라고 생각되지만, 대량 합성되는 유전자는 반드시 반복배열이 있는 것도 아니어서 반복배열이 존재하는 이유도 뚜렷하지 않다. 반복배열이 완전히 동일하지 않은 경우 단백질의 작용에 미세한 차이가 나타난다. 유사한 단백질의 그룹을 유전자 가족이라고도 한다.

코드 배열 속에 종지 코드가 여러 번 나타나기도 하고 단백질을 정확하게 지정하지 않는 것도 있다. 이런 유전자를 가짜 유전자라고 한다. 진핵 생물의 DNA 중에는 코드 배열도 아니고 제어 배열도 아니며 또 인트론 배열도 아닌 기묘한 배열이 대량으로 나타난다. 인간의 경우 50퍼센트 이상이 이러한 배열이다. 초파리의 경우 ACAACT가, 마르모트에서는 TTAGGG가 수만 번 내지 수백만 번이나 반복하여 배열되어 있다. 이러한 비코드 반복 배열은 종 사이에서도 다르고 개체 사이에서도 다르다. 이런 유전자를 쓰레기 유전자라는 뜻으로 정크(junk) DNA라고 부르는데, 그것이 정말 쓰레기인지는 더 연구해야 밝혀질 것이다.

인간에게는 약 50조 개의 세포가 있다. 이 세포들은 모두 하나의 세포에서 복제된 유전자를 가지고 있다. 유전자의 복제 과정에서 오류가 생길 수 있다면 이렇게 많은 복제가 일어나는 과정에서 전혀 다른 유전자가 나올 가능성도 있다. 실제로 유전자의 복제 과정에서는 100만이나 1,000만 번 중에 하나의 실수가 있는 것으로 알려졌다. 그러나 세포에는 염기의 결실이나 변화, 잘못된 염기, DNA 절단 등으로 상해를 입은 DNA를 수리해주는 효소가 있어서 실수를 보완하고 있다.

긴 DNA가 핵 속에 수용되기 위해서는 DNA의 이중나선이 다시 꼬여져 초나선 구조를 형성해야 한다. 세포 내의 DNA는 알몸으로 차곡차곡 접혀 있는 것이 아니고, 히스톤이라는 단백질과 결합하여 초나선을 형성한다. 한 개의 히스톤에 약 160염기쌍의 DNA가 결합하는데 이것을 뉴클레오솜이라고 하고 뉴클레오솜이 길게 연결된 것을 크로마틴(염색질)이라고 한다. 그리고 뉴클레오솜과 뉴클레오솜을 연결하는 부분의 DNA

를 링커라고 한다. 세포가 세포 분열을 하지 않을 때는 핵 속에 크로마틴이 골고루 퍼져 있어서 붉은 세포질을 이룬다. 한 생물체 내의 모든 세포가 같은 DNA를 가지고 있는데도 신체의 부분에 따라서 발현되는 것이 다른 이유는 장기에 따라 크로마틴의 구조가 다르기 때문이라고 추측되고 있다.

세포 분열 시에는 크로마틴이 다시 여러 겹으로 접히고 꼬여서 현미경으로 쉽게 관찰할 수 있는 염색체가 된다. 크로마틴이 염색체를 구성하는 자세한 과정은 아직 밝혀지지 않고 있지만, 크로마틴이 솔레노이드를 형성하고 이 솔레노이드가 다시 튜브와 같은 구조를 형성하며 마지막으로 이 튜브가 나선 모양으로 꼬여서 염색체를 형성하는 것으로 여겨지고 있다. 이 과정에서의 응축도는 약 8,400분의 1이다. 다시 말해 DNA의 나선은 염색체를 형성하는 과정에서 그 길이가 8,400분의 1로 줄어들고 그 대신 굵기가 굵어진다. 따라서 생물의 유전 정보는 세포핵 속에 있는 염색체 속에 포함되어 있다고 할 수 있다.

인간이 생명현상에 개입하다

1950년 이후 유전자의 구조와 그 구조에 입각한 단백질 합성과정에 대하여 참으로 많은 내용이 발견되었다. 인간은 이제 유전자를 인위적으로 조작할 수 있게 되었으며, 이런 조작을 통해 새로운 단백질을 합성시키고 나아가 새로운 생물체를 탄생시킬 가능성도 꿈꾸고 있다. 유전자에 관한 이러한 지식들을 인간을 위해 적극적으로 이용하려 하는 학문 분야가 바로 유전공학이라고 할 수 있다.

2001년 2월 12일, 과학의 역사에 또 하나의 사건이 기록되었다. 인간 게놈 지도가 완성되어 발표된 것이다. 이보다 앞선 2000년 6월 26일에 인간 게놈 프로젝트라고 하는 국제공공연구 컨소시엄과 셀레라 제노믹스라는 생명공학 벤처기업이 공동으로 인간 게놈 지도의 초안을 발표했다.

인간 게놈 프로젝트는 인간 게놈 지도의 완성본과 이에 대한 분석 결과를 영국의 과학 전문지 『네이처』 2001년 2월 15일자에 발표했으며, 셀레라 제노믹스는 미국의 과학 전문지 『사이언스』 2월 16일자에 그 결과를 발표했다.

그동안 유전학 분야의 발전을 익히 들어 알고 있던 사람들도 인간 유전자 지도가 완성됐다는 소식을 듣고 새삼 놀라지 않을 수 없었다. 사람들은 이것이 인류에게 어떤 의미를 띠는 사건인지를 생각하느라 혼란스러워했다. 어떤 사람들은 과학의 승리라고 극찬하는가 하면, 어떤 이들은 인간이 신에게 무모한 도전을 한 것이라고 생각하여 그 결과를 걱정하기도 했다.

인간 게놈 지도란 인간의 염색체 속에 들어 있는 모든 DNA의 염기 순서를 밝힌 것이다. 인간 세포에 들어 있는 23쌍의 염색체에는 모두 31억 6,470만 쌍의 염기쌍이 들어 있다. 하나의 유전자는 염기쌍의 배열로 만들어지는데 평균 3,000개 정도의 염기가 모여 하나의 유전자를 형성한다. 대개의 유전자는 특성 단백질(호르몬)을 합성하는 정보를 가지고 있다. 자연계에는 20여 종의 아미노산이 있는데 이 아미노산의 합성 방법에 따라 다른 특성을 가진 단백질이 만들어지는 것이다. 따라서 하나의 유전자는 아미노산을 이용하여 단백질을 합성하는 정보라고 할 수 있다.

인간 게놈 지도를 작성한 것은 인간의 염색체 속에 들어 있는 30억 염기쌍의 순서가 모두 밝혀졌다는 것을 의미한다. 인간의 게놈 지도를 분

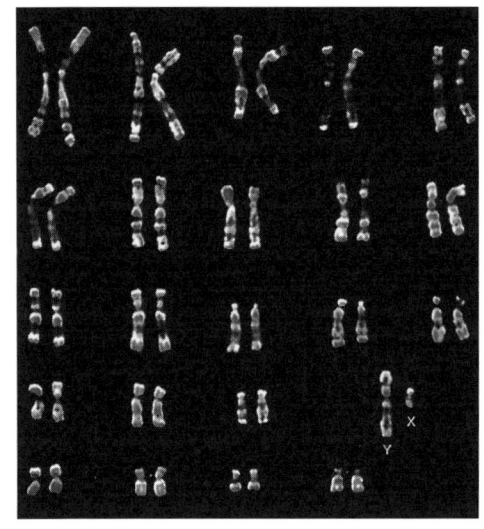

인간 게놈 지도는 인간의 염색체 23쌍 속에 들어 있는 모든 DNA의 염기 순서를 밝힌 것이다.

석한 결과 모든 인간의 DNA 염기서열은 99.9퍼센트가 같았다. 그러니까 개인차를 만들어내는 염기서열은 0.1퍼센트인 셈이다. 전체 염기쌍의 수가 약 30억 개이므로 개인차를 나타내는 염기쌍의 수는 약 30만 개라고 할 수 있다. 그런데 인간의 게놈 지도에는 정크 DNA가 50퍼센트 이상 포함되어 있다는 것이 밝혀졌다. 이는 다른 동물이 가지고 있는 정크 DNA의 비율보다 훨씬 높은 수치다. 다른 생물의 경우 정크 DNA의 비율은 10퍼센트 정도인 것으로 알려졌다. 따라서 정크 DNA가 정말 유전정보와는 아무런 관계가 없는지는 앞으로 더 많은 연구가 뒤따라야 할 것이다.

인간의 게놈 지도가 완성되기 전, 과학자들은 인간의 염기쌍으로 이루어진 유전자 수가 적어도 15만 개 정도는 될 것으로 추정했다. 약 1억 1,600만 개의 염기쌍을 가지고 있는 과실파리의 유전자 수는 약 1만 9,099개인 것으로 밝혀졌다. 염기 100만 개당 117개의 유전자가 들어 있는 셈이다. 인간 게놈 프로젝트와 셀레라 제노믹스는 인간의 유전자 수가 예상보다 훨씬 적은 2만 6,000개에서 3만 9,000개 사이라고 발표했다. 따라서 인간은 염기쌍 100만 개당 약 15개 정도의 유전자를 가지고 있는 것이다.

예상보다 적은 유전자 수 때문에 많은 사람들이 실망하기도 했지만, 이 연구에 참여한 과학자 대부분은 오히려 적은 수의 유전자로 복잡한 생명 현상을 발현시키는 유전 체계가 얼마나 복잡하고 오묘한 것인지를 보여준다고 주장하고 있다.

이제 인간의 게놈 지도가 완성되었지만 아직 넘어야 할 큰 산은 그대로 있다. 인간 게놈 지도 완성은 약 30억 염기쌍의 배열 순서를 밝혔다는 의미가 있을 뿐이다. 이 염기서열 속에 모두 몇 개의 유전자가 들어 있는지, 그것이 어느 부분에 들어 있는지, 또한 개개 유전자의 기능이 무엇인지를 밝히는 일은 아직 과제로 남아 있다. 그 일을 하는 데는 염기서열을 알아내는 것보다 훨씬 많은 시간이 걸릴 것이다. 따라서 이제부터 정말 중요한 일이 시작되었다고 할 수 있다. 이미 전 세계 과학자들과 제약회사들이 이 미지의 세계를 밝혀내기 위한 무한경쟁에 돌입했다. 우리는 이런 경쟁이 인류의 행복을 위해 기여하는 방향으로 전개되기만을 바랄 뿐이다.

1953년 왓슨과 크릭이 이루어낸 업적은 생물학의 차원을 한 단계 끌어올렸다. 그 결과 우리 인간은 유전형질이 부모에게서 자손에게 전달되고 발현되는 과정을 이해할 수 있게 되었을 뿐만 아니라 유전의 과정에 개입할 수도 있게 되었다. 이에 따르는 윤리적·종교적 문제들이 해결된 것은 아니지만 인류는 지금까지 경험하지 못했던 새로운 시대를 살아가게 된 것이다. 지금 이 순간에도 연구는 계속되고 있다.

찾아보기

|ㄱ|

가모브, 조지 255~260, 263~268, 271, 273, 274
  「화학원소의 기원」 259
가생디, 피에르 57
가역기관 112, 113
간섭현상 191
갈레노스 136
갈릴레이, 갈릴레오 31, 37~42, 44, 50~54, 57, 71, 189, 190, 199, 200
  『두 개의 신과학에 관한 수학적 논증과 증명』 52
  『두 체계의 대화』 40~42, 53
  『천체 회전에 관하여』 24, 26~31, 33, 34, 39, 52
갈바니, 루이기 170
게이뤼삭, 조제프 루이 93, 100
격변설 246
고즐링 286, 289
골드, 토머스 264, 265
광양자 198, 226

 ~ 가설 215, 229, 233
광전효과 225
균일설 247
그레이, 스티븐 167
그리피스, 프레더릭 279
근일점 205
기기론 139, 140
기무라 야스오 159
길버트, 윌리엄 164~166, 173, 175
  『자석에 대하여』 164, 165

|ㄴ|

놀레, 아베 167~169
뉴커먼, 토머스 105
뉴턴, 아이작 45, 54~69, 72, 73, 77, 202~205, 211
  ~역학 71~73, 160, 163, 182, 189, 194, 199, 227, 230, 233
  『광학』 61
  『프린키피아』 63~65, 67, 71
  「물체의 궤도 운동에 관하여」 63, 64

「빛과 색채 이론」 61

|ㄷ|

다 빈치, 레오나르도 135
다윈, 찰스 146~153, 155~157, 160
　『감정의 표현』 152
　『비글호 여행기』 148, 149
　『사육 동식물의 변이』 152
　『식물의 운동력』 152
　『인류의 기원과 성 선택』 152
　『종의 기원』 146, 147, 151~153, 156, 157, 160
　「식물의 교배에 관한 연구」 152
　「지렁이의 작용에 의한 토양의 문제」 152
다이슨, 프랭크 207
단순성의 원리 98, 99
데모크리토스 94
데이비, 험프리 115, 172, 175, 176
데카르트, 르네 139
도플러, 크리스티안 231
　~효과 231
돌턴, 존 93, 96~100, 116
　『화학의 신체계』 97, 98
동물전기 170, 171
뒤페, 찰스 167, 168
드 모르보 88
드 브리스, 후고 158
　『돌연변이설』 158
드브로이, 루이 229, 233, 235
DNA 278~285, 290~298
디키, 로버트 271, 272

|ㄹ|

라마르크, 장 밥티스트 144~146, 153, 158

『동물 철학』 144, 146, 153
라부아지에, 앙투안 85, 86, 88~91, 93, 95
　『물리와 화학의 에세이』 87
　『화학 명명법』 90
　『화학원론』 89~92, 96
라이덴병 168, 169
라이엘, 찰스 154
라이프니츠 61, 62
　『학술기요』 61
라플라스, 피에르 91, 93
러더퍼드, 어네스트 226, 227
럼퍼드 114~116
레벤후크, 안톤 반 138
레빈, 피버스 278
레우키포스 93
레티쿠스 25, 27~31
로렌츠, 헨드릭 197, 226
뢰머, 올레 190
루카스, 헨리 59
르메트르, 조르주 213, 249~251, 273
리비트, 헨리에타 252
리퍼세이, 한스 37
리히터, 벤저민 95

|ㅁ|

마르코니, 굴리엘모 185
마이어, 로베르트 118, 119, 123
마이컬슨, 앨버트 191~193, 199
마흐, 에른스트 197
말피기, 베르첼로 135, 138, 139
　『허파에 관하여』 139
맥스웰, 제임스 179, 182~184
　~ 방정식 179~185, 189, 194, 227
　『전자기론』 179, 183

맨해튼 계획 216, 258
맬서스, 토머스 150, 156
　『인구론』 150
멘델, 그레고르 요한 144, 277
모즐리, 헨리 228
몰리, 에드워드 193
물질파 이론 229, 233, 235
뮈센브루크, 피터 168
미셔, 프리드리히 278
민코프스키, 헤르만 197

| ㅂ |
바데, 월터 267
바이스만, 아우구스트 158
밤베르거, 루이스 215
배로, 아이작 57~61
배빙턴, 험프리 58
배수비례의 법칙 97, 99
버크, 버나드 271, 272
베르셀리우스, 이왼스 야코프 101
베르소움 165
베르톨레, 클로드 93
베버, 빌헬름 에두아르트 183
베살리우스, 안드레아스 135, 136
　『인체의 구조에 관하여』 135
베커, 요한 78
베테, 한스 259
보른, 막스 234, 238
보어, 닐스 226~229, 233~235
보일, 로버트 77, 95
　『회의적인 화학사』 77
본디, 허먼 264, 265
볼츠만, 루트비히 130~132, 197, 222, 231
볼타, 알렉산더 170, 171, 235

불확정성 원리 237
뷔퐁, 조르주 루이 153
브라운 운동 198
브라헤, 티코 31~34
블랙, 조셉 80, 81
비오, 장 바티스트 174, 175
빅뱅 255, 257, 258, 260, 266
　~우주 모델 255, 262~266, 268, 271, 273
빈, 빌헬름 223
　~의 법칙 222, 223

| ㅅ |
사바르, 펠릭스 175
4원소설 17, 49, 72, 77, 79, 84, 86, 183
상대론 189, 199, 232
상대성이론 183, 197
상보성 235, 237
새플리, 할로 253
생기론 139
세르베투스, 미카엘 136
세페이드 변광성 252, 253, 267
셸레, 카를 84, 92
　「공기와 불에 관한 화학논문」 84
솔베이 회의 235
슈뢰딩거, 에르빈 232~235, 239~242, 282
　~방정식 230, 231, 234, 236, 238, 242
　『생명이란 무엇인가?』 282
슈반, 테오도어 140
슈탈, 게오르크 에른스트 78, 79
슈테판, 요제프 130, 222, 231
슈테판-볼츠만 법칙 130, 223, 231
슈트라스부르거, 에두아르드 140
슐라이덴, 마티아스 140
스토크스, 조지 289

스티븐슨, 조지 106

|ㅇ|
아라고, 프랑수아 174
아르키메데스 16, 18
아리스타르코스 16, 31
아리스토텔레스 16, 21, 49, 95, 139
아보가드로, 아메데오 100
　~의 가설 100~102
아인슈타인, 앨버트 194~207, 209~217, 225, 226, 229, 231, 233, 235, 237~239, 242, 247~251, 273
『물리학 연대기』 198
알트만, 리하르트 278
앙페르, 앙드레 마리 174, 178
　~의 법칙 174, 180, 181
앨퍼, 랄프 255, 258~263, 266, 268, 271, 273, 274
얀센 형제 138
양자도약 234, 235, 237, 238
양자론 189, 215, 225, 239
양자물리학 224, 229, 230, 236~242, 282
양자역학 230, 233, 235~242
양자화 가설 221, 224, 225
어셔, 제임스 245, 246
에너지 보존법칙 118, 120, 122~124, 127
에딩턴, 아서 207~210
　『수학적 상대성이론』 207
에우독소스 21
에우클레이데스 67
　「기하학 원론」 67
에이버리, 오스월드 279
에테르 49, 178, 183, 190~193, 199
엑스너 232, 233

엑스선 회절법 281, 282, 285
엔트로피 125~132, 222
　~ 증가의 법칙 127, 128, 132
연주시차 20, 251
열기관 107, 108, 110~113, 119, 123, 124, 126~129
열소 109, 120, 123
　~설 109, 120
열역학 163
　~ 제1법칙 125
　~ 제2법칙 124, 125, 129
영구기관 112, 113
오지안더 26, 27, 31
와트, 제임스 105, 106
외르스테드, 한스 크리스티안 174, 176
용불용설 145
우주배경복사 263, 268, 271~274
우주상수 212, 213, 248
왓슨, 제임스 158, 281~283, 288~292, 299
　『이중나선』 287, 291
　「핵산의 분자구조-DNA의 구조」 289
윌리스, 앨프레드 러셀 151, 153, 154
윌슨, 로버트 270, 272, 273
윌킨스, 모리스 281, 283~287, 289, 290
이상기관 119, 123, 124, 128
이심원 운동 21, 22, 27, 29
이중나선 구조 286, 292, 295
인간 게놈 지도 297~299
인트론 294
일반상대성이론 202, 204~206, 210~215, 231, 247, 248, 250
일정성분비의 법칙 95

| ㅈ |

자연선택 155~158
잰스키, 칼 269, 270
저머, 레스터 235
적색편이 213, 263, 266
전자기 유도법칙 175, 177~179, 191
전자기파 182, 221, 224, 228
전자파동이론 229
전파천문학 268~271
정상우주 265
　~론 264, 268
　~모델 255, 265
정크 DNA 295, 298
졸리, 존 246
좀머펠트, 아놀드 232
주전원 운동 21, 22, 27, 29
줄, 제임스 프레스콧 116~119, 123
중력상수 81
지구중심 천문체계 21~23, 29, 44
진화론 144~147, 151, 152, 159, 160, 163
질량보존의 법칙 91, 92

| ㅊ |

체이스, 마사 280
초나선 구조 295
치멘토 아카데미 190

| ㅋ |

카르노, 사디 105, 107~110, 112~119, 122
　~ 기관 110~112, 125, 126, 128
　「불의 동력 및 그 힘이 발생에 적합한 기계에 관한 고찰」 107
카스페르손 278
칸니차로, 스타니슬라오 101

캐번디시, 헨리 81, 84, 85, 285
　「인공의 공기들」 81
케플러, 요하네스 31, 33~37, 44, 51, 71
　~의 3법칙 63, 69
　「신천문학」 35, 36
　『코페르니쿠스 천문학 개요』 36
코셀, 알브레히트 278
코페르니쿠스 23~31, 39, 44, 51, 52, 71
코펜하겐 해석 233, 236, 238~242
콜롬보, 마테오 레알도 136
쿨롱, 샤를 오귀스탱 169, 170, 178
　~의 법칙 170
퀴비에, 조르주 146
크릭, 프랜시스 158, 281~283, 288~292, 299
클라우지우스, 루돌프 120~123, 126, 127, 129, 130
　「열의 동력에 관해서」 120, 121, 125
클라이스트, 에드발트 168
키르히호프 197, 221
　~의 복사법칙 222

| ㅌ |

탈레스 15, 16, 164
탈플로지스톤 기체 83, 87, 88
태양중심 천문체계 18, 27~31, 44, 71, 93
톰슨, 윌리엄 118~120, 122, 127~129
톰슨, J. J. 185, 226, 246
톰슨, 벤저민→럼퍼드
톰슨, 조지 235
통일장 이론 215, 216
트루먼, 해리 S. 216
특수상대성이론 198, 200~203

| ㅍ |

파동역학 230, 233, 234, 242
파동함수 234, 236, 239
파울러, 윌리엄 268
패러데이, 마이클 175~179, 181
팽창우주론 214
페이겔스, 하인즈 241
펜지어스, 아노 270~272
폰 게리케, 오토 167
폴링, 라이너스 283, 288
폰 몰, 휴고 140
푀플, 아우구스트 197
  『맥스웰의 전기론 개론』 197
푸아송, 시메옹 드니 174
푸코, 장 베르나르 레옹 190
풀턴, 로버트 106
프랭클린, 로잘린드 283~291
프랭클린, 벤저민 168
프로인틀리히, 에르빈 206, 207
프루스트, 조제프 95
프리드만, 알렉산더 213, 248~251, 256, 273
프리스틀리, 조셉 81~83, 87, 88
프톨레마이오스 21, 22, 27, 29, 33, 44
  『알마게스트』 22
  『천문학 집대성』 22
플랑크, 막스 221~226, 229
  『열역학 강의』 221
플랑크상수 221~225, 228
플램스티드 63
플레밍, 발터 140
플레인, 벤저민 57
플렉스너 에이브러햄 215, 216
플로지스톤 78, 79, 82~84, 88

피블스, 제임스 271, 272
피어슨, 칼 158
피조, 아르망 이폴리트 루이 190
피츠로이, 로버트 147
피커링, 에드워드 251, 252
필로라오스 18

| ㅎ |

하비, 윌리엄 135~139
하위헌스, 크리스티안 232
하이젠베르크, 베르너 230, 232, 234, 237, 239
핼리, 에드먼드 62~65
행렬역학 230, 234
허먼, 로버트 260~263, 266, 268, 271, 273, 274
허블, 에드윈 213, 253~255, 263, 264, 267, 273
  ~법칙 255
허시, 앨프레드 280
헉슬리, 토머스 152
헤라클레이토스 18
헤르츠, 하인리히 루돌프 183~185, 197
헤르츠스프룽, 에이나르나 253
헨슬로우, 존 147, 148
헬름홀츠, 헤르만 118, 119, 123, 183, 197, 221
호일, 프레드 264, 265, 268
훅, 로버트 61, 64, 135, 138, 140
홀드, 펠릭스 215
휴메이슨, 밀턴 254, 255
흑체복사 221, 222, 224
히스톤 295
히파르코스 21